과학의
일곱기둥

편견과 차별에 맞서
진리탐구를 위해 투쟁한 아웃사이더들

과학의 일곱기둥

황진명 · 김유항 지음

사과나무

과학의 일곱기둥

초판 1쇄 인쇄 2016년 4월 10일
초판 1쇄 발행 2016년 4월 15일

지은이 황진명 · 김유항
펴낸곳 도서출판 사과나무
펴낸이 권정자
등록번호 제11-123(1996. 9. 30)
주소 경기도 고양시 덕양구 충장로 123번길 26, 301-1208

전화 (031) 978-3436
팩스 (031) 978-2835
이메일 bookpd@hanmail.net
트위터 @saganamubook

값 17,000원

ISBN 978-89-6726-017-0 93400

* 잘못 만들어진 책은 바꾸어드립니다.
* 저자와의 협의하에 인지 첨부를 생략합니다.

이 도서의 국립중앙도서관 출판예정도서목록(CIP)은 서지정보유통지원시스템 홈페이지(http://seoji.nl.go.kr)와 국가자료공동목록시스템(http://www.nl.go.kr/kolisnet)에서 이용하실 수 있습니다.(CIP제어번호: CIP2016006977)

"배는 항구에 정박해 있을 때가 가장 안전하다.
그러나 누구도 배를 항구에 정박시키기 위해 만들지 않는다.
바다로 출항하여 새로운 일들을 하라."

– 그레이스 호퍼

/ 머리말 /

담쟁이의 모습에서 과학자의 삶을 보다

저것은 벽
어쩔 수 없는 벽이라고 우리가 느낄 때
그때
담쟁이는 말없이 그 벽을 오른다
물 한 방울 없고 씨앗 한 톨 살아남을 수 없는
저것은 절망의 벽이라고 말할 때
담쟁이는 서두르지 않고 앞으로 나아간다

시인 도종환의 〈담쟁이〉라는 시의 한 대목이다. 높은 곳을 향하여 한 뼘 한뼘 혼신을 다해 나아가는 담쟁이의 모습이 마치 과학자들의 삶을 보는 것 같다.

인류 문명의 발전 그 밑바닥에는 언제나 과학이라는 든든한 주춧돌이 놓여 있어 사람들은 그 혜택으로 행복하고 편안한 삶을 누리게 되었다. 그러나 사람들은 멋진 건축물의 외양만 볼 뿐, 보이지 않는 곳에서 지탱해주는 주춧돌까지는 잘 알지 못한다. 거기에는 수많은 과학자들의 땀과 눈물, 좌절과 환희, 그리고 집념이 모르타르처럼 단단히 뒤섞여 있다.

인류의 역사는 크게는 국가, 인종, 종교, 성별, 사상에서부터 작게는 가문, 학벌, 출신 등 기득권 체제에 대한 아웃사이더들의 끊임없는 투쟁의 역사라고 해도 과언이 아니다.

그들 아웃사이더들은 일반인의 상상을 뛰어넘는 고난을 겪으며 매 순간마다 자신들 앞을 가로막는 편견과 차별의 벽 앞에서 처절하게 투쟁해왔다. 때로는 힘겹게 장벽을 넘기도 하고, 때로는 성공을 눈앞에 두고 쓰러져야 했지만 그들은 '내 옆구리를 찌른 창을 장대 삼아 장대 높이 뛰기를' 하여 절망의 벽을 뛰어넘은 선각자들이다. 이 책은 그런 편견과 차별에 맞서 진리탐구를 위해 투쟁한 아웃사이더들의 이야기이다.

과학의 일곱 기둥(Seven Pillars of Science)

이 책의 제목은 성경의 잠언에 나오는 '지혜의 일곱 기둥'에서 빌려왔다. 말하자면 책 속에 등장하는 인물들을 통해 과학자가 지녀야 할 덕목이랄까, 자질에 대해 얘기하고 싶었기 때문이다. 다분히 주관적이긴 하지만 저자들이 생각하는 과학도가 가져야 할 일곱 가지 덕목은 다음과 같다.

호기심(Curiosity), 창의성(Creativity), 열린 마음(Openmindedness), 끈기(Perseverance), 도전(Challenge), 인류애(Care for humanity), 진실성(Integrity) 등이 그것이다.

이 일곱 가지 덕목은 비단 과학계 사람들뿐만 아니라, 어떤 분야에서 일하든 어떤 위치에 있든 자신의 일에 최선을 다하려는 모든 이들이 갖춰야 할 자세이기도 하다.

마리 퀴리는 3년에 걸친 지루하고 힘든 작업을 거쳐 1톤의 피치블렌드에서 마침내 0.1그램의 라듐염을 분리정제해냈다. 그러한 '끈기'가 없었더라면 방사능 시대도 늦어졌을 테고 수많은 생명을 구하지도 못했을 것이다. 이처럼 어떠한 어려움도 견뎌내는 의지와 참을성, 끈질김, 한 가지 목표에 헌신하는 자세로 퀴리는 인류사에 공헌했을 뿐만 아니라 스스로에게도 2개의 노벨상을 선물해 주었다.

이 책에 등장하는 또 다른 인물 클라라 임머바르는 제1차 세계대전 때 독가스를 개발한 독일의 화학자 프리츠 하버의 아내로 그녀 자신도 전도유망한 화학자였다. 클라라는 남편의 비윤리적인 독가스 개발에 적극적으로 반대하다가 좌절되자 끝내 자살로써 생을 마감했다. 과학자는 과학기술의 발전이 인류와 자연계에 재앙을 가져오지 않도록 사회적 책임과 윤리를 저버려서는 안 되며, 그리고 인류의 삶을 윤택하게 만들겠다는 인류애를 잃지 말아야 한다.

현대에 들어 특히 문제시되는 것이 '진실성'이다. 과학자는 논문 표절이나 데이터 조작 같은 유혹에 흔들리지 않는 정직한 자세를 가져야 한다. 2014년 일본의 여성 과학자가 획기적인 만능줄기세포를 만들었다고 발표했다가 실상은 세포 사진을 조작한 것으로 판명되어 논문이 취소된 사건이 있었다.

그런데 이러한 불명예는 그녀 한 사람에 그치지 않고 그가 속한 조직, 나아가 국가의 명예까지 실추시켰다. 결국 그녀의 연구 지도를 맡았던 공저자가 자살하는 비극적인 결말이 났다.

위에서 열거한 일곱 가지 외에도 21세기 과학하는 사람에게 필요한 자질을 덧붙인다면 소통하고 협력하는 자세를 들고 싶다. 현대와 같이 복잡하고 융합적인 연구 시스템에서는 다른 사람들과의 소통과 협력이 매우 중요하기 때문이다.

과학은 부강한 나라로 가는 열쇠

최근 알파고와 이세돌 9단과의 바둑 대결은 일반인은 물론 과학계에도 큰 충격을 던져주었다. 앞으로 과학의 발전이 어디까지일지 그 한계를 가늠할 수도 없는 상황에 와 있다. 그러나 한 가지 분명한 것은 과학이야말로 부강한 나라로 가는 열쇠라는 사실이다.

1960년대, 산업이라야 고작 비료공장과 설탕공장이 전부였던 시절에 대학을 다녔던 저자들은 아무것도 할 수 없다는 절망감을 안은 채 캄캄한 미래에서 돌파구를 찾기 위해 안간힘을 썼었다. 요즘 젊은이들도 똑같은 고민을 안고 살아가고 있다. n포 세대니 흙수저니 하며 절망감으로 힘들어하는 젊은이들에게 이 책 속에 등장하는 인물들의 이야기를 통해 희망의 메시지를 전해주고 싶었다.

대학에서 퇴임한 후 사회에 도움이 될 일을 찾고자 고민한 끝에, 지식을 나누는 것이 최선이라 생각해 '과학기술과 인문학의 통섭'이라는 제목으로 블로그를 운영해 왔다. 그 블로그가 인연이 되어 첫 번째 책《과학과 인문학의 탱고》를 출간하게 되었고, 고맙게도 2015 세종도서 학술부문에 선정되는 등 좋은 반응을 얻었다. 출판계의 불황과 척박한 교양과학 도서 시장에도 불구하고 사과나무 출판사 권정자 대표의 용감한 도전(!)으로 이번에 두 번째 책이 나오게 되었다. 과학기술의 길을 걷고자 하는 차세대 꿈나무들과 그들을 교육하는 분들께도 작은 도움이 되었으면 한다.

2016년 3월

황진명·김유항

차
례

머리말 • 6

/ part I / 절망의 벽을 넘어서

1. 합스부르크 왕가의 상징 주걱턱 • 17
유전학의 아버지, 멘델

2. 비운의 천재, 아인슈타인의 감춰진 두뇌 • 30
아인슈타인의 첫 번째 부인, 밀레바 아인슈타인

3. 기(氣)과학의 선구자인가, 코벤즐의 마법사인가? • 47
칼 폰 라이헨바흐 남작

4. 시대를 앞서 산 진리의 순교자 • 58
최초의 여성 과학철학자 히파티아

5. 전화기 특허 난타전과 적자생존론 • 75
불운한 발명가 안토니오 무치

6. 바이런의 딸, 수학의 시인이 되다 • 87
최초의 컴퓨터 프로그래머, 에이다 러브레이스

7. 어떻게 하면 노벨상을 타지 못하는가? • 99
원자가 이론, 산-염기, 열역학의 개척자 길버트 루이스

8. 원치 않은 원자탄의 어머니 • 115
핵분열을 규명한 리제 마이트너

9. DNA 구조 발견의 숨은 공헌자 • 127
요절한 천재, X선 결정학자 로절린드 프랭클린

10. 열역학의 창시자들은 왜 자살을 선택했나? • 143
인간 화학열역학 교과서 괴테의 〈친화력〉

11. 파울리와 융의 이상한 우정 • 153
동시성, 파울리 효과와 배타원리의 만남

12. 자신의 심장에 고무관을 꽂은 '미친' 의사 • 168
시련 끝에 주어진 영광의 노벨상, 베르너 포르스만

13. '독가스의 아버지' 프리츠 하버의 부인 • 181
과학자 윤리의 표상, 클라라 임머바르

/ part II / 편견과 장벽에 맞선 여성 과학자들

14. 방사능 시대를 연 선구자 • 191
최초로 두 번의 노벨상 수상, 마리 퀴리

15. 순수 수학은 논리적인 아이디어의 시(詩) • 207
창조적인 천재 여성 수학자, 에미 뇌터

16. 옥수수 색깔의 비밀을 밝히다 • 215
전이성 유전자의 발견, 매클린톡

17. '양파 마돈나'라는 별명의 여성 물리학자 • 223
원자핵 껍질 모형 개발, 마리아 메이어

18. 사이버 바다의 여성 제독 • 232
컴퓨터 시대의 개척자 그레이스 호퍼

19. 실현 불가능한 길을 선택하다 • 241
단백질 결정학의 창시자, 도로시 호지킨

20. 과학으로 수많은 생명을 구하다 • 251
1988년 노벨 의학상 수상자, 거트루드 엘리언

/ part Ⅲ / 광기의 역사, 그 이면의 희생자들

21. 중세 유럽의 마녀사냥과 군중의 광기 • 261
여성 혐오증의 뿌리인가

22. 신대륙 원주민들의 인종대학살 400년의 역사 • 275
콜럼버스는 탐험가인가, 학살자인가?

23. 인간의 탐욕이 부른 천연자원의 저주 • 289
벨기에 레오폴드 2세와 콩고 대살육

24. 밸푸어 선언과 팔레스타인의 비극 • 300
하임 바이츠만과 이스라엘 건국 비화

/ part IV / 여성에 의한, 여성을 위한, 여성의 과학

25. 가족과 조상과 조국을 위해 싸워라 • 319
현대 여성운동의 시조, 스파르타 여성

26. 영국의 산업혁명과 여성의 사회적 지위 • 326
중산층 여성, 노동계층 여성, 아동 노동

27. 여성 과학자 수난사 • 339
편견과 장벽을 넘어서

28. 화장품에 관한 모든 것 • 350
화장품의 역사와 향장화학

29. 쿨(cool)한 것이 좋아 • 364
세상을 바꾼 냉동기술의 아버지, 카를 폰 린데

30. 여성해방의 전주곡, 피임약의 발명 • 374
피임약의 역사와 이브의 성(性)

31. 플라스틱시대를 열다 • 387
레오 베이클랜드, 플라스틱과의 치명적인 사랑

32. 주방혁명을 가져온 전자레인지 • 398
퍼시 스펜서, 우연이 가져다준 발명

참고문헌 • 407
찾아보기 • 427

part I

절망의 벽을 넘어서

1. 합스부르크 왕가의 상징 주걱턱
– 유전학의 아버지, 멘델

Johann Gregor Mendel(1822~1884)

커크 더글러스　　　　마이클 더글러스

요즘 연예인들이 가족과 함께 출연하는 TV 프로그램들이 많은 인기를 얻고 있다. 그런 프로그램을 시청할 때마다 "어쩌면 저렇게 찍어낸 듯이 붕어빵일까" 하는 감탄을 금치 못하곤 한다. 어떤 자식들은 부모 한쪽을 특히 더 많이 닮기도 하지만, 대개의 경우 부모 양쪽의 특징들을 적절히 혼합해서 닮거나 또는 조부모를 닮기도 한다. 현대 유전학의 위력을 알지 못했던 그 옛날에도 자식이 부모를 닮는다는 것을 경험적으로 알고 있어서 배우자를 고를 때 혈통을 따졌던 것 같다.

하긴 인간뿐만 아니라 우수한 혈통을 갖고 있는 말이나 소, 심지어 개까지도 족보를 갖고 있다. 특히 많은 신화와 전설의 주인공인 아라비아

종마들의 몸값은 엄청나게 비싸다고 한다. 20세기 최고의 영화 중의 하나인 〈벤허〉에서 스릴과 박진감 넘치는 그 유명한 전차경주 장면은 지금도 많은 사람들의 뇌리에 생생하게 기억되고 있다.

벤허의 전차를 끄는 4마리의 백마가 바로 아라비아산 종마로, 매우 민첩하고 우아하고 잘생긴 명마들이다. 2013년 세계 최고의 경주마로 뽑힌 사우디아라비아의 칼리드 압둘라 왕자 소유의 프랭클은 몸값이 최소 1억 파운드(약 1650억 원)이며, 교배 값이 1회당 10만 파운드(약 1억 6500만 원)라고 하니, 이쯤 되면 우생학자들마저도 좀 지나치다고 생각할 것 같다.

여하튼 〈스파르타커스〉에서 주연 배우로 나오는 커크 더글러스는 턱에 옴팍 파인 홈이 있어 은근히 야성적인 남성미를 더해 주었는데 그 후 아들 마이클 더글러스도 아버지와 똑 같은 턱을 갖고 스크린에 나타났다.

이렇게 자손에게 유전되는 인간의 형질들을 꼽아보면 파인 턱, 보조개, 곱슬머리, 엄지발가락보다 긴 두 번째 발가락(김동인의 〈발가락이 닮았다〉라는 소설이 생각난다), 귀의 크기와 모양(귓불 끝이 머리 측면에 붙어 있지 않고 분리되어 있는 경우), 앞이마의 머리선(머리선이 직선이 아니고 가운데가 V자로 튀어나온 경우), 주근깨 등이 있다.

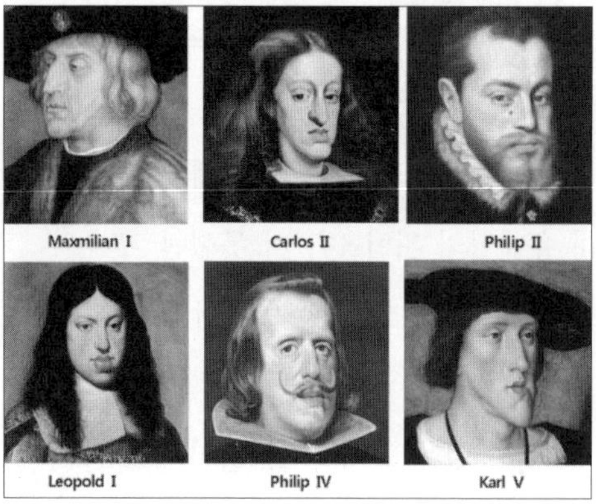

합스부르크 왕가의 황제들에게서 공통적으로 나타나는 주걱턱

아마도 유전의 법칙이 얼굴에 특징적으로 나타난 가장 유명한 케이스가 합스부르크

(Habsburg) 왕가의 주걱턱일 것이다. 합스부르크 왕가는 유럽 제일의 명문가로, 합스부르크라는 이름은 슈바벤 지방(현재의 스위스)에 세워진 합스부르크 성에서 유래했다. 합스부르크 가문은 독일 남부지방에서 점차 영향력을 확대하여 신성로마제국에서 거대 세력으로 떠올랐다. 합스부르크가는 프랑스 왕을 제외하고 유럽 거의 모든 국가의 왕위를 차지하거나 혹은 혼인으로 타국 왕실과 연결되어 있었고, 특히 13세기 말부터 1차 세계대전까지 거의 600년 동안 오스트리아 제국을 지배했다.

합스부르크 왕가는 유럽에서 강력한 영향력을 유지하기 위해 근친결혼을 많이 했는데, 그로 인해 유전병이나 합스부르크 가문의 얼굴 특징들이 대대로 유전되었다. 즉 삼촌과 조카딸, 사촌들(6촌, 8촌은 말할 것도 없고), 고모·이모와 조카 등이 얽히고설키는 복잡한 근친결혼으로 멘델의 유전 법칙이 고스란히 나타나고 있다. 얼굴 특징인 주걱턱, 두꺼운 아랫입술, 콧대의 중간이 돌출된 매부리코, 납작한 광대뼈, 약간 뒤집힌 아래쪽 눈꺼풀 등이다. 특히 9세대에 걸쳐 나타난 합스부르크가의 주걱턱은 근친결혼의 상징이자 합스부르크 왕가의 상징이 되고 말았다. 이런 특징들은 **상염색체**(常染色體, autosomal) 우성형질로 전달되는데, 여자들보다는 남자들이 더 심하게 영향을 받았다.

상염색체
성을 결정하는 한 쌍의 성(性)염색체를 제외한 모든 염색체. 인간의 경우 XY 성염색체 한 쌍을 제외하고 22쌍의 상염색체가 있다.

합스부르크가 황제들 중에 아마도 가장 극심하게 영향받은 사람이 신성로마제국의 황제이며 스페인 왕이었던 카를5세(Charles V)인 듯하다. 카를 5세는 엄청나게 큰 턱과 심각한 치아 부정교합을 갖고 있었는데, 그 결과 입이 다물어지지 않고 발음이 불분명했다고 한다. 그가 겐트(오늘날의 벨기에)에서 처음 스페인에 왔을 때, 스페인 농부가

카를 5세

그에게 "폐하! 스페인의 파리는 예의를 모르니 입을 다무세요" 라고 외쳤다는 일화가 있다.

| 멘델의 생애 |

'가족들 중에서 왜 나만 할아버지 코를 닮았을까?'라는 의문을 가져본 사람이 많을 것이다. 형질이 어떻게 한 세대에서 다음 세대로 내려오고, 어떤 때는 건너뛰는지에 대한 의문은 인류 역사가 시작된 이래 계속되어왔다. 이러한 의문에 대해 체계적이고 과학적인 실험으로 맨 처음 유전의 법칙을 발견한 사람이 오스트리아의 수도승 요한 그레고어 멘델(Johann Gregor Mendel, 1822~1884)이다. 개인 특징들은 부모로부터 물려받은 별개의 요소들(나중에 유전자로 알려진)에 의해 결정된다는 것을 발견한 멘델의 통찰력은 유전자의 대물림에 관한 이해의 폭을 넓히고, 새로운 실험 방법들을 개발하게 하여 유전학의 주춧돌을 놓았다.

멘델은 1822년 7월 22일 오스트리아 실레지아(Silesia)의 하이젠도르프(Heisendorf, 지금의 체코 하이첸)에서 빈농의 아들로 태어났다. 어머니는 정원사의 딸이고 농부인 아버지는 일주일에 3일은 농노로 일할 만큼 가난했다. 그레고어라는 이름은 멘델이 성 아우구스티노 수도회의 수사가 되었을 때 주어진 이름이다.

어린 시절 멘델은 부모의 직업을 대물림해 정원사로 일했고 양봉을 공부했다. 12살 되는 해 오파바(Opava)에서 김나지움에 들어가 6년간 공부하는 동안 아파서 4개월을 쉬기도 했다. 1840년~1843년 올로모우츠(Olomouc)의 철학연구소에서 대학 진학 준비를 위해 실천철학, 이론

철학과 물리, 수학을 공부하는 동안 병으로 다시 1년을 휴학했다. 그는 너무 가난한 가정에서 자란 탓에 잘 먹지 못해 건강도 좋지 않았고, 공부하는 동안에도 경제적으로 큰 어려움을 겪어서, 누이가 자신의 지참금을 주어 그 돈으로 겨우 학교에 다닐 수 있었다.

1843년, 공부를 계속하고 싶다는 열망으로 물리교사의 추천을 받아 무료 교육을 받을 수 있는 브르노(현재는 체코에 있음)의 세인트 아우구스티노 수도회에 수련 수사로 들어갔다. 멘델은 자서전에서 "나의 환경이 내 직업선택을 결정했다"라고 쓰고 다른 성직자들처럼 '신의 부름'을 받은 것이 아니었음을 고백한다. 수도원장 나프(C.F. Napp)는 수도원을 학문과 과학 연구의 중심지로 만들려고 하는 중이어서 그곳에는 식물학자, 천문학자, 철학자, 작곡가 등 여러 분야에서 명성을 지닌 사제들이 모여 있었다. 그곳의 수사들은 중등학교나 올로모우츠 대학에서 학생들을 가르쳤는데 그래서 수도원은 멘델에게는 돈 걱정 없이 공부할 수 있는 가장 좋은 환경이었다. 그는 신학을 공부하는 동안(1844~1848) 올로모우츠에서 농업, 과수재배와 포도재배 과목을 수강하면서 새로운 다양한 식물을 만들기 위한 교배의 역할에 대해 배웠다.

1847년 신학공부를 마친 멘델은 사제 서품을 받고 수도원에 속한 교구의 사제로 임명되었으나 적성에 맞지 않아 거의 병이 날 지경에 이르렀다. 이해심 많은 수도원장은 사제 임무를 면제해주는 대신 그를 중등학교에서 과학을 가르치도록 대리교사로 보냈다. 정규교사가 되려면 교사자격증이 필요해 1850년 세 영역의 시험을 치렀는데 구술시험에서 떨어지고 말았다. 멘델은 수도원장의 후원으로 정규교육을 더 받기 위해 오스트리아 빈(Wien) 대학에 진학(1851~1853)하여 물리, 수학, 통계와 확률, 화학과 식물생리학을 배웠다. 이 무렵 독자적인 연구에 착수하고 실험을 수행하는 데 필요한 이론적 배경과 기술을 습득했다.

특히 물리학자 도플러(Christian Doppler)의 강의는 그의 실험방법론 형성에 중요한 영향을 끼쳤다. 세포이론의 옹호자이고 고식물학(古植物學), 생물지리학과 교배에 관심이 많았던 웅거(Franz Unger)로부터 생리학과 식물해부학 강의를 들었으며 현미경 사용법과 실제적인 실험기법을 배웠다. 멘델이 완두콩 실험을 실행하기 전 아이디어 형성 과정에 웅거의 의견이 깊은 영향을 주기도 했다. 멘델은 빈 대학에서 2년 동안만 공부할 수 있는 허락을 받았기 때문에 학위를 마치지 못하고 1853년 물리 교사로 수도원으로 돌아왔다. 1856년부터 완두콩을 이용해 "어떻게 유전이 작용하는가"하는 주제로 힘들고 정교한 실험을 7년 동안 지속한 끝에 결국 유전법칙을 발견하게 된다.

멘델은 1856년 5월에 있을 자연과학 교사자격증 시험 준비를 하면서 완두콩 실험도 같이 병행했는데, 심리적으로 매우 불안정한 상태에서 교사자격증 필기시험을 치르다가 몸 상태가 나빠져 구술시험을 치르지 못하고 브르노로 돌아와야 했다. 실험에 몰두하느라 지쳐 있는 상태에다 시험 준비로 인한 스트레스로 생긴 병이 지난번 시험의 실패에 대한 기억까지 더해져 한층 악화된 것이다. 아버지와 삼촌이 실레지아에서 브르노까지 찾아 올 정도로 병세가 심했다. 두 번째 시험에도 실패한 뒤 그는 더 이상 교사자격증 시험을 치르지 않았고 1868년 가르치는 일을 그만둘 때까지 대리교사로 일했다.

멘델은 식물육종가(植物育種家)로서의 경험과 식물학자들의 식물교배 실험을 바탕으로, 자유 시간을 몽땅 쏟아부어 잡종형성(특히 완두콩)에 관한 연구 과제에 오랜 동안 몰두하는 한편 육종가, 농업 전문가, 동식물 연구자들로 구성된 지역협회 회원이 되었다. 1857년부터 수도원에서 기상관측을 시작하여 곧 모라비아(Morabia)에서 이 분야의 권위자로 인정받고, 그 지역의 기상관측 결과를 출판하여 일기예보 정착에도 기여했다. 1863년에 출판된 첫 번째 기상에 관한 논문에서는 브르노에서 관찰한 과거 15년간 평균 기상자료를 통계학적으로 분석해 도표로 요약했다. 그가 출판한 대부분의 논문들은 기상학에 관련된 것들이며, 1865년 '오스트리아 기상학회'를 설립했다. 1877년에는 멘델의 도움으로 중앙유럽에서는 처음으로 모라비아에서 농부를 위한 날씨예보가 발간되었다.

1868년 나프의 뒤를 이어 수도원장이 된 멘델은 실험을 완전히 중단하지는 않았지만 너무 바빠서 실험연구를 할 시간이 없었다.

1874년 정부는 수도원에도 강제로 세금을 부과할 수 있는 새로운 법을 공표하였는데, 멘델은 수도원에 부과된 높은 세금의 납부를 거부했다. 그 일로 1875년 말 멘델은 지방정부와 빈의 교육부와 심각한 마찰을 빚었고 세금문제를 놓고 오랜 기간 투쟁하느라 건강에도 심각한 영향을 받았다. 멘델은 뛰어난 과학적 업적에도 불구하고 생전에는 아무런 인정도 받지 못한 채 62세의 나이로 1884년 눈을 감았다.

| 멘델의 완두콩 교배 실험과 유전법칙 |

처음에 멘델은 쥐를 이용해 유전에 관한 연구를 시작했다. 그러나 브르노의 세인트 토마스 수도원의 주교는 수도사가 동물의 성(性)에 대해 연구하는 것을 못마땅하게 여겼으므로 멘델은 연구 대상을 식물로 바꾸게 되었다. 멘델은 식물에게 어떻게 다른 형질들이 유전되는지를 알아내기 위해 원래 나프 수도원장이 1830년에 조성한 약 6000평의 수도원 실험 정원에서 연구를 시작했다. 1856년~1863년 동안 약 2만9000그루의 완두콩을 재배하고 실험했는데, 그 엄청난 수의 완두콩 꽃들에게 일일이 인공수정을 하려면 면밀하고 조직적인 시스템과 가히 초인적인 인내심이 필요했다.

멘델은 초기의 완두콩 실험 이후, 독립적으로 유전하는 것처럼 보이는 대조되는 7가지의 형질을 연구하기로 결정한다. 작은 붓으로 꽃가루를 옮겨 쉽게 수정을 할 수 있기 때문에 완두콩은 더없이 좋은 실험 대상이었다. 꽃가루는 같은 꽃에서 올 수도 있고(자가수분, self-fertilization) 혹은 다른 식물의 꽃으로부터 올 수도 있다(타가수분, cross-fertilization). 멘델이 맨 처음 실험에 사용했던 완두는 순수육종으로서, 하나의 꽃 속에 생식기관인 수술과 암술을 모두 갖고 있어서 자연스럽게 자가수분을 거듭한다. 그래서 형질이 변화 없이 자자손손 전달되는 것이다.

순수육종의 7가지 형질은 각각 다음과 같은 두 가지 형태를 가지고 있다.

1. 종자의 모양(둥근 것, 주름진 것)
2. 종자의 색(노란색, 초록색)
3. 꽃의 색(보라색, 흰색)
4. 콩깍지의 모양(매끈한 것, 쭈글쭈글한 것)
5. 콩깍지의 색(초록, 노랑)
6. 꽃의 위치(가지 중간, 가지 끝)
7. 줄기의 키(긴 것, 짧은 것)

멘델은 이러한 완두콩의 7가지 형질을 인공수분(人工受粉)으로 수백 가지 교배를 하여 7쌍의 대립형질을 연구 분석했다.

멘델 이전의 사람들은 부모의 형질들이 각각 혼합되어 자손의 형질이 만들어진다고 생각했다. 즉, 순수계통 초록색 종자와 노란색 종자의 완두콩 식물들을 교배하면 마치 두 색의 페인트를 섞었을 때처럼 연두색 종자를 갖는 자손이 생산될 것으로 기대했다. 그러나 멘델이 완두콩 실험에서 발견한 것은 중간색인 연두색 종자가 아닌 부모들(P) 중 하나의 형질인 노란색 종자 한 가지뿐이며 초록색 종자는 아예 사라졌다. 멘델은 이처럼 자손 제1대 잡종(F1)에서 나타난 부모의 노란색 형질을 '우성'이라고 불렀고 나타나지 않은 초록색 콩의 형질을 '열성'이라고 했다. 이 두 가지 형질 중 우성형질만이 나타난다는 간단한 관찰을 기반으로 이를 '우성의 법칙(또는 우열의 법칙)'이라고 제안했다.

그렇다면 이때 사라진 열성형질은 어떻게 되었을까? 이 의문을 풀기 위해 멘델은 자손 제1대 잡종 완두콩(F1)을 자가수분 시켜 자손 제2대 잡종(F2)을 길렀다. 그런데 제2대(F2)에서는 사라졌던 열성형질인 초록색 종자가 다시 나타났으며 이때 노란색 콩과 초록색 콩이 3:1 비율로 생겨났다. 이를 멘델의 '분리의 법칙'이라고 한다.

완두콩의 교배 결과를 분석하기 위해 멘델은 유전에 관한 몇 가지 원리를 가정했다.

첫째, 모든 생물의 유전 형질은 그 성질을 나타나게 하는 유전자가 있어 한 가지 형질에 대해 유전자를 쌍으로 가지고 있다.

둘째, 유전자 한 쌍은 부모에게서 하나씩 물려받는다.

셋째, 한 쌍의 유전인자는 대를 거듭해서 유전한다.

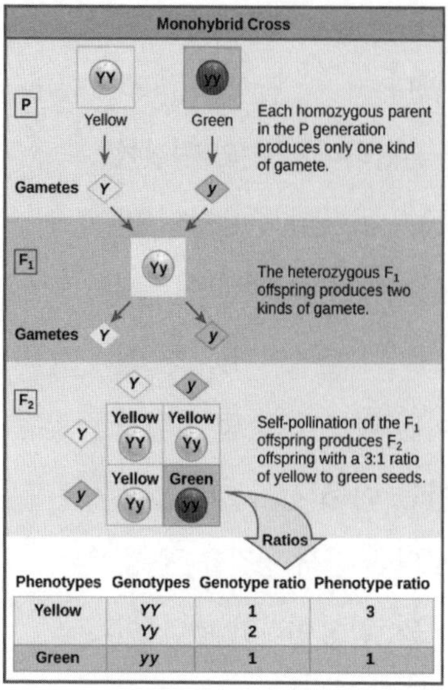

단성잡종 교배

멘델의 아이디어에서 상당히 인상적인 것은 우성 유전자와 열성 유전자를 알파벳 대문자와 소문자를 써서 체계적으로 나타냈다는 점이다.

옆의 그림은 단성잡종 교배를 나타내는 그림으로, 우성인 노란색 콩의 유전자를 YY, 열성인 초록색 콩의 유전자를 yy로 표기했다. 만일 서로 다른 대립 유전자가 만나면 두 가지 대립 형질 중 한 가지 형질만 나타나는데, 이때 드러난 형질을 우성, 드러나지 않은 형질을 열성이라고 한다.

부모가 가지고 있는 2개의 유전자는 각각 하나씩 자손에게 전달된다. 즉 노란색 콩(YY)과 초록색 콩(yy)을 타가수분하면, 각각의 생식세포 Y와 y가 자손에게 전달되어 제1세대 자손(F1)에서는 노란색(Yy)의 완두콩만 나타나게 된다. 이는 서로 다른 대립유전자가 만나면 두 가지 대립 형질 중 우성의 형질만 나타나기 때문이다. 한편 자손 제1세대의 유전자 Yy의 생식세포는 Y와 y이고, Y와 y를 자가수분시키면 그림에서처럼 푸네트 사각형(Punnett's square)을 통해 가능한 모든 유전자 조합이 일어날 경우의 수를 추출할 수 있다. 따라서 제2세대 자손은 YY, Yy, Yy, yy가 나타나 결과적으로 노란색(YY, Yy, Yy) 콩 3개와 초록색(yy) 콩 1개가 생겨난다.

여기서 주목할 만한 것은 제1세대 자손(Yy)은 순종의 부모 노란색 콩과(YY) 동일한 표현형(phenotype)을 갖지만 유전자형(genotype)은 다르다는 것이다. 여기서 표현형이란 '생물에서 겉으로 드러나는 여러 가지 특성'을 말하며, 유전자형은 '부모로부터 개인이 받게 되는 독특한 유전자의 조합'을 뜻한다.

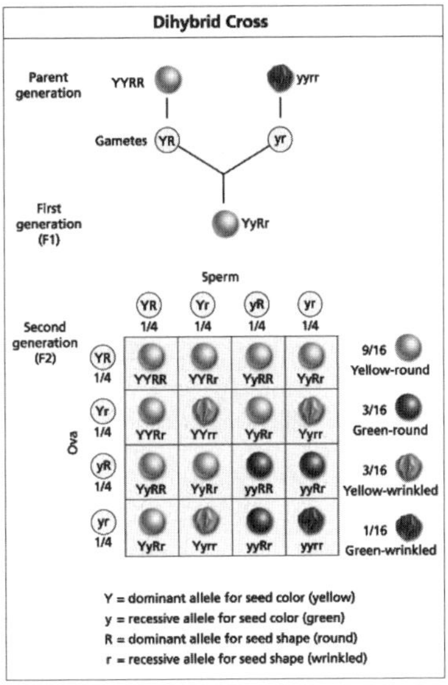

양성잡종 교배

그 후 멘델은 두 가지 서로 다른 형질에 대한 양성잡종 교배를 통해, 두 쌍의 대립유전자가 서로에게 어떤 영향을 주는지를 실험하여 '독립의 법칙'을 발견했다.

예를 들면 오른쪽 그림과 같은 양성잡종 교배의 경우 완두콩 종자의 색깔을 Y(노란색)와 y(초록색)로 표시했고, 완두콩 종자의 모양은 R(둥근 모양)과 r(쭈글한 모양)로 나타냈다. 두 쌍의 대립유전자 YYRR(노란 둥근 콩), yyrr(초록색의 쭈글한 콩)을 가진 부모 세대에서 생식세포는 각각 YR과 yr이 된다.

이들 사이에서 타가수분이 일어나면 제1세대 자손에서는 노랗고 둥근(YyRr) 완두콩만 생기며 생식세포는 YR, Yr, yR, yr이 된다. 제1세대를 자가수분 시키면 양성잡종의 제2대 잡종 자손에서 그림의 푸네트 사각형 안에 표기한 가능한 모든 유전자조합이 일어나, 결과적으로 노랗고 둥근 콩 9개, 초록색의 둥근 콩 3개, 노랗고 쭈글한 콩 3개, 초록색의 쭈글한 콩 1개가 만들어져 그 비율이 9:3:3:1이 된다. 이러한 사실로부터 멘델은 두 쌍의 대립유전자가 상호 의존하지 않고 독립적으로 분리되었음을 알 수 있었다.

멘델은 이토록 엄청난 끈기와 노력을 들여서 발견한 유전 법칙을 1865년 모라비아의 브르노에서 열린 자연과학사 학회에서 〈식물 교배에 관한 실험〉이라는 논문으로 발표하고, 이듬해 학회지에 같은 제목으로 출판했다.

그러나 당시의 생물학자들은 액체 물감이 섞이듯이 부모의 특성들이 혼합되어 자손들에게 유전된다는 '혼합유전설'을 믿고 있었기 때문에 멘델의 법칙은 별다른 주목을 받지 못했다.

또한 그가 사용한 수학적인 해석 기법을 당시의 사람들이 이해하지 못해서 논문이 발표된 지 35년이 지나도록 단 3번만 인용될 정도로 멘델의 생전에는 거의 무시되었다. 그러나 유명한 예술가든 과학자든 시대를 앞질러 산 선각자로서 살아 있을 때 인정받고 빛을 본 사람들은 극히 드물다. 특히 동시대 사람인 다윈조차도 멘델의 논문에 대해 몰랐으며 **판게네시스**(pangenesis, 범생설)를 통해 유전을 설명하려고 시도했으나 실패하고 말았다.

판게네시스
1868년 다윈이 제창한 가설로, 동식물체 각 부분의 세포에 있는 제뮬(gemmule)이라는 자기 증식성 입자가 생식세포에 모여서 자손에게 전달됨으로써 부모와 닮은 형질을 나타낸다는 학설.

멘델이 발견한 3가지 유전 법칙은 35년이 지난 1900년에 이르러 네덜란드의 드브리스(Hugo de Vries), 독일의 코렌스(Karl Corrence), 오스트리아의 체르마크(Erich Tschermak von Seysenegg)라는 세 명의 식물학자가 각자 독자적인 연구를 통해 거의 동시에 동일한 법칙을 재발견함으로써 그동안 묻혀 있던 멘델이 놓은 유전학의 주춧돌이 다시 세상의 빛을 보게 되었다. 그러나 발생학자들은 멘델의 유전학설(Mendelism)을 위협으로 받아들이고, 분류학자들은 자기들과는 상관없는 것으로 취급했고, 진화론자들은 어떻게 자신들의 진화론과 조화시킬 수 있을지 알지 못해 멘델의 법칙들은 여전히 대부분의 생물학자들로부터 무시되었다.

그 후 1930년~1940년경 피셔(R. A. Fisher), 홀데인(J. B. S. Haldane)

과 라이트(Sewall Wright) 3인방은 멘델의 유전학과 다윈의 자연선택설을 결합하여 진화생물학을 탄생시켰다. 그로부터 23년 후인 1953년에는 왓슨과 크릭이 DNA의 이중나선 구조를 밝히면서 현재와 같은 유전자의 개념이 확립되었다.

비록 멘델은 생전에 업적을 인정받지 못했지만, 멘델의 법칙을 놓고 논쟁이 벌어진 지 1세기가 지난 오늘날 유전학은 생명과학의 중심을 차지하고 있다. 2003년에는 인간의 유전자 정보를 상세하게 밝힌 인간게놈지도가 완성됨으로써 신약 개발이나 각종 질병의 원인을 밝히는 데 바짝 다가갈 수 있게 되었다. 의학과 약학을 포함한 생명과학의 혁명이 곧 다가올 날도 멀지 않았다.

2. 비운의 천재, 아인슈타인의 감춰진 두뇌

– 아인슈타인의 첫 번째 부인, 밀레바 아인슈타인

Mileva Maric Einstein(1875~1948)

천재 과학자 하면 맨 먼저 그의 이름을 떠올릴 만큼 아인슈타인은 뉴턴 이래 가장 위대한 과학자로 잘 알려져 있다. 과학자를 꿈꾸는 청소년들뿐 아니라 모든 이들에게 이미 아인슈타인은 전설이 되고 영웅이 되었다. 더욱이 폭탄 맞은 듯한 머리와 늘어진 콧수염, 무신경한 옷차림은 친근한 이웃집 할아버지를 연상시킨다. 그런 이미지 때문인지 그가 연인을 한 타스쯤 둔 바람둥이였다는 사실은 더욱 믿기가 어렵다.

아인슈타인은 1955년 죽기 전, 자신의 지극히 사적인 편지들을 예루살렘에 있는 히브리 대학에 남겼다. 그의 의붓딸 마르고트(Margot)도 1300통에 달하는 1912년~1955년까지의 아인슈타인 편지를 자신의 사망 20년 후에 열어볼 것을 조건으로 히브리 대학에 기증했다. 그녀의 유언에 따라 히브리 대학은 3500페이지에 달하는 편지와 엽서, 기타 문서들을 2006년 처음으로 대중에 공개했다. 최근에는 프린스턴 대학 출판부에서 3만 건의 기록물을 '디지털 아인슈타인 문서'로 인터넷에 올려놓아 누구나 열람할 수 있게 해놓았다.

아인슈타인은 두 아내(밀레바와 엘자)를 두었는데, 두 명의 아내와 의붓 자녀들과 주고받은 방대한 기록을 통해 그동안 숨겨져왔던 아인슈타인의 적나라한 모습이 세상에 드러났다. 그로 인해 우리가 알고 있던 아인슈타인의 신화는 산산조각이 났다.

그동안 많은 사람들이 아인슈타인의 삶과 업적을 재조명하고 있는데, 그 중 미국의 과학 역사가인 비야크네스(Christopher Jon Bjerknes)는 2009년 《아인슈타인: 구제불능의 표절자(Albert Einstein: The Incorrigible Plagiarist)》라는 제목의 책을 포함해 상대성이론 및 아인슈타인에 관한 책을 6권이나 출판했다. 그는 이 책들에서 아인슈타인이 로렌츠(Hendrik Anton Lorentz), 푸앵카레(Jules Henri Poincare), 그리고 힐베르트(David Hilbert) 등의 상대성이론을 표절했다고 주장하며 또한 아인슈타인의 논문 자체도 그의 첫 번째 부인 밀레바 마리치 아인슈타인과의 공동연구 결과물이라고 주장한다.

2003년 포포비치(Milan Popovic)는 《아인슈타인의 그늘 속에서(In Albert's Shadow: The Life and Letters of Mileva Maric, Einstein's First Wife)》에서 알베르트 아인슈타인의 그늘에 가려져왔던 천재 수학자 밀레바 마리치의 편지와 비극적 삶에 대해 조명하고 있다.

마리 퀴리 못지않은 꿈과 야망, 천재성을 지닌 밀레바 마리치. 그녀가 아인슈타인과의 허망한 사랑을 지키기 위해 과학자의 꿈을 접어야 했던 불행한 삶과 20세기 가장 위대한 과학자들 중 한 사람으로 추앙받고 있는 아인슈타인의 또 다른 냉혹한 면모를 살펴본다.

밀레바 마리치 아인슈타인

| 아이슈타인과 밀레바의 만남 |

알베르트 아인슈타인(Albert Einstein, 1879~1955)은 독일 뷔르템베르크(Württemberg)의 울름(Ulm)에서 전기 장비 회사 사장이었던 유대인 아버지 헤르만 아인슈타인(Hermann Einstein)과 독일인 어머니 파울리네(Pauline) 사이에서 1남 1녀 중 첫 아이로 태어났다. 한 살 때 아버지의 사업 부진으로 뮌헨으로 이사해 초등학교와 김나지움을 그곳에서 다녔다. 그는 평범한 학생이었지만 아주 어려서부터 흥미를 가졌던 과학과 수학 과목에서는 매우 뛰어났다. 1894년 아버지 회사의 경영 악화로 그의 가족은 이탈리아 밀라노로 이사를 가고, 곧 다시 파비아(Pavia)로 옮기는데, 아인슈타인만 김나지움을 마치기 위해 뮌헨에 남게 된다. 가족과 떨어져 홀로 남겨진 그는 우울증에 빠졌고 게다가 학생들의 개성이나 창의성을 고려하지 않은 암기식 교육과 융통성 없는 제도에 반발하여 종종 학교 당국과 충돌했다. 1894년 12월 말, 그는 의사진단서를 핑계로 학교를 중퇴하는 데 성공하고 가족과 함께 있기 위해 이탈리아로 떠난다.

고등학교 졸업장은 없었지만 1895년 16살 나이에 다행히도 스위스의 취리히 연방공과대학교(ETH Zürich) 입학시험에 응시할 수 있었다. 그런데 일반과목 시험에서는 낙제를 했지만 수학과 물리 과목에서 뛰어난 성적을 받아 그 덕분에 입학 허가를 받는데, 단 고등학교를 마친다는 조건이었다. 취리히 대학의 권유에 따라 그는 빈텔러(Jost Winteler)가 운영하는 스위스 아라우(Aarau)에 있는 특수 고등학교를 1년간 다녀 1896년 17살에 고등학교를 졸업했다. 아인슈타인은 빈텔러 교수 집에서 하숙하는 동안 교수의 딸 마리(Marie)와 사랑에 빠지게 된다. 그 무렵 아인슈타인은 병역을 기피하기 위해 아버지의 허락 하에 독일 시민권을 포기하고 취리히 연방공과대학 수학과 물리교육 과정에 입학했다.

그곳에서 아인슈타인은 장차 그의 아내가 되는 밀레바 마리치(Mileva Maric, 1875~1948)를 만난다. 오스트리아 헝가리 제국(지금의 세르비아 티텔)의 부유한 가정에서 태어난 밀레바는 선천적인 고관절 장애로 다리를 약간 절었다. 그녀의 부모는 어릴 적부터 수학, 언어, 음악, 미술 등에 재능을 보이는 밀레바에게 최상의 교육을 시키기를 원했다. 그녀의 아버지는 15살이 된 밀레바가 명문학교인 남학교에서 수업을 들을 수 있도록 특별 허락을 받아냈다. 그녀는 중·고등학교 시절 특히 수학과 물리에서 뛰어나 최우수 성적을 받았고, 21살이 채 안 되어 취리히 연방공과대학 수학과 물리교육 과정에 입학했다.

유럽에서 1896년에 여성이 물리를 전공하기 위해 홍일점으로 입학했다는 사실만으로도 엄청난 학문적 성취를 의미한다. 그녀의 동급생 중 한 명이 바로 17살의 아인슈타인이었다. 아인슈타인은 밀레바와 물리에 대해 열띠게 토론하면서 다른 여성들과는 달리 자신의 지적 성장에 자극과 도움을 주는 학문적 동지로서 그녀의 신선한 매력에 빠졌다. 그리고는 자신의 빨래를 해주고 있던 마리를 차버린다.

밀레바는 대학 입학 후 2년 동안은 학업 성적이 우수했고 하이델베르크 대학에 가서 한 학기 강의도 들었다. 떨어져 있는 동안 두 사람은 편지를 주고받으며 서로의 마음을 확인했다. 1899년 봄 그녀가 돌아왔을 때 두 사람은 연인 사이로 발전했다. 처음에는 아인슈타인과 연애를 하게 되면 마음이 흐트러져 과학자로서의 커리어에 걸림돌이 된다고 생각했던 밀레바도 아인슈타인과 함께 실험하고 공부하면서 그에게 온통 마음을 주게 되었다.

이후 두 사람의 사랑은 통속적인 텔레비전 드라마처럼 흘러간다. 아인슈타인 어머니의 극렬한 반대에 부딪힌 것이다. 그녀가 아인슈타인보다 연상이고, 싫어하는 세르비아인이며 다리를 절고, 또 너무 학구적이라는 것 등등 모든 것이 마음에 들지 않았다. 그러나 반대가 심하면 심할수록 작용-반작용의 법칙에 의해 더 강하게 끌리는 법. 두 사람은 더욱 열렬해졌고 장래가 촉망되던 밀레바의 학업성적은 떨어지기 시작한다.

1900년 여름, 학기말 시험에서 아인슈타인과 밀레바는 졸업에 필요한 평균성적 5.0에도 못 미치는 낮은 성적을 받는다. 그러나 아인슈타인의 성적은 4.9라 학교 측에서 봐줘서 간신히 졸업을 하게 된 반면 밀레바는 졸업을 못 하게 되었다. 아인슈타인은 겨우 학위를 받긴 했지만 취직이 안 된 상태였다. 그는 졸업 후 학교에서 자리를 구하기 위해 교수들에게 추천서를 써달라고 부탁했는데, 특히 하인리히 베버(Heinrich Weber)의 추천서(!)는 그가 어떤 일자리도 구하지 못하게 만들었다.

첫 번째 졸업시험에서 실패한 후 밀레바는 취리히에서 실험 조교로 일하면서 재시험 준비를 하고 있었다. 1901년 5월, 두 연인은 이태리의 코모(Como) 호수로 로맨틱한 휴가를 떠난다. 휴가에서 돌아온 밀레바 마리치는 몇 주 후 자신의 임신 사실을 알게 되었다. 혼전 임신에다 더욱이 사생아를 낳는다는 것은 당시 사회에서는 결코 용납될 수 없는 가문의 수치였다. 밀레바는 7월에 다시 치른 졸업시험에서 또 떨어지고 말았다. 이제 밀레바의 희망은 단 한 가지, 뱃속의 아기에게 이름을 줄 수 있고 자신의 과학적 능력을 발휘할 수 있게 해줄 아인슈타인에게 달려 있었다. 그해 가을 아인슈타인은 취리히에서 북쪽으로 20마일 떨어진 샤프하우젠(Schaffhausen)에서 박봉의 대리교사로 취직한 뒤, 갖은 핑계를 대며 밀레바를 만나지 않으려는 구실을 만들기 시작했다.

밀레바는 아인슈타인의 명예를 지켜주기 위해 자기 가족에게 돌아가 그곳에서 1902년 딸 리제를(Lieserl)을 낳았다. 그러나 아인슈타인이 딸을 만나러 갔다는 기록은 어디에도 없다. 리제를은 그 후 성홍열에 걸렸는데, 그로 인해 죽었는지 또는 입양을 보냈는지 기록이 전혀 남아 있지 않다. 총명하고 장래가 촉망되던 밀레바는 아인슈타인 집안의 결사적인 결혼 반대, 원치 않은 임신과 출산 등 여러 가지 일을 겪으면서 대학도 제대로 졸업하지 못하고, 베버 교수 밑에서 박사학위 논문으로 발전시키고 싶었던 연구도 중단하는 등 과학자로서의 그녀의 인생은 꼬일 대로 꼬이게 된다.

| $E=mc^2$는 누구의 아이디어인가? |

아인슈타인과 밀레바

1902년 말, 마침내 두 사람 인생에 전환점이 찾아왔다. 아인슈타인은 오랜 친구 그로스만(Marcel Grossmann)의 주선으로 스위스 베른에 있는 특허국에 서기로 취직을 한다. 그 무렵 아인슈타인은 중병에 걸린 아버지의 임종 직전에 마침내 결혼 허락을 받았다. 박봉이긴 해도 안정적인 수입이 들어오게 되자 24살의 아인슈타인은 대학시절의 연인 밀레바와 1903년 결혼을 했다.

신혼의 아인슈타인은 특허국에서 일주일에 6일 일하고 남는 시간은 물리에 대해 연구했고, 반면 밀레바는 잃어버린 물리학도로서의 꿈과 첫딸로 인한 고통을 감내하기 위해 애쓰고 있었다. 다음해 첫째 아들 한스 알베르트(Hans Albert)가 태어났다. 그들의 두 번째 결혼기념일 바로 직전 퀴리 부부의 노벨 물리학상 수상 소식이 전해졌고 이 일은 밀레바에게 한때는 자신도 그들처럼 물리를 전공분야로 하고 싶었다는 것을 통렬하게 상기시켜 주었다. 밀레바는 아인슈타인의 과학적 업적에서 매우 중요한 시기에 아인슈타인의 인생에 들어와 그의 연구를 도운 지적 동지였다. 아인슈타인은 밀레바의 차분한 독립심과 지적인 야망에 감탄하여 "밀레바는 독립적이고 의지가 강하다. 나와 동등한 사람을 배우자로 맞게 된 것은 나에게 큰 행운이다"라고 했다.

아인슈타인은 친구 그로스만, 베소(Michael Besso)와 과학적 주제를 놓고 종종 토론하곤 했는데 그 자리에는 밀레바도 함께 했다. 물리학계에서는 아인슈타인이 26살이 되는 1905년을 아인슈타인의 '기적의 해'라고 부른다. 그해 아인슈타인은 물리의 각기 다른 분야에서 다섯 편의 획기적인 논문들을 발표한다. 3월에 광전효과(1921년 노벨상 수상 업적), 4월에 분자의 크기와 아보가드로수 결정(취리히 대학의 박사학위 논문), 5월에 브라운 운동, 6월에 특수상대성이론, 9월에는 과학계의 주목을 받게 되는 에너지와 질량의 등가 공식 $E=mc^2$(특수상대성이론으로부터 유도)을 독일의 저명 학술지 〈물리학 연보〉에 발표했다.

그런데 〈물리학 연보〉 편집인이었던 뢴트겐(W.C. Roentgen)의 조수인 러시아 물리학자 아브람 요페(Abram Fedorovich Ioffe)는 '기적의 해(1905)'에 발표된 논문 중 3편(광전효과, 브라운 운동, 특수상대성이론)의 원고를 1905년에 보았다고 증언했다. 그는 논문 초고에는 저자가 아인슈타인-마리티(Einstein-Marity)라고 쓰여 있었으나 최종 출판된 논문에는 아인슈타인의 이름만 적혀 있었다고 말한다. 여기서 마리티는 마리치(Maric)의 헝가리식 이름이다. '아인슈타인-마리티'라는 이름이 아인슈타인 부인 한 사람을 지칭한 것인지 아니면 아인슈타인과 마리치 두 사람을 지칭한 것인지는 뜨거운 논쟁의 핵심이 되고 있다. 특히 물리학자 워커(Evan Harris Walker)는 1905년 논문은 밀레바가 단독으로 쓴 논문들이라고 주장하고 있으며, 대부분의 과학자들은 최소한 아인슈타인이 아내 마리치와 공저한 논문이라고 믿고 있다.

그런가 하면 상당수의 물리학자들은 26살의 무명인 아인슈타인이 특허국에서 일주일에 6일을 일하면서 1905년 한 해에 각각 다른 분야에서 획기적인 논문 다섯 편을 한꺼번에 출판할 수 있는가 하는 것에 의문을 제기하고 있다. 아인슈타인의 특수상대성 논문에는 참고문헌이 하나도 실려 있지 않았다고 한다. 특수상대성이론은 상당히 오랜 기간에 걸쳐 많은 물리학자, 수학자들에 의해 발전해온 것이며 따라서 아인슈타인은 이를 인용표기도 없이 표절했다는 것이다. 비야크네스는《아인슈타인: 구제불능의 표절자》라는 책에서 표절 여부에 대해 상세히 다루고 있는데, 아인슈타인이 다음과 같이 말했다고 적었다. "독창성의 비밀은 출처를 어떻게 감추는지 아는 데 있다."

아인슈타인의 거대한 신화를 깨는 일에 감히 동참하려는 의도는 없다. 단지 아인슈타인은 1955년 3월 벨기에의 엘리자베스 여왕에게 다음과 같이 고백했다고 한다. "제 일생의 연구에 대한 과도한 존경은 저를 몹시 불편하게 합니다. 저는 제 자신이 본의 아닌 사기꾼이라는 강박관념을 느낍니다."

아인슈타인의 중요한 이론들이 발표된 지 4년 후인 1909년 아인슈타인은 스위스 특허국을 그만두고 마침내 취리히 대학에 부교수로 임명되어 학자로서 날개를 달게 되었다. 동시에 과학계에서 아인슈타인의 명성이 점점 커가면서 더 조건 좋은 교수직 제의가 쏟아져 들어온다. 1910

년에는 둘째 아들 에두아르드(Eduard)가 태어났고 1911년에는 체코슬로바키아의 프라하 대학 이론물리학 교수로 옮겨가고 10월말 브뤼셀에서 열린 유명한 물리학자들의 제1회 솔베이 회의에 참가한다.

| 악명 높은 스캔들, 그리고 이혼 |

밀레바와 두 아들

잦은 이사와 수많은 회의, 그리고 집안일엔 전혀 무신경하고 과학에만 사로잡혀 있는 아인슈타인을 보면서 밀레바는 외롭고 비참해졌다. 아인슈타인이 보어(Niels Bohr)와 동급의 유명 물리학자로 계속 성장해 가는 동안 그녀는 두 아이와 씨름하며 더 이상 물리학의 동지로서의 역할은 어디에도 없었다. 더구나 아인슈타인은 여비서 등 많은 여자들과 염문을 뿌리고 다녔다.

아인슈타인은 1912년 부활절 기간 동안 베를린에 살고 있는 어머니를 만나러 가서 사촌 엘자 뢰벤탈(Elsa Löwenthal)을 만났다. 두 딸과 사는 이혼녀인 엘자는 아인슈타인보다 세 살 연상으로 어머니 쪽으로는 이종사촌이고, 아버지 쪽으로는 육촌이 된다. 어릴 때 같이 자랐던 아인슈타인과 엘자와의 부적절한 관계는 이때부터 시작된다. 엘자는 밀레바와는 정반대 타입으로 예술, 문학, 정계 쪽으로 사교모임의 친구들을 가진 활달한 이혼녀였다.

1913년, 아인슈타인은 모교인 취리히 연방공과대학에서 이론물리학과 정교수로 초빙되어 그해 8월 취리히로 돌아와 취리히 공대 수학과 교수이자 오랜 친구인 그로스만과 협력하여 일반상대성이론의 기본에 대한 연구를 시작한다. 그해 11월쯤 다시 베를린 대학에서 교수직 제의가 들어오자 엘자와의 관계를 알고 있던 밀레바는 강력히 반대하지만, 아인슈타인은 개의치 않고 교수직을 수락하고 다음해 베를린으로 떠났다.

1914년은 인류에 대재앙을 가져온 제1차 세계대전이 일어난 해이자 또한 아인슈타인 부부의 결혼생활에도 위기가 찾아오는 해이다. 처음에는 베를린으로 같이 가기를 거부하던 밀레바는 아인슈타인을 뒤따라 4월에 두 아들과 함께 베를린으로 갔다.

그런데 밀레바에 대한 아인슈타인의 태도는 점점 더 냉담해졌다. 아인슈타인은 두 부부가 함께 아는 하버(Fritz Haber)를 통해 '이혼 당하지 않고 결혼생활을 유지하려면 지켜야 할 행동강령'을 밀레바에게 전달한다.

아인슈타인 선언문(?)—아내로서 지켜야 할 조건

1. 내 옷을 세탁하고 깨끗이 수선하고 정돈해 놓을 것.
2. 하루 세끼 식사를 시간에 맞춰 내 방으로 가져올 것.
3. 내 침실 및 서재를 깨끗이 정리하되 특히 내 책상은 건드리지 말 것.
4. 사회적으로 절대적으로 필요한 경우를 제외하고, 나와의 다음과 같은 모든 개인적 관계는 포기한다.
   - 집에서 내가 당신과 같이 앉아 있는 것.
   - 같이 외출하거나 여행을 다니는 것.
5. 나와의 관계에서 준수해야 할 사항들

- 나에게 어떤 친밀감도 기대하지 않으며, 어떤 방식으로든 나를 질책하지 않을 것.
- 내가 요구할 때는 언제든 나에게 말하는 것을 중단할 것.
- 내가 요구할 때는 이의를 제기하지 않고 내 침실이나 서재에서 즉시 나갈 것.

6. 아이들 앞에서 말이나 행동으로 나를 비하하는 어떠한 일도 하지 말 것.

자신의 '지적 동지'라고 말하던 아인슈타인은 이제 당당하게 굴욕적인 노예문서를 밀레바에게 들이댄 것이다. 한때는 남편과 물리를 토론하던 자존심 강한 아내 밀레바였지만 아이들 때문에 황당하기 짝이 없는 마누라 혐오문서를 받아들이지 않을 수 없었다. 그러나 그녀가 아무리 노력해 보았자 결혼생활의 파탄을 막을 수 없다는 것을 깨달은 두 사람은 별거하기로 결정하고 밀레바는 몇 달 후 아이들을 데리고 취리히로 돌아간다.

1914년 8월, 제1차 세계대전이 발발하고, 아인슈타인은 새로운 일반상대성이론에 대한 연구에 몰두했다. 밀레바는 홀로 두 아들을 정성스럽게 키우느라고 최선을 다했지만, 남편과 사촌 엘자 사이의 악명 높은 스캔들은 마침내 그녀를 무너뜨린다. 그녀는 건강이 악화되어 2년간 요양원에 입원하게 되고, 아이들은 아버지가 아닌 가정부 손에서 길러졌다. 아인슈타인은 밀레바에게 이혼을 요구하는 한편 1916년 3월, 물리학 연보에 논문 〈일반상대성이론의 기초〉를 출판하고 12월에는 아인슈타인의 유명한 책《특수 및 일반상대성이론》을 출판한다. 일반상대성이론은 시간과 공간에 대한 가속도와 중력의 영향을 고려한 것으로 가령 태양 근처를 지나는 빛은 태양에 의해 생긴 시공간의 휘어짐 속에서 굽어져야 한다는 것이다.

아인슈타인이 남긴 가장 유명한 법률적 유산은 밀레바와의 특이한 이혼 합의문이다. 1919년 그는 사촌 엘자와 결혼하기 위해 밀레바에게 제안을 하는데, 이혼해 준다면 위자료와 자녀 양육비로 장차 노벨상을 탈 경우 상금 전부를 주겠다는 것이다. 이렇게 제안한 것도 실상은 1905년 상대성이론이 밀레바의 작품이기 때문이라는 설도 있다. 그녀는 변호사와 상의한 후 제안을 받아들여 마침내 5년간의 별거를 끝내고 이혼 도장을 찍었다.

밀레바는 "한 사람은 진주를 갖고 다른 사람은 빈 조개껍데기를 갖는가?"라고 한탄했고, 아인슈타인은 "사람은 착하고 겸손해야지. 그리고 입을 다물어야 해. 그것이 내가 당신에게 주는 충고야"라고 쏘아붙였다.

밀레바는 함구하라는 그의 경고를 잘 지켰다. 오직 생의 마지막에서야 밀레바는 편지에서 아인슈타인이 그녀의 행복과 과학 연구와 노년의 재정적 안정 모두를 강탈해 갔다고 썼다.

그렇다면 이 특이한 이혼 합의문은 잘 지켜졌을까? 아인슈타인은 자신의 예상대로 1921년 노벨상을 수상했지만 약속을 지키지 않았다. 상금의 4분의 3에 해당하는 2만4000달러(현재 가치는 10배 이상)를 장기 채권에 투자하고 여기서 나오는 이자를 밀레바에게 받게 했으나, 미국의 대공황으로 채권은 휴지 조각이 되고 말았다. 그런데 재미있는 것은 물리학의 두 거장 뉴턴과 아인슈타인 두 사람 다 증권에 투자하여 몽땅 돈을 날렸다는 사실이다. 뉴턴은 18세기 남해 회사(South Sea Company)에 투자하여 버블 붕괴로 대부분의 재산을 날린 후 "나는 천체의 움직임은 추측할 수 있지만, 인간들의 광기는 추측할 수 없다"라는 유명한 말을 남기기도 했다.

| 사촌 엘자와 아인슈타인의 두 번째 결혼 |

아인슈타인과 엘자

밀레바와 5년의 별거 기간 동안 아인슈타인은 사촌 엘자와의 결혼도 결코 서두르지 않았다. 엘자는 아인슈타인과 결혼하기 위해서는 참을성을 갖고 기다려야 한다는 것을 잘 알고 있었다. 한편 아인슈타인은 특수상대성이론을 확장하여 1916년 일반상대성이론을 발표한다. 20세기의 위대한 수학자 힐베르트(David Hilbert)도 거의 동시에 같은 결과를 얻었는데, 일부 과학자는 아인슈타인이 힐베르트의 장이론(field theory)을 표절했다고 주장한다.

1917년 10월 아인슈타인은 엘자의 첫째 딸 일세(Ilse)를 새로 설립된 카이저빌헬름연구소의 비서로 채용하는데, 아인슈타인과 의붓딸 사이에 어떤 심각한 일이 일어났음을 짐작케 하는 대목이 있다. 괴로움에 빠진 일세가 친구에게 보낸 1918년 5월의 편지에서 "아인슈타인은 엄마(엘자)와 딸(일세) 두 사람을 모두 사랑하지만, 자식을 갖기 위해 20세의 젊은 일세와 결혼하고 싶다고 말했다"는 내용이 나온다. 더구나 아인슈타인은 자신이 누구와 결혼할지는 두 모녀에게 결정을 맡긴다고 했다. 철저히 지켜졌던 이 비밀은 1998년 출판된 가족들 간의 서신에서 밝혀졌다. 이 어처구니없는 상황에서 괴로워하던 일세는 어머니와 아인슈타인이 결혼해야 한다고 결정했다. 딸의 양보(?)로 아인슈타인과 결혼하게 된 어머니 엘자의 마음은 어떤 심정이었을까?

마침내 1919년 2월, 밀레바와의 이혼이 매듭지어지자 3개월 후인 5월 아인슈타인은 엘자와 결혼한다. 그녀와의 결혼은 이제 로맨스라기보다는 필요에 의한 결혼으로 보였다. 아인슈타인은 그녀와 결혼한 동안에도 6명의 여성들과 계속 염문을 뿌리면서 아내와 의붓딸들한테 자랑스럽게 바람 피운 내용들을 일일이 보고했다. 남편의 불륜 스토리를 아무렇지도 않게 들어주며 방조하는 엘자는 진정 부처님 가운데 토막인지, 아니면 남편에 의한 신분 상승에 방점을 둔 영리한 여성인지 잘 모르겠다. 어쨌든 세기의 천재임에도 불구하고 아인슈타인은 사랑, 감정, 가족의 상대성원리를 이해하지 못한 것 아닐까?

1916년 발표된 아인슈타인의 일반상대성원리는 영국의 에딩턴(Eddington)이 1919년 5월 29일 일어난 개기일식 중 별빛이 태양을 지나면서 휘어지는 현상을 관찰함으로써 검증되었다. 참혹한 제1차 세계대전을 치른 뒤 굿뉴스를 고대하고 있던 세계는 이 소식으로 완전히 열광에 빠졌고, 아인슈타인은 마흔 살 되던 해 하룻밤 사이에 세계적 유명 인사가 되었다.

한편 비야크네스는 《세인트 아인슈타인의 제조와 판매—최상의 프로파간다(The Manufacture and Sale of Saint Einstein—The Propaganda of Supremacy, 2006)》에서 미국 언론과 금융계와 정계를 장악하고 있던 시오니스트 유대인들에 의해 아인슈타인의 신화가 만들어졌다고 주장한다. 슐래플리(Roger Schlafly)도 《어떻게 아인슈타인이 물리를 망쳤는가?(How Einstein

아인슈타인의 인기는 코믹한 인상도 한몫 했다.

Ruined Physics, 2011)》에서 아인슈타인의 신화를 깨뜨리는 일에 동참하고 있다.

세기적 천재의 인기에는 그의 독특한 인상도 한몫을 했다. 아인슈타인의 얼굴은 채플린을 연상시키고 늘어진 콧수염이 무척 코믹하여 그의 폭발적 인기는 더 한층 높아졌다. 그는 자신이 예측한 대로 1921년 노벨 물리학상을 수상했다. 그런데 이상하게도 아인슈타인의 노벨 물리학상 수상 업적은 그 유명한 상대성원리가 아니라 '광전효과'였다. 이 일에 대해 비야크네스와 슐래플리 등 일부 과학자들은 상대성원리의 중요 개념이 아인슈타인으로부터 나온 것이 아니라는 것을 노벨상 위원회가 알고 있었기 때문이 아닐까 라는 의문을 제기한다. 또한 아인슈타인은 물리학에서 1905년과 같은 수준의 논문을 다시는 생산해내지 못했다.

| 밀레바 마리치의 말년 |

이혼 10년째인 1929년, 53살의 밀레바는 그 후 10년 동안 그녀가 아끼던 모든 것을 잃게 된다. 의사가 되기 위해 의학공부를 시작했던 둘째 아들 에두아르드가 스무 살 되던 해인 1930년 정신분열증에 걸렸고, 2년 후에는 정신병원에 들어가게 된다. 아인슈타인은 에두아르드가 1955년 세상을 떠날 때까지 20여 년 동안 단 한 번도 정신병원으로 아들을 만나러 가지 않았다. 오히려 아들이 정신병에 걸린 것은 어머니 쪽 가계 때문이라고 밀레바를 원망하며 에두아르드는 태어나지 말았어야 한다는 냉혹한 말까지 내뱉었다.

1933년 나치 치하의 베를린에 몰아치던 반유대주의를 피해 아인슈타인은 엘자, 비서와 함께 미국으로 이민을 갔다. 다음해 새해 첫날 밀레바는 어머니를 여의고 3년 후에는 여동생 졸카(Zorka)의 장례를 치르러 마지막으로 고향에 간다. 장남 한스 알버트(Hans Albert Einstein)는 아내와 두 아들을 데리고 미국으로 이민을 떠났는데 몇 개월 후 막내 아들이 죽는다. 아버지 아인슈타인의 이름이 평생 짐이 되었을 한스 알버트는 나중에 캘리포니아 대학(버클리 캠퍼스) 토목공학과에서 퇴적물 연구로 정교수를 거쳐 퇴임 후 명예교수가 되었다.

1939년 세계는 대공황으로 혼란에 빠졌고 금방이라도 전쟁으로 치달을 상태였다. 밀레바는 에두아르드의 병원비를 대느라 궁핍하게 살다가 1948년 취리히에서 72세 나이로 사망했고, 어머니의 죽음 이후 정신병원에 맡겨진 에두아르드는 1965년 사망할 때까지 세상 밖으로 나오지 못했다.

동시대를 살았던 두 뛰어난 여성 물리학자 마리 퀴리와 밀레바 마리치 아인슈타인의 삶은 극명하게 대비된다.

우선 마리 퀴리는 자기 주도적 삶을 살며 의지가 강한 여성이었으며, 남편 피에르 퀴리 역시 아내의 연구를 적극적으로 도운 협력자이며 지지자였다. 노벨상 위원회에서 피에르 퀴리와 베크렐(Antoine-Henri Becquerel)에게만 노벨 물리학상을 수여하려고 하자, 피에르는 아내 마리 퀴리와의 공동 수상이 아니면 노벨상을 받지 않겠다는 강력한 청원서를 냈다. 결국 부부가 함께 노벨상을 받았고 대신 상금은 두 사람 공동으로 베크렐과 같은 금액을 받았다. 그뿐만 아니라 의사였던 시아버지는 실험실에만 묻혀서 사는 마리 퀴리를 대신해 두 손녀의 교육을 맡아주었고, 그 결과 마리 퀴리의 큰딸 이렌도 퀴리 가문에 노벨상을 하나 더 추가했다.

그에 반해 밀레바 마리치는 천재적 물리학 재능을 꽃피우지도 못하고, 그녀가 그렇게 사랑하고 맹렬하게 보호하려던 남편으로부터 철저하게 배신당했다. 아인슈타인은 숱한 여성들과 끊임없이 스캔들을 일으키면서 아내에게는 잔인한 남편이고 아이들한테는 냉담한 아버지였다. 아인슈타인은 불륜 상대인 사촌 엘자에게 쓴 편지에서 "나는 와이프를 내가 파면할 수 없는 고용인으로 취급한다" 라고 적었다.

이런 두 가지 사례를 보면 여성 과학기술자들은 독신으로 살지 않는 한, 여성의 일을 존중해주고 지지해줄 배우자의 역할이 성공에 큰 영향을 준다는 것을 알 수 있다. 어쩌면 이것은 일하는 모든 여성들에게 해당하는 얘기일 것이다.

그 동안 완전히 잊혀지고 알려지지 않았던 밀레바 마리치 아인슈타인의 공적이 1986년부터 점차 알려지면서 그녀를 기리는 기념판과 흉상이 곳곳에 세워졌다. 또한 아직도 상당수의 과학자들이 아인슈타인과 밀레바 마리치에 대한 진실을 밝히려는 노력을 계속하고 있다. 그러나 현재 일어나는 일도 진실을 알 수 없는 경우가 많은데, 하물며 이미 전설이 되어버린 위대한 인물의 감춰진 진실이 과연 제대로 밝혀질 수 있을까?

3. 기(氣)과학의 선구자인가, 코벤즐의 마법사인가? – 칼 폰 라이헨바흐 남작

Baron Karl von Reichenbach(1788~1869)

우리 아들이 고등학교 때 무협지에 흠뻑 빠져 지내던 적이 있었다. 무협지에 쏟아 넣는 시간을 적절히 조절하라고 아무리 얘기해도 소용이 없자, 그 이유를 알고자 직접 김용의 《영웅문》이라는 책을 읽기 시작했다. 그런데 소설의 장대하고 호쾌한 판타지 속으로 빠져 들어가 식사 준비할 생각도 잊고 《영웅문》 시리즈 10여 권을 계속 읽었던 기억이 난다. 그런데 그 무협 소설 내용 중에 '운기조식(運氣調息)'이라든가 내공이 높은 단계에 이르면 무시무시한 장풍을 날릴 수 있다는 이른바 '기(氣)'에 대한 얘기가 많이 나온다.

중국에서는 고대부터 모든 우주 생성의 변화는 '기'가 모이고 흩어지는 데 따라 생겨나고 없어지는 것이며 따라서 기를 생명의 근원으로 보기도 하는 철학사상이 있어왔다. 중국뿐만 아니라 우리나라, 일본, 인도 등 동양에서는 기를 중요한 철학적 사상으로 여기고 단전호흡, 기공 등으로 심신을 단련하고 질병을 고치는 치료의술로까지 발전시켜왔다.

한편 유럽에서는 생명장(life field)이나 기(氣)에 대한 연구는 정통 과학자가 아닌, 마치 중세의 연금술사에 버금가는 준 무당들이 하는 사이비과학, 또는 좀 더 완곡하게 표현하면 정통과학과 사이비과학의 경계선에 있는 경계과학쯤으로 취급하는 경향이 있었다.

이러한 불리한 환경에서도 19세기 독일의 유명한 화학자 칼 폰 라이헨바흐 남작은 자신의 일생 중 가장 왕성한 25년을 우주의 생명력의 근원이라는 오드(Od, 동양에서 말하는 '기'에 해당한다) 연구에 바친다. 산업계의 많은 실용적인 문제를 해결해 상당한 부를 쌓고 남작이라는 작위까지 받았던 그는 사이비과학을 연구하느라 그 많던 재산도 탕진하고 '코벤즐의 마법사'라는 조롱을 받으며, 끝내는 과학계에서 잊혀진 채 쓸쓸하게 생을 마감했다.

근래에는 조셉슨 효과를 발견하여 초전도체 분야 연구로 1973년 노벨 물리학상을 받은 케임브리지 대학의 브라이언 조셉슨(Brian Josephson) 교수도 소위 '미친 과학자'들 중 하나로 분류되고 있다. 그 이유는 노벨상을 받은 지 얼마 되지도 않아 정통적인 물리 대신 케임브리지 대학에서 '마음-물질 통합 프로젝트'를 만들어, ESP(extrasensory perception, 초감각적 지각), 텔레파시, 초자연적 현상(paranormal)을 연구하고 있기 때문이다.

19세기에 많은 논란의 중심에 서 있던 라이헨바흐의 생명장에 대한 선구자적 연구도 이제는 새로운 조명을 받아야 할 때인 것 같아 그의 기념비적인 연구를 소개해 본다.

| 칼 폰 라이헨바흐의 생애 |

칼 폰 라이헨바흐(Baron Karl von Reichenbach, 1788~1869) 남작은 유명한 화학자·지질학자·금속학자·박물학자·기업가·철학자이며 명망 있는 프러시아 학술회 회원이기도 하다. 독일 슈투트가르트에서 태어난 그는 궁정 사서인 아버지 덕분에 신비하고 진귀한 책들을 읽으며 청소년기를 보냈다. 책을 통해서 이름 모를 박물가들의 비밀스럽고 흥미로운 얘기에 신선한 영감을 받았다.

그 후 튀빙겐 대학교에서 23살의 나이에 〈유체정역학적 풀무(hydrostatic bellows)의 새로운 디자인〉이라는 논문으로 박사학위를 받았다. 그는 1년간 프랑스와 독일을 여행하면서 다양한 제철소와 화학공장을 방문한 뒤, 야금공정과 목재 탄화(木材炭化) 과정이 가장 매력적인 분야라고 생각했다. 그는 바덴에 제철소와 목탄 제조로를 세우고, 전통적인 방식보다 나무를 더 빨리 태우는 산업용 용광로를 개발했다. 그리고 생산된 목탄의 질을 개선함으로써 이 분야의 전문가로 실력을 인정받게 되었다.

라이헨바흐는 곧 오스트리아의 한 백작과 동업자가 되어 모라비아(Moravia)와 하(下)오스트리아(Lower Austria)에 비슷한 제철공장을 여럿 세우고, 또한 사탕무에서 설탕을 만드는 공장도 설립한다. 사업은 번창했고 그는 공장들을 더 사들였다. 잘 갖추어진 화학실험실이 가까이 있게 되자, 1825년부터 목재 탄화 과정의 부산물, 즉 타르(tar)를 분석하는 선도적인 연구를 시작했다. 1830년, 그는 콜타르와 콜타르 유도체에 관한 중요한 몇 가지 실용적 연구 결과를 얻었는데 특히 파라핀 개발이 큰 성과였다. 콜타르에서 소독제 유피오네(Eupione, 1831), 방부제이며 치료제 크레오소트(Creosote, 1832), 인디고 염료 피타칼(Pittacal, 1833)과 빨간색 염료 씨드러레트(Cidreret), 향수 베이스 피카마르(Picamar)를 잇따라 개발했다. 1830년부터 1836년까지 6년 동안 라이헨바흐는 저명한 독일 화학 학술지에 23편의 논문을 발표하여 뛰어난 화학자라는 평판을 받았다.

이러한 유기화합물들에 대한 벤처사업이 큰 성공을 거두어 1830년대에 그는 큰 부자가 되었다. 라이헨바흐는 빈 인근의 코벤즐 성(Castle Cobenzl)이라고 불리는 라이젠베르크 성(Castle Reisenberg)을 포함해 오스트리아 4곳의 영지(領地)를 사들였다. 그의 연구를 기반으로 독일은 염료와 화학제품 산업이 발달하게 되었고 국가적으로 엄청난 부를 거두게 된다. 이러한 업적들을 인정받아 1839년 그는 뷔르템베르크(Württemberg) 왕으로부터 남작 작위를 받았다.

Od(오드)
자력·화학 작용·최면 현상 등을 설명하기 위해 자연계에 두루 존재한다고 가상한 자연력

그로부터 얼마 지나지 않아 화학에 대한 관심이 시들해지자 라이헨바흐는 새로운 다른 분야, 즉 처음에는 운석 그 다음에는 **오드**(Od, 생체장)를 열정적으로 탐구하기 시작했다. 1845년, 라이헨바흐는 자신의 세계관에 일대 변혁을 가져오는 '오딕 포스'(Odic force: Odyle, Odische, Odylic이라고도 한다)라는 우주의 생명력 혹은 힘에 대한 새로운 가설을 발표했다. 그는 모든 동물과 식물, 그리고 인간들에 의해서 만들어지는 일종의 생체장(bio-field)이 존재한다고 주장하여 논란을 일으켰다.

라이헨바흐는 독일 신화에 등장하는 신들의 왕 오딘(Odin 또는 Wotan)에서 따온 '오드(Od)'를 모든 자연에 퍼져 있는 생명력이라고 명명했으며, 24년 후인 1869년 라이프치히에서 사망할 때까지 오드에 관해 최소한 10권의 저서와 자신의 이론을 뒷받침하는 소책자들을 출판

했다.

라이헨바흐의 인생은 정통 과학이 갖고 있는 학문적 편견에 도전함으로써 불명예스러운 논란에 휩싸이게 되고, 동료 과학자들까지 그에게서 등을 돌렸다. 그러나 라이헨바흐의 주장에 대해 학계의 전반적인 반응은 부정적이었지만, 그의 저술은 19세기 후반기에 **메스머리즘**(mesmerism), **동물자기**(animal magnetism), 심령론(spiritualism) 등에 큰 영향을 주었다.

메스머리즘(mesmerism)
독일의 의사인 메스머(Friedrich Anton Mesmer, 1734~1815)가 발표한 치료법의 하나로, 신경성 환자를 암시나 최면요법으로 치유할 수 있다는 주장을 말한다.

동물자기(animal magnetism)
최면요법의 창시자인 메스머가 처음 사용한 용어로, 최면술을 실시할 때 시술자로부터 '동물자기'라는 유도체가 환자의 체내로 들어가 어떤 우주의 에너지가 전달되어 모든 생명체에 영향을 준다고 주장했다.

| 오드(Od)의 성질 |

1844년 라이헨바흐는 빈의 한 의사로부터 심한 두통과 강직성 발작을 일으키는 한 여성 환자에 대한 자문을 받게 되었다. 그 환자는 빛에 대해 과민증상을 보여 어둠속에 누워 있기만 해도 캄캄한 방 안에서 모든 것을 감지할 수 있다는 것이다. 당시 라이헨바흐는 오로라(aurora)라고 부르는 북극광 발생에 관한 이론에 흥미를 느끼고 있을 때였다. 오로라는 플라스마(plasma)의 흐름인 태양풍과 지구 자기장 사이에 일어나는 상호작용으로 밤하늘을 붉은색, 녹색, 푸른색과 보라색으로 환상적으로 수놓으며 빛의 흐름, 광선, 소용돌이 등으로 그 형상이 끊임없이 바뀐다.

북극광 오로라

라이헨바흐는 북극광이 자기장에 의해 영향을 받는 것처럼, 매우 민감한 시각을 가진 사람들은 어둠속에서 자석 주위의 빛을 감지할 수 있을 것이라는 생각을 떠올렸다.

그는 민감한 여성 환자에게 어둠속에서 커다란 말굽자석으로 테스트를 했고, 그녀는 자석의 두 극으로부터 빛이 방사되는 것을 보았다고 긍정적인 피드백을 주었다. 말굽자석에 대한 그녀의 반응에 대해 좀 더 많은 자료를 얻고자, 그는 자석 주위의 빛을 감지할 수 있는 다른 민감한 사람들을 대상으로 같은 실험을 반복했다. 실험 대상인 민감자들 모두 자석의 극 사이에 생기는 자기장과는 달리 말굽자석의 두 극 위에서 직선으로 방사되는 밝은 불꽃을 보았다고 말했다.

메스머(Anton Mesmer)의 연구에 영향을 받은 라이헨바흐는 주변의 전자기에 의해 상황이 영향을 받을 수 있다고 가정했다. 그리고 마침내 자신의 연구를 바탕으로 자기(磁氣)와 연결된 실체를 알 수 없는 '새로운 힘'이 있다고 주장했다. 그 '힘'은 모든 물질에서 방출되며 모든 생명체들 사이에 퍼져 있어 서로를 연결해주는 일종의 '생명의 원리'라고 생각했다. 이 생명력의 발현을 그는 '오딕 포스'라고 명명했다. 라이헨바흐는 전기나 자기처럼 오딕 포스도 극성(極性)을 갖고 있으며 오드의 양(+)극과 음(-)극에 따라서 색, 감촉, 맛에서 다르다는 것을 발견한다. 또한 어떤 재료들은 전기의 좋은 전도체이고 어떤 것들은 절연체인 것처럼 다양한 종류의 재료들은 오드를 전도하고 저장하는 능력이 상당히 다르다고 주장했다.

1845년 오드에 관한 라이헨바흐의 첫번째 논문이 명망 있는 학술잡지 〈화학 및 약학연보〉에 부록으로 출판되었다. 그러나 편집인 리비히(Justus von Liebig)는 저명한 화학자이자 라이헨바흐의 친구였지만 동료들의 거센 반발로 말미암아 라이헨바흐의 '민감자들'에 관한 논문을 더 이상 출판하지 않았다. 4년 후인 1849년, 라이헨바흐는 오직 '민감자들'만이 감지할 수 있는 자석이 빛을 발하는 현상에 대해 그들이 설명해준 내용을 토대로 두 번째 책을 출판했다.

라이헨바흐는 추가 실험을 통해 재료들의 '오딕(Odic) 내용물'이 모든 자기적·전기적·열적 현상을 생기게 하며, 또한 숙련된 화학자로서 자신의 견해로 볼 때 결정의 극성(極性)·비등점·용해·발효·부패·다양한 원소들의 촉감과 맛을 포함한 모든 화학적 현상도 이와 연관이 있다고 발표했다. 스웨덴의 저명한 화학자 베르셀리우스(Jöns Jakob Berzelius)가 알려진 모든 화학적 원소들을 전기적 양성, 전기적 음성의 2군으로 나누었던 것처럼, 라이헨바흐의 '민감자들'도 원소의 시료들을 만져보는 것만으로 '오딕 양성' 또는 '오딕 음성'으로 분류했으며, 사람들 몸을 둘러싸고 있는 아우라를 감지할 수 있다고 보고했다.

그는 1852년 《오딕-자기론(Odic-Magnetic Letters)》이라는 책을 출판했는데, 여기에서 민감자들은 어둠 속에서 식물, 특히 꽃에서 빛이 방출되는 것을 감지할 수 있다는 진지한 논의를 하고 있다. 빈 대학의 저명한 식물학자 엔드리허(Stephan Endlicher) 교수는 처음에 라이헨바흐의 민감자들이 어둠속에서 식물이 빛을 발하는 것을 관찰했다는 얘기를 듣고 말도 안 되는 소리라고 일축했다. 그러나 나중에 엔드리허 교수 자신도 민감자들 중 한 명인 것이 판명되었다. 즉 완전한 어둠 속에 놓인 화분의 식물에서 나오는 빛을 감지하고 "이것은 푸른 꽃의 글록시니아야"라고 정확하게 맞춘 것이다.

라이헨바흐는 '오딕 포스'가 폭넓은 응용분야를 갖고 있다고 생각하여 끈질기게 실험을 계속했지만 많은 과학자들은 그를 조롱하고 등을 돌렸다. 게다가 대중들은 라이헨바흐를 '코벤즐의 마법사'라고 두려워하기 시작했다. 큰 키에 당당한 체구의 그가 검은 코트를 입고 소위 '민감자들'을 데리고 자석과 전선, 크리스털로 가득한 어두운 방에서 이상한 실험을 하며, 때로는 그들과 한밤중에 공동묘지에 가서 썩는 시체로부터 나오는 오드(Od)의 방출을 조사하겠다고 하니 어찌 사람들이 그를 무서워하지 않겠는가?

그 무렵 발트 해에서 일어난 전쟁, 인도 반란 사태, 오스트리아의 극심한 가뭄 등으로 코벤즐 성에도 재정적인 파국이 닥쳐왔다. 그가 사업 경영 대신 온통 기(氣)를 연구하고 관리하는 데만 전념하느라 코벤즐 성을 잃게 되는 최악의 재정 상황에 놓이게 된 것도 어쩌면 당연한 일이었다. 라이헨바흐는 거대한 도서관과 실험실, 엄청난 규모의 동식물 수집품이 가득한 코벤즐 성을 구하기 위해 필사적으로 애를 썼으나, 모든 노력도 헛되어 1867년 코벤즐 성을 떠난다. 결국 그는 80세 나이에 병든 몸으로 오스트리아를 떠나 라이프치히의 한 호텔로 거처를 옮겨야 했다. 생의 마지막 날이 가까이 온 것을 깨달은 라이헨바흐는 최소한 그 시대의 영향력 있는 인물 단 한명에게라도 '오드'의 실체를 확신시키기 위해 물리학자인 페히너(Gustav Theodor Fechner)를 설득하려고 애를 썼다. 그러나 1869년 1월 코벤즐의 마법사는 라이프치히의 한 호텔방에서 쓸쓸히 세상을 떠났다.

| 기(氣)를 아십니까? |

지금은 중력장, 전자기장, 또는 약력(弱力) 같은 것이 과학적으로 그 실체를 인정받고 있지만 처음엔 이것들도 황당한(?) 아이디어라고 치부되었다. 이러한 과거의 역사를 생각하면 코벤즐의 마법사라고 조롱당한 라이헨바흐의 '오드'에 관한 선구자적 연구도 언젠가는 기념비적인 연구로 인정받을 날이 올지도 모르겠다.

그렇다면 기란 무엇인가? 기는 전기, 자기, 원적외선, 복사선 등과 마찬가지로 또 하나의 미묘한 에너지 형태인 생체에너지를 말한다. 이 같은 미묘한 에너지는 신체와 주변 환경뿐만 아니라 체내 에너지 망을 통해 모든 기관과 근육·세포 사이에서 그리고 몸과 정신 사이에서 긴밀히 서로 소통한다고 한다.

온 인류에게 공해 없는 공짜 전기를 제공하려고 시도했던 전기의 마법사 테슬라(Nikola Tesla)는 1942년 다음과 같은 유명한 말을 남겼다.

"만일 당신이 우주의 비밀을 찾고 싶다면 에너지, 주파수, 진동의 관점에서 사고하라."

흔히 성인(聖人)이나 영적 지도자의 초상화를 보면 머리를 에워싸고 있는 에너지장이라고 알려진 후광(기독교 성인들 머리 뒤의 할로(halo)나 부처님 등뒤의 광배(光背)처럼), 즉 아우라(aura)를 종종 보게 된다. 실제로 이 생체 에너지장은 머리뿐만 아니라 몸 전체를 둘러싸고 있다.

몸을 둘러싸고 있는 아우라(aura)

《달을 듣는 강물-수월 스님 이야기》라는 책에 아우라에 관한 전설 같은 이야기가 나온다. 당대의 고승 경허 스님의 세 제자 중 한 분인 수월 스님은 글을 몰랐는데, 스승으로부터 '천수대비주'로 공부하라는 말씀을 듣고는 온종일 일하면서 죽기 살기로 천수대비주(千手大悲呪)를 외웠다. 그해 수월은 용맹정진을 했는데, 이레째 되는 밤 방광(放光)을 하면서 깨달음을 성취했다고 한다. 몸에서 빛이 나는 방광이 바로 서양에서 말하는 아우라가 아닐까?

이처럼 방광을 체험한 수월은 세 가지 특별한 힘을 얻었는데 한 번 보거나 들은 것은 결코 잊어버리지 않는 '불망념지(不忘念智)'를 얻었고, 둘째 잠이 없어져 버렸으며, 세 번째로 아픈 사람의 병을 고칠 수 있는 힘을 얻었다고 전해진다.

요즘에는 이러한 아우라나 기공을 연구하기 위해 키를리안 사진술(kirlian photography)과 같은 첨단 과학기술을 사용한다. 키를리안 사진술이란 전기적 코로나 방전 현상을 포착하는 데 사용하는 사진기술을 말하는데, 전위기록술(electrography), 전자사진술(electrophotography), 코로나방전 사진기법(corona discharge photography: CDP), 생체 전위기록술(bioelectrography), 가스방전 시각화(gas discharge visualization: GDV), 전자광자영상(electrophotonic imaging: EPI), 키를리안 사진술 등 다양하다.

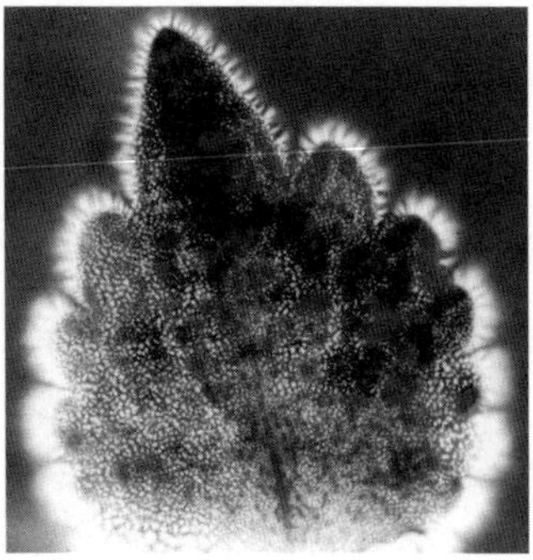
키를리안의 잎사귀 실험

전형적인 키를리안 실험에서는 금속 방전판 위에 사진 필름을 올려놓은 뒤 금방 자른 잎사귀 같은 물체를 직접 필름 위에 올려놓고 잠깐 동안 고전압을 가해준다.

그러면 물체와 고전압판 사이의 코로나 방전이 필름에 의해서 포착되며, 현상된 필름은 여러 색깔의 스파크와 반짝거림, 그리고 확 타오르는 역동적이고 변화무쌍한 패턴을 보여준다. 그러나 죽은 물체는 그러한 생생한 패턴을 보이지 않으며, 갓 자른 잎사귀에서만 나타나는 역동적인 패턴은 시간이 지나면서 점차 사라져 간다.

러시아 발명가 키를리안(Semyon Davidovich Kirlian)은 이 실험을 통해 "우리가 바라보고 있는 동안, 마치 눈앞에서 잎사귀가 죽어가고 있는 것처럼 보였으며, 잎사귀의 죽음은 에너지 충격 사진에 그대로 반영되었다"라고 말한다.

최근에는 에너지장을 이용하여 질병을 미리 예측할 수 있을 뿐 아니라 치료할 수 있다는 에너지 의학(Energy Medicine)에 대한 연구가 주목할 만한 연구 분야로 떠오르고 있다.

4. 시대를 앞서 산 진리의 순교자

– 최초의 여성 과학철학자 히파티아

Hypatia(370?~415)

"여성이 사형대에 오를 권리가 있다면 당연히 의정단상에 오를 권리도 있다"라는 유명한 말을 남긴 올랭프 드 구즈(Olympe de Gouges)는 프랑스혁명 당시 로베스피에르(Robespierre)의 공포정치 시대에 여성의 참정권을 주장하다가 1793년 단두대의 이슬로 사라진 인물이다. 프랑스혁명 지도자들의 사상적 지주가 된 장 자크 루소(Jean-Jacques Rousseau)의 자유 민권 사상이 여성들에게는 해당하지 않았던지, 루소마저도 "열등한 이성을 가진 여성이 남성에게 종속되는 것이 곧 자연법"이라는 해괴한 주장을 펼쳤다. 지금은 너무도 당연한 여성의 참정권도 미국에서는 1920년이 되어서야 시행되었다. 한때는 자신들의 노예였던 흑인 남성들에게 투표권을 준 지 50년이 지난 뒤에야 비로소 여성들에게 참정권이 주어진 것이다. 참고로 스위스는 민주주의 국가로서는 제일 늦은 1971년에서야 여성 참정권을 인정했다. 이것은 올랭프 드 구즈 같은 많은 여성들의 피와 땀의 결실로 이룬 성과였다.

근대에도 이러한데 지금부터 1600년 전쯤인 고대 로마에서 여성들의 위상이 어떠하였을지 가히 짐작이 간다. 고대 그리스·로마시대는 철저한 남성우위 사상에 근거한 가부장적 사회여서 여성은 남성의 소유물로 취급받았다. 그런데 4세기경 고대 이집트 알렉산드리아의 그리스계 여성 철학자 히파티아(Hypatia, 370?~415)는 신플라톤학파 아카데미의 수장으로서 철학·수학·천문학을 가르친 여성 지식인의 선구자였다.

그녀는 동시대에 필적할 사람이 없었던 가장 뛰어난 철학자·수학자·천문학자로 고대 역사상 가장 탁월한 여성 과학자로 꼽힌다. 뿐만 아니라 남녀평등의 이상적인 전형에다 빼어난 미인이기까지 해서 일부 초기 기독교인들까지도 그녀를 도덕적 고결함의 상징으로 떠받들었다. 그런 그녀가 그리스 비극처럼 능지처참이라는 끔찍한 형벌로 처형된다.

히파티아는 클레오파트라도 질투할 만한 미모로 수많은 젊은이들의 연모의 대상이 되었지만 지식에 대한 열정으로 평생 결혼을 하지 않았다. 옛 기록에 따르면 히파티아는 그리스 신화의 미의 여신 아프로디테의 몸과 지성의 상징 플라톤의 정신을 갖추었다고 씌어 있는 것으로 보아 그녀의 생애는 미모, 지성, 비극이라는 3가지 드라마틱한 요소를 모두 갖춘 셈이다.

히파티아의 삶은 그동안 많은 교회사가(敎會史家), 역사가, 화가, 작가들의 중요한 소재가 되어왔는데 근래에는 〈아고라(Agora, 2009)〉라는 영화의 히로인으로 우리 앞에 나타났다. 만일 그녀가 제갈량의 부인처럼 박색이었다면 역사는 또 어떻게 달라졌을까?

영화 〈아고라〉의 한 장면(2009).

그러나 히파티아의 이름은 우리에게 무척 생소하기만 하다. 과학자로서의 생애와 처참한 죽음을 가져온 그녀의 범죄(?)는 도대체 무엇이었던가 하는 강렬한 호기심이 히파티아의 삶을 탐구하는 계기가 되었다. 히파티아의 위대성과 죽음을 이해하려면, 우선 그녀가 살았던 4세기 말 알렉산드리아의 역사적, 시대적 배경부터 돌아보아야 할 것 같다.

| 고대 알렉산드리아의 역사적 배경 |

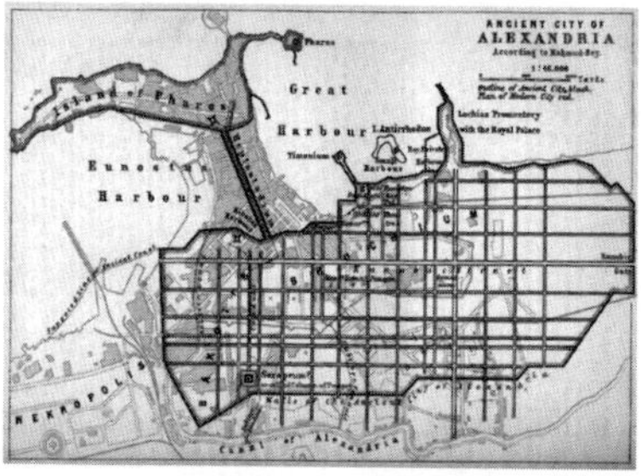

고대 알렉산드리아 지도

아테네가 고대 그리스의 문화 중심지였다면 그리스 문화와 오리엔트 문화를 융합시킨 헬레니즘 시대를 이끈 가장 유명한 도시가 이집트 나일강 하구에 세워진 알렉산드리아이다. 알렉산드리아가 처음 세워진 것은 기원전 약 331년으로 추정된다. 마케도니아의 왕 알렉산더 대왕(BC 356~BC 323)이 이집트 원정 당시 수석 건축가 디노크라테스(Dinocrates)로 하여금 지중해로 진출할 항구 도시를 세우게 하고 자신의 이름을 붙여 만든 도시가 알렉산드리아이다. 알렉산더 자신은 동방 원정을 떠나야 했기 때문에 도시가 완성되는 것을 보지 못하고 기원전 323년 바빌론에서 갑자기 병사했다.

마케도니아 왕국은 후계자들 간의 전쟁으로 분열되지만 결국 알렉산더 대왕의 측근 장군들 중 하나인 프톨레마이오스(Ptolemaios)가 이집트를 차지하여 프톨레마이오스 왕조를 창건하고 알렉산드리아를 수도로 삼았다. 그의 첫 번째 조치는 그리스에 묻히기 위해 이집트를 지나가던 알렉산더 대왕의 시체를 탈취한 것이다. 그렇게 해서 이집트인들이 신으로 여기는 알렉산더 대왕은 알렉산드리아에 매장되었고, 이는 프톨레마이오스에게 커다란 종교적, 정치적 영향력을 주어 왕으로서의 정통성을 확보하게 해주었다. 왕가(王家)의 남성 통치자들은 모두 프톨레마이오스로 칭했고 여성 통치자들은 클레오파트라(Cleopatra), 아르시노에(Arsinoe), 베레니케(Berenice) 등으로 불렸다.

프톨레마이오스 왕조는 기원전 30년 로마에게 정복당할 때까지 이집트를 다스렸는데 가장 유명한 통치자가 마지막 여왕 클레오파트라 7세이다. 카이사르(Julius Caesar)와 폼페이우스(Gnaeus Pompeius Magnus) 그리고 나중에 안토니우스(Marcus Antonius)와 옥타비아누스(Gaius Julius Caesar Octavianus) 사이에 벌어진 로마의 권력 투쟁에서 클레오파트라는 매우 독특한 역할로 세계사뿐만 아니라 영화, 연극, 소설 등에서 매혹적인 인물로 묘사되고 있다.

옥타비아누스가 악티움(Actium) 해전에서 승리함으로써 안토니우스와 클레오파트라는 자살로 생을 마감하고, 프톨레마이오스 왕조도 막을 내리고 이집트는 로마의 속주가 되었다. 알렉산더 대왕의 죽음으로 시작되어 클레오파트라의 죽음으로 막을 내린 약 3세기에 걸친 프톨레마이오스 왕조 기간이 헬레니즘 시대이다.

| 지식의 발상지 알렉산드리아 |

알렉산드리아는 헬레니즘 시대 최대의 도시로 성장하여 경제적, 문화

알렉산드리아 대도서관

적 중심지가 되었다. 이 도시에는 고대에서 가장 큰 도서관인 알렉산드리아 대도서관과 왕립 부속 학술·학예 연구소 무세이온(mouseion)이 있었다. 또한 알렉산드리아는 그리스, 로마, 팔레스타인, 페르시아, 아프리카, 아라비아의 문화, 종교, 철학을 아우르는 범세계적 문화의 교차로였으며 유대인들은 그리스인들과 함께 알렉산드리아의 주민으로 주요 공동체를 이루고 있었다.

세라피스 신

프톨레마이오스 1세는 이집트와 그리스의 종교와 문화를 결합시키려는 노력의 일환으로 두 나라의 신들을 혼합하여 새로운 신 세라피스(Serapis)를 만들어냈다. 고대 이집트의 죽음과 부활의 신 오시리스(Osiris)와 신성한 소(Apis)를 결합하고 알렉산드리아의 그리스인들이 받아들일 수 있도록 그리스 신의 속성을 약간 섞어 세라피스를 인간의 형태로 만들었다. 이집트인들은 그리스 혈통의 프톨레마이오스 왕조를 이집트의 왕들, 즉 파라오(Pharaoh)의 후계자로 받아들였다.

기원전 3세기 프톨레마이오스 3세는 알렉산드리아의 수호신 세라피스를 모신 세라피움(Serapeum) 신전을 가장 크고 웅장하게 지었다. 신전 구역 내에는 알렉산드리아 대도서관의 중요한 부속 도서관도 있었다.

알렉산드리아는 브리타니아(현재의 영국)까지 로마제국 도처에 퍼진 세라피스 숭배의 중심지였을 뿐 아니라 다른 지역 사람들도 이 도시의 세라피움으로 참배를 하러 왔다.

한편 프톨레마이오스 왕조를 멸망시킨 옥타비아누스는 원로원으로부터 아우구스투스라는 칭호를 받으며 기원전 1세기말 제정로마 시대를 여는 초대 황제가 되었다. 로마는 영토를 더욱 확장하고 정복지의 문화와 종교를 인정하는 다문화, 다신교 정책으로 제국의 통합과 번영을 누렸으며 로마에 저항하는 민족은 철저히 응징했다. 아우구스투스 시대부터 5현제(五賢帝) 시대까지 약 200년간 로마제국 내의 각지에 번성한 도시들이 생기고 이들이 하나로 통합된 거대 경제권을 형성하면서 많은 교역이 이루어지고 도로와 항구가 발달했다. 제국 내의 모든 국민은 평화를 누렸으며 이 시대를 로마의 평화, 즉 '팍스 로마나'라고 부른다.

5현제 시대는 아버지에서 아들로 황제가 세습되었던 것이 아니라 황제가 뛰어난 후계자를 선택하여 양자로 삼고 나중에 황제의 자리를 물려주었는데 이때를 '입양된 황제들' 시대라고 한다. 그러나 이런 방식의 제위 승계는 또 다른 부작용을 낳았는데, 즉 가장 힘센 자가 군대를 동원해 황제 자리를 차지할 수 있었던 것으로 3세기가 바로 그런 시기였다. 즉 5현제 시대를 지나 약 50년 동안 군대가 26명의 황제를 마음대로 옹립하고 폐위시켜 쿠데타와 암살이 반복되는 '군인황제 시대'의 혼란기가 온다.

이에 따라 정치적 혼란뿐만 아니라, 경제적으로도 엄청난 인플레이션이 일어나 내부적으로는 공동체 의식이 약화되고, 외부적으로는 게르만족과 사산조 페르시아의 침입이 끊이지 않는 등 로마는 극도로 혼란스러워진다. 그래서 이 시기를 '3세기 로마의 위기'라고 부른다. 마침내 기원후 284년 디오클레티아누스(Gaius Aurelius Valerius Diocletianus) 황제가 즉위하여 여러 개혁정책을 실행함으로써 정국을 안정시키고, 게르만족의 침입과 사산조 페르시아의 위협에 대처하고 광대한 제국 영토의 치안 확보와 변경의 방위를 위해 '4두정치(Tetrarchy)'를 편다. 4두정치란 로마제국을 동서로 나누어 2명의 정제(正帝)와 2명의 부제(副帝)를 두어 4명이 각자의 영역을 분할 통치하는 것을 말한다.

그러나 제1차 4두정치는 305년 디오클레티아누스의 자진 퇴위로 끝나고 복잡한 내부 투쟁을 거쳐 결국 313년을 기점으로 해서 서로마의 콘스탄티누스(Constantinus I), 동로마의 리키니우스(Valerius Licinianus Licinius) 지배 체제의 양두정치가 확립되었다. 원래 콘스탄티누스 황제는 태양신을 숭배하였으나 독실한 기독교 신자였던 어머니 헬레나의 영향도 있었고 또한 자신의 정치적 기반을 확보하기 위해 기독교를 받아들였다. 313년, 콘스탄티누스 황제는 리키니우스와 함께 밀라노에서 "모든 사람은 (기독교를 포함해) 자신이 원하는 종교를 믿을 수 있다"는 종교의 자유 및 관용의 정신을 나타내는 밀라노 칙령을 공표했다. 콘스탄티누스는 교회의 사법권과 재산권 등을 인정하고 교회와 성직자에게 특권을 주어 기독교를 장려했고 관료제도와 각종 세금제도를 정비했다. 324년에는 동방 정제 리키니우스를 격파하고 로마제국의 단독 황제가 되어 다시금 로마를 통합한다.

| 기독교를 국교로 삼다 |

콘스탄티누스의 밀라노 칙령 이후, 당시 기독교계는 최대 논쟁거리였던 예수의 신성(神性) 문제를 둘러싸고 분열 위기에 놓였다. 이집트 알렉산드리아 출신의 성직자 아리우스(Arius)가 주장한 신학, 즉 아리우스파에서는 '성자' 예수는 세상과 소통하기 위한 방법으로 신에 의해 창조된 존재(피조물)여서 '성부'에게 종속되는 개념이라는 반(反)삼위일체론을 펼쳤다. 반면 이집트 알렉산드리아의 아타나시우스(Athanasius)는 하나님은 성부, 성자, 성령의 세 위격이라는 삼위일체설을 주장하며 아리우스파와 대립했다.

따라서 4세기는 기독교에서 누가 정통이고 이단이냐 하는 문제들로 치열한 논쟁들이 벌어져, 교회가 분열의 위기에 놓여 있던 시기이다. 이러한 종교적 논쟁들은 로마제국을 사회적으로 불안하게 했고 로마 황제의 개입을 불가피하게 만들었다. 콘스탄티누스 대제는 종교 분쟁들이 국가의 분열을 조장할 것을 우려하여, 당시 황제의 거주지였던 니케아에서 325년 '니케아 공의회'를 개최했다. 당시 기독교계의 최대 논쟁거리였던 "예수는 신인가, 인간인가"를 놓고 벌어진 논쟁에서 그는 삼위일체 반대론자인 아리우스파를 이단으로 단죄하고 신성론자들의 손을 들어주는 니케아 신경(信經)을 채택했다.

330년 콘스탄티누스는 경제적·전략적 이유로 비잔티움(지금의 이스탄불 지역)을 로마제국의 수도로 삼고, 원로원과 공공건물을 지어 '새로운 로마(Nova Roma)'라고 불렀다. 흑해와 지중해 사이에 위치한 비잔티움은 동서양을 잇는 전략적 요충지로, 보스포러스(Bosphorus) 해협을 사이에 두고 유럽과 아시아로 갈라진다. 비잔티움은 유럽 쪽 서쪽 기슭에 위치하고 있는데 콘스탄티누스가 죽은 후 그의 이름을 따서 콘스탄티노플로 바뀐다.

콘스탄티누스 사후 로마제국은 서로 싸우며 사분오열되고 그 가운데 살아남은 율리아누스(Flavius Claudius Julianus)가 로마제국의 마지막 비기독교 황제가 된다. 361년의 일이었다.

율리아누스는 고대 로마의 가치를 되살리려고 기독교 우대 정책을 철폐하고 로마의 전통인 다신교로 다시 바꾸려고 시도했으나 격렬한 반발을 불러일으키고 후대에 '배교자(背教者, Apostata) 율리아누스'라고 불렸다. 율리아누스는 로마제국 최초의 기독교 왕조인 콘스탄티누스 왕조의 마지막 황제이다.

테오도시우스 대제라고 알려진 테오도시우스 1세(Flavius Theodosius Augusus)는 379년~395년 동로마와 서로마 모두를 통치한 마지막 황제였다. 그가 죽은 후 로마제국은 완전히 동서가 분리되어 다시는 합쳐지지 못했다. 테오도시우스의 사회개혁은 유럽 역사의 중요한 이정표가 되었는데, 로마의 종교적 관용이나 정치적 영향력과는 멀어져 이때부터가 봉건사회의 개막처럼 보인다.

392년, 테오도시우스는 니케아 신경에 따른 정통 기독교를 국교로 삼았다. 기독교 황제 테오도시우스는 타종교에 대한 관용의 정신을 철회하고 이교도 의식을 금지하는 칙령을 선포했다. 그리고 알렉산드리아의 세라피움이나 델피(Delphi)의 아폴로 신전을 포함한 고대 그리스 신전들을 광폭하게 파괴하는 것을 막지도 않고 주동자들을 처벌하지도 않았다.

로마에서는 가정과 국가의 수호자이며 로마인의 정신적 지주 역할을 하는 화로(火爐)의 여신 베스타(Vesta)를 숭배했다. 베스타 신전에는 국가의 영원함을 상징하는 성화가 불타고 있었고 불이 꺼지지 않도록 지키는 여사제가 있었다. 그런데 테오도시우스는 베스타의 여사제 제도를 폐지하고 성화를 꺼버렸다. 거기에 그치지 않고 393년에는 고대 그리스의 올림픽을 기독교 문화로서 가치가 없고 이교 숭배라며 금지시켰다. 올림픽은 그 후 약 1500년이 지난 1896년이 되어서야 다시 열리게 된다.

그렇게 오랫동안 로마를 안전하게 지켜주고 번영하도록 해준 로마의 고대 신(神)들을 헌신짝처럼 버리고 기독교신을 받아들였기 때문에 로마가 멸망했다고 주장하는 이들마저 있었다.

| 히파티아의 생애 |

독일화가 Alfred Seifert가 그린 히파티아(1901년)

히파티아(Hypatia, 370?~415)는 기원후 370년경 알렉산드리아에서 태어났다. 그녀의 아버지 테온(Theon)은 저명한 수학자이자 철학자이며, 학문과 지성의 전당인 왕실부속연구소 무세이온(Mouseion)의 마지막 회원이었다. 그는 유클리드 기하학의 편집자로 유명했는데 프톨레마이오스의 《알마게스트(Almagest)》 주석서를 쓰기도 했다.

테온은 일찍부터 딸의 천재성을 알아보고 직접 수학·천문학·철학을 가르쳤다. 히파티아는 아버지의 지적 자산과 알렉산드리아의 풍요로운 학문적 풍토 아래 성장했고, 로마와 아테네까지 가서 공부하여 그 시대의 모든 과학적·철학적 지식을 습득할 수 있었다. 그녀는 학문적으로 아버지를 능가하여 400년에 신플라톤학파 아카데미의 수장이 되었다.

그녀의 가르침은 신플라톤학파의 창시자인 플로티누스(Plotinus)와 300년경에 신플라톤학파를 발전시킨 이암블리쿠스(Iamblichus)에 뿌리를 두고 있었다.

일부 저명한 기독교인들을 포함한 수많은 청중들이 그녀의 철학, 수학 및 천문학 강의를 들었다. 히파티아는 자신의 집에서도 제자들을 가르쳤고 당시의 철학자들처럼 아테네와 알렉산드리아 도심지에서 공개 강연도 했다. 그녀의 강의를 듣기 위해 알렉산드리아뿐 아니라 유럽, 아시아, 아프리카에서까지 사람들이 몰려들 정도로 히파티아는 널리 존경받고 높이 평가되어 지식층에 상당한 정치적 영향력을 발휘했다. 많은 제자들 중 가장 유명한 제자인 키레네(Cyrene)의 시네시우스(Synesius)가 그녀를 가장 열렬히 숭배했다고 한다. 그런데 시네시우스는 리비아 펜타폴리스(Lybian Pentapolis)에서 410년 이후 키레네의 그리스인 주교(bishop)가 되었다.

히파티아는 전통적 여성의 복장 대신 자신의 위치에 걸맞게 철학자의 망토를 걸치고 마차를 몰며 제국 안을 자유롭게 돌아다니면서 플라톤과 아리스토텔레스 등 여러 주제에 대해 강의했다. 당시 여성들의 지위로 볼 때 상상도 할 수 없는 거침없는 행동이었다. 히파티아는 남자들의 집회에 참석하는 것도 불편해 하지 않았으며 모든 남자들은 그녀의 뛰어난 기품과 미덕 때문에 더욱 그녀를 숭배하게 되었다.

| 히파티아의 과학적 업적 |

히파티아는 수학·천문학과 관련된 광범위한 저술 활동을 한 것으로 알려졌지만 대부분 분실되거나 파손되어서 그녀의 저서는 단 한 권도 남아 있지 않다. 단지 그녀의 생애와 업적에 대해 몇 건의 고대 문헌들과 서신에 기록들이 남아 있는데 그 중 중요한 기록들은 다음과 같다.

1. 키레네의 시네시우스(Synesius of Cyrene): 히파티아의 제자이며, 키레네의 주교인 시네시우스가 친지들에게 남긴 여러 통의 서신들에 기록.
2. 소크라테스(Socrates): 히파티아가 죽은 지 얼마 안 된 415년에 소크라테스가 쓴 〈교회사(Ecclesiastical History)〉에 기록.
3. 니키우의 이집트 교회 주교 요한: 〈요한 연대기(Chronicle of John)〉에 기록.
4. 수다(Suda Lexicon): 고대 지중해 세계에 대해 10세기 비잔틴시대 백과사전인 〈수다〉에 기록.

히파티아는 천문학보다 수학에서 더 중요한 업적을 남겼는데 몇 가지를 적어보면 다음과 같다.

1. 수학 기호를 처음으로 방정식에 적용해 '대수학의 아버지'라고 불리는 알렉산드리아의 디오판투스(Diophantus, 250년경)의 13권짜리 저서 《산술(Arithmetica)》에 대한 주석서를 씀.
2. 알렉산드리아의 기하학자 아폴리니우스(Apollonius)가 저술한 《원추에 관한 8권의 책(Conics of Apollonius)》에 대해, 원추를 평면으로 여러 방향으로 잘랐을 때 생기는 단면이 원, 타원, 포물선, 쌍곡선이 되는 즉 아폴로니우스의 원추곡선의 여러 가지 기본적인 성질을 이해하기 쉽도록 주석서를 씀.
3. 그리스의 천문학자 프톨레마이오스(Klaudios Ptolemaios)의 천문

학 책《알마게스트(Almagest)》의 해설서를 씀.

4. 기하학의 창시자인 유클리드(Euclid)의 원론(Elements)에 대해 아버지 테온(Theon)과 함께 주석서를 씀.
5. 〈천문학의 규범(The Astronomical Canon)〉이란 텍스트를 씀(프톨레마이오스의 유용한 표들의 신판이거나 알마게스트의 해설서).

히파티아의 집필 활동은 대부분 학생들을 가르치기 위한 교재로 사용하기 위해서였다.

과학 분야에 대한 기여로는 히파티아가 3~4개의 과학 발명의 창시자라는 설이 있다. 예를 들어 태양과 별들의 위치, 시각, 경위도 등을 관측하기 위한 천문관측기구 아스트롤라베(Astrolabe), 액체의 비중을 재는 액체비중계(hydrometer), 그리고 물속의 물체를 관찰하는 기구인 수중투시경(hydoscope) 등이 히파티아가 단독으로 혹은 키레네의 주교인 시네시우스와 함께 만들었다고 전해진다.

고대 역사상 유일한 여성 과학자인 히파티아에 의해 4세기경 미약하게나마 과학의 르네상스가 싹트다가 서구사회 마지막 이교도 과학자 히파티아의 죽음과 함께 고대 과학도 빛을 잃었다.

| 히파티아의 죽음 |

히파티아가 태어난 370년경의 알렉산드리아의 지식 생태계는 매우 위험한 혼돈 상태였다. 로마제국은 기독교 국가로 전환되고 있었으며 기독교 광신도들은 수학과 과학 분야에서 이단과 악마를 찾아내려고 혈안

이 되어 있었다. 그 결과 과학자들은 맹수에게 던져지거나 산채로 화형을 당해야 했다. 일부 기독교 대주교들은 지구가 평평하고 우주는 성막(聖幕, 유대인들의 이동식 성전인 대형 천막)처럼 생겼다는 이론들을 부활시켰다. 당시는 과학자나 철학자가 되기에는 결코 좋은 시대가 아니었다.

히파티아의 죽음

391년, 알렉산드리아의 대주교 테오필루스는 세라피움과 무세이온을 포함하여 이교도 신전들을 파괴했고, 고대 세계에서 가장 큰 지식의 보고이자 두뇌였던 알렉산드리아 도서관이 광신도들에 의해 불탔다. 392년 황제 테오도시우스는 기독교를 국교로 삼고 다양한 형태의 이교 숭배를 금지하는 칙령을 발표했다.

412년, 테오필루스의 조카 키릴로스(영어명 Cyril)는 삼촌의 뒤를 이어 제24대 알렉산드리아 대주교가 되었다. 타 종교를 적대시했던 삼촌에 이어 대주교가 된 후 그가 제일 먼저 행한 조치는 노바시아노 기독교 종파에 속하는 교회들을 약탈하고 폐쇄해 버린 것이다.

대주교 키릴로스는 알렉산드리아의 총독 오레스테스(Orestes)와 알렉산드리아의 지배권을 놓고 다투는 정치적 라이벌이었다. 이교도들의 신전이 파괴되고 조롱거리가 되는 것에 격분한 유대교 극단주의자들이 곳곳에서 기독교인들에게 테러를 감행했고, 이에 대한 응징으로 키릴로스 대주교는 모든 유대인들을 도시에서 추방했다. 그리고 군중들이 유대인들의 집과 신전을 약탈하는 것을 키릴로스가 방관함으로써 대주교와 총독 사이의 권력투쟁은 정점에 달한다. 오레스테스 총독은 이 사건을 콘스탄티노플에 있는 로마정부에 보고하며 항의했다. 키릴로스는 화해를 시도했지만 오레스테스가 거부하자 키릴로스 수하의 수도승들이 오레스테스를 암살하려다가 실패하는 사건이 벌어진다. 그런데 엉뚱하게도 그 불똥이 히파티아에게로 튀었다.

키릴로스가 히파티아를 적으로 생각한 데에는 여러 가지가 이유가 있었다. 첫째, 그녀는 오레스테스가 존경하고 자주 의견을 구하는 멘토였으며 둘째, 실험과학과 철학 같은 이단 가르침의 대표 주자였고 셋째, 자신의 주제를 모르는 '여자'였기 때문이다.

히파티아와 동시대에 살았던 교회사가(教會史家) 소크라테스(유명한 철학자 소크라테스와는 동명이인이다)가 쓴 교회사에는 "히파티아가 알렉산드리아의 대주교 키릴로스와 기독교도인 총독 오레스테스 사이를 이간질한다고 생각한 기독교 광신도들에 의해 살해되었다"라며 다음과 같이 적고 있다.

"피터라는 이름의 하급 성직자가 이끄는 기독교 광신도 무리들이 집으로 돌아가고 있던 히파티아를 마차에서 끌어내리고 케사리움(Caesareum)이라 불리는 교회로 납치하여 그녀를 완전히 발가벗겼다. 그런 다음 산채로 그녀의 살을 예리한 굴 껍데기로 저며냈다.(우리나라나 중국 문헌에 나오는 능지처참이라는 형벌에 해당한다.) 그런 다음 이들은 그녀의 사지를 자르고 마침내 불에 던져 태웠다. 히파티아 살해 소식은 엄청난 대중의 규탄을 불러일으켰으며 키릴로스뿐만 아니라 알렉산드리아 전체 기독교 집단에 비난이 쏟아졌다."

그 자신도 기독교도인 소크라테스는 "대학살이나 싸움이나 기타 이와 같은 종류의 행위를 허용하는 것은 전적으로 기독교 정신에 위배된다"라고 비탄에 찬 말로 글을 마친다. 이런 사건이나 역사 속 숱한 종교전쟁이나 마녀사냥 같은 학살들은 애당초 유일신 신봉에 본질적인 문제가 있는 것이 아닌가 하는 생각이 든다. 기독교나 이슬람교나 다 강력한 유일신을 믿는 종교라 유일신을 위해 목숨을 바치면 성인(聖人)이 되고 성전(聖戰)이 된다. 이렇게 되니 결국 종교적 관용이란 있을 수 없게 되는 것이 아닐까?

한편 10세기 비잔틴시대의 백과사전 〈수다(Suda)〉에서는 키릴로스가 히파티아의 죽음과 연루되어 있다고 다음과 같이 기록하고 있다.

"순결하고 아름다운 히파티아는 설득력 있고 유창한 말솜씨와 더불어 행동은 사려 깊고 기품이 있었다. 알렉산드리아의 많은 사람들이 그녀를 특별히 사랑하고 존경했다. 어느 날, 키릴로스 대주교가 히파티아의 집 앞을 지나가다가 많은 사람들과 마차들이 그녀의 집 문 앞에서 서로 밀치면서 북새통을 떠는 모습을 목격했다. 그가 도대체 이 집 앞에서 웬 소동이냐고 묻자, 군중들 중 하나가 철학자 히파티아가 지금 강연을 하고 있으며 이 집은 그녀의 집이라고 대답했다. 이 말을 들은 키릴로스의 심장은 질투로 찢어지는 것 같았으며, 그는 즉시 히파티아의 죽음, 모든 죽음 중에서 가장 끔찍한 죽음의 음모를 꾸민다. 평상시와 마찬가지로 그녀가 나오자 신의 눈을 두려워하지도, 인간의 복수도 두려워하지 않는 많은 흉악한 남자들이 철학자를 죽여 자신들의 조국에 엄청난 수치와 폐해를 가져왔다."

바티칸궁의 벽화 〈아테네 학당〉, 라파엘로 그림

알렉산드리아의 키릴로스 대주교는 마지막 이교도를 처단한 공로를 인정받아서일까, 훗날 성인(聖人)으로 추대되었다. 이제 히파티아는 진리의 제단에 바쳐진 순교자가 되었다. 그녀의 죽음은 헬레니즘 사상가들에 대한 초기 기독교 광신도들의 이교도 탄압의 상징이 되었다. 또한 그녀의 죽음은 과학 발전의 종말과 일치하며 이후 유럽은 르네상스가 올 때까지 1000년 동안 암흑기로 접어든다. 그러나 그리스 과학은 비잔티움에서 살아남았고, 이슬람 세계에서 꽃을 피웠다.

히파티아의 이름은 여성 철학자들의 진보적 학술지 〈히파티아〉에, 1884년 발견된 소행성의 메인 벨트 238 Hypatia에, 그리고 달의 분화구들 중 하나인 Hypatia에 붙여져 우리에게 전설로 남아 있다.

위의 그림은 르네상스 시대의 유명한 화가 라파엘로가 바티칸궁의 벽면에 그린 〈아테네 학당〉 프레스코화이다. 고대 그리스 철학자들과 현인들을 그린 그림인데 중앙에 플라톤(14)과 아리스토텔레스(15)가 있고, 많은 남성들 중 유일한 여성으로 히파티아(9)가 보인다. 그 밖의 중요 인물들은 소크라테스(12), 디오게네스(16), 피타고라스(6), 유클리드(18), 천문학자 프톨레마이오스(20)이다.

5. 전화기 특허 난타전과 적자생존론
– 불운한 발명가 안토니오 무치

Antonio Meucci(1808~1889)

최초의 인류 오스트랄로피테쿠스에서부터 호모 사피엔스 사피엔스(Homo sapiens sapiens)에 이르는 인류의 진화과정처럼 인간을 편리하게 만든 발명품들의 진화도 눈부시다. 어릴 때 종이컵에 구멍을 뚫어 실로 연결해 갖고 놀던 종이컵 통화기에서부터 오늘날의 스마트폰에 이르기까지 전화기의 진화는 실로 경탄을 금치 못할 정도이다. 전화기는 그동안 단순한 음성 전달에서 이제는 인터넷 뱅킹, 쇼핑, 영화나 음악감상, 내비게이션, 인터넷소설, 게임, 이메일, E-비즈니스 그리고 SNS에다 사이버 범죄에 이르기까지 온갖 종류의 일을 다 하며 우리의 일상을 장악하고 있다.

전화기의 진화

알렉산더 그레이엄 벨(Alexander

Bell, 1847~1922)은 "왓슨! 이리 오게, 자네를 보았으면 하네" 라는 유명한 말로써 최초의 전화 통화를 성공시켰다. 1876년 특허를 받으며 전화기 발명이라는 위업을 이루었다고 알려진 알렉산더 그레이엄 벨이 실상은 위대한(?) 사기꾼이라는 증언이 속속 나오고 있다.

2008년에 출판된 《The Telephone Gambit: Chasing Alexander Graham Bell's Secret(한국어 번역본 제목: 지상 최대의 사기극-알렉산더 그레이엄 벨의 모략과 음모로 가득 찬 범죄 노트)》에서 저자 세스 슐만(Seth Shulman)은 벨이 엘리샤 그레이(Elisha Gray)의 액체송신기 도안을 훔쳤다고 주장했다.

그런데 알렉산더 벨보다 16년이나 먼저 전화기를 발명하고도 돈이 없어 특허를 포기한 또 한 사람이 있었다. 최초로 전화기를 발명하고도 비극적인 삶을 산 안토니오 무치가 바로 그 사람이다. 엘리샤 그레이나 안토니오 무치가 알렉산더 벨과의 생존 경쟁에서 패하고 불운한 삶을 살아야 했던 스토리는 미래의 발명가나 이공학도들에게 시사하는 바가 커서 여기서 되짚어보기로 한다.

| 최초의 전화기 발명가, 안토니오 무치 |

안토니오 무치(Antonio Meucci, 1808~1889)는 이탈리아가 통일되기 전인 1808년 토스카나 대공국의 수도 피렌체의 산페르디아노에서 태어났다. 13살 되던 해, 피렌체 미술아카데미에 입학해 드로잉, 조각, 해부학, 역사, 신화 같은 기초 교육을 받았고, 그 후 화학과 물리에 관한 모든 것을 다루는 역학(力學) 공부 과정에 들어가 교육을 마쳤다. 졸업 후,

무치는 도시의 여러 극장에서 기술직으로 전전하다가 마침내 1833년 유명한 페르골라 극장의 무대 기술자로 채용되었다. 이듬해 무치는 무대와 통제실 사이에 연락을 주고받기 위한 일종의 음향 통화기를 설치하는데, 이 통화기는 선박에서 이용되고 있는 파이프 통화기의 원리를 토대로 만든 것이었다.

이탈리아의 도시 국가들이 열강의 지배를 받던 19세기 초, 이탈리아인들은 점차 민족의식에 눈뜨게 되면서 통일에 대한 열망도 확산되었다. 1833년~1834년 동안 무치는 이탈리아 통일운동에 연루되어 몇 개월 간 감옥에 수감되었는데, 이때 함께 수감됐던 사람이 통일운동가이자 훗날 피렌체공화국 대통령이 되는 프란체스코 구에라치(Francesco Domenico Guerrazzi)이다. 출감 후에도 계속 경찰의 감시를 받게 된 무치는 1834년, 애스터 모치(Esther Mochi)와 결혼하고 이듬해인 1835년 12월, 쿠바의 타콘 대극장(지금의 아바나 대극장)의 수석 엔지니어로 고용되어 쿠바로 건너간다.

그때부터 아바나에서의 15년 동안은 무치에게 있어서 전 생애를 통해 가장 풍요롭고 행복한 시절이었다. 1849년 그가 우연히 '음성 전송'이라는 아이디어를 얻게 된 하나의 사건이 있었다. 당시 무치는 타콘 극장에서 무대 기술자로 일하는 것 외에도 전기의 의학적 이용에 대한 연구에 몰두하고 있었는데, 현지 의사와 협력해 편두통이나 관절염 같은 여러 질병들을 전기 충격으로 치료하는 요법을 개발하던 중이었다. 당시 전기 충격요법은 유럽이나 미국에서는 이미 널리 사용되던 치료법이었다.

어느 날 무치는 편두통 환자에게 전기 치료요법을 실험하고 있었다. 첫 번째 방에서 환자에게 한쪽 손에 코르크로 절연된 구리 주걱을 잡게 하고 다른 손으로는 구리 주걱을 입 안에 넣게 했다. 두 번째 방에는 감겨진 구리선 얼레가 놓여 있고, 세 번째 방에 위치한 실험실에서 무치는 한손에는 환자와 똑같은 구리 주걱을 들고 다른 손으로는 환자에게 가해지는 전기 충격의 강도를 조절했다. 그때 전기 충격을 받은 환자의 비명소리가 구리선을 통해 희미하게 들려왔다. 사람의 목소리가 전기에 의해 전달되는 것을 발견한 것이다. 1849년의 일이었다. 무치는 이 장치를 '말하는 전보(telegrafo parlante)'라고 불렀다.

이 장치의 잠재 가치를 깨달은 무치는 미국의 유명한 전신 발명가인 모스(Samuel Morse)처럼 자신도 발명으로 돈을 벌 수 있을 것이라고 한껏 고무되었다. 때마침 이탈리아 통일운동과 독립운동에 헌신한 가리발디(Giuseppe Garibaldi) 장군과의 친분 때문에 반체제 인사로 찍히자 그는 1850년 미국으로 이민을 간다. 쿠바에서 15년 동안 모은 2만 6000페소(현재 가치로 약 50만 달러)를 가지고 가족과 함께 뉴욕 인근의 스태튼 섬에 정착하여 여생을 보냈다.

그는 아바나에서 가져온 거액의 돈을 투자해 수지양초 공장을 세우고 정치적 박해를 피해 망명해 온 이탈리아인들을 고용했다. 무치가 뉴욕에 온 지 두 달 후에 도착한 가리발디 장군도 그의 집에서 머물며 양초 공장에서 일했다.

| 전화기의 발명 |

미국에 건너와서도 무치는 수년 동안 전자기 음성 전달의 원리를 연구했고, 1856년에 전선을 통한 음성 전송의 꿈을 실현할 수 있었다. 그의 아내가 류머티즘이 심해 2층 침실을 거의 떠날 수 없게 되자, 무치는 아내와의 긴밀한 연락을 위해 지하실에 있는 자신의 작업실과 2층 침실 사이에 전화기를 놓았다.

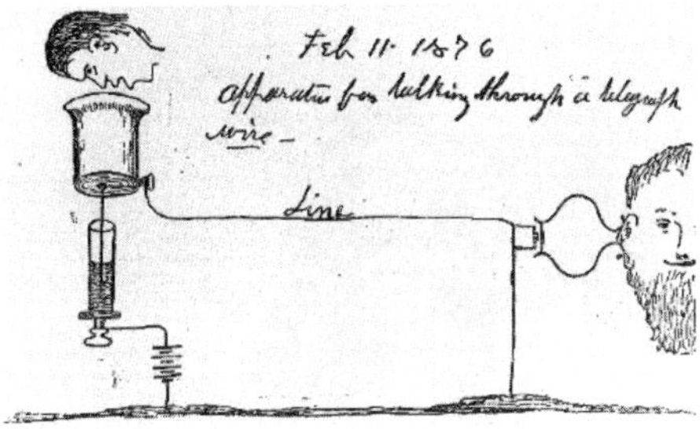

무치의 전화기 스케치 노트

마침내 전화기가 실용화되자, 1860년 투자자를 모으기 위한 공개 시연회에서 관중들은 전화기를 통해 상당히 멀리 떨어진 거리에서 들려오는 가수의 목소리를 생생하게 들을 수 있었다. 이 일은 전화기 장치에 대한 상세한 설명과 함께 뉴욕에서 발행되는 이탈리아어 신문에 보도되었다. 이 시제품을 토대로 그는 1870년까지 30여 종의 전화기를 개발했다.

무치는 이탈리아인 정치적 망명객들에게 피난처를 제공하는 한편, 자신의 발명에 관심을 가질 만한 투자가를 찾으려고 백방으로 노력했으나 뜻대로 되지 않았다. 미국인들은 이탈리아 이민자들에 대한 편견 때문에 투자를 꺼렸고, 가리발디 장군이 이끄는 군사작전으로 이탈리아의 정치 상황이 너무 불안정해 이탈리아에서도 투자자를 구할 수 없었다. 그런 데다 사업가적 소질만큼이나 그의 영어 실력은 형편없었고 쉽게 사기꾼들의 먹잇감이 되어 무치는 곧 파산 상태에 놓이게 되었다.

1861년 살던 집마저 경매에 넘어갔으나 매수자는 무치의 가족들을 그대로 살도록 배려해 주었다. 재정 상태가 심각하게 나빠져서 정부의 생계비 보조와 친구들의 도움으로 겨우 먹고 사는 처지가 되었지만 그는 이후로도 수년 동안 전화기와 다른 발명에 온힘을 쏟아 부었다.

1870년 무치는 전도체로 구리를 사용하여 1마일 떨어진 거리에서 또렷하게 사람 목소리가 전달되는 '텔레트로포노(telettrofono)'라고 부르

텔레트로포노(telettrophono)

는 전자기 장치를 개발했다.

무치에게 호의적인 어느 이탈리아 사람은 미국의 산업계가 눈독 들일 만한 그 어떠한 것도 법률적인 보호 장치 없이 내놓아서는 안 된다고 조언해주었다. 하지만 복잡한 미국 산업계를 설득하기에는 턱없이 영어 실력이 부족했고, 무치는 특허권을 내는 데 필요한 250달러(현재 가치로 4800달러)의 자금조차 조달할 수 없었다. 1871년 12월 28일 63살의 무치는 20달러를 들여 첫 번째 캐비앳(Caveat)을 냈다. 캐비앳이란 곧 특허를 낼 발명가를 보호하기 위해 일정 기간 우선권을 주는 발명특허보류 신청으로 매년 갱신이 가능하다.

그런데 또 한 번의 불운이 찾아왔다. 맨해튼에서 스태튼 섬으로 가는 페리 호에서 보일러가 폭발하여 125명이 죽고 200명 이상 부상을 입는 최악의 사고가 일어났는데, 그때 하필 그 배에 타고 있던 무치는 심한 화상을 입어 3개월이나 침대에 누워 있어야 했다. 치료비를 마련하기 위해 그의 아내는 실험실에 있던 전화기 시제품을 포함해 돈이 될 만한 것들을 몽땅 중고업자에게 내다 팔아 총 6달러(현재 가치로 115달러)를 마련했다. 이 사실을 알게 된 무치는 중고품상으로부터 전화기(telettrophono) 모형을 되사들이려고 애썼지만 이미 다른 사람에게 팔린 후였다.

계속되는 불운과 빈곤 속에서도 무치는 10달러를 들여 1872년, 1873년 연속 캐비앳을 갱신했지만 1874년에는 그마저도 갱신하지 못해 임시 특허가 만료되었다. 이미 노쇠해져가고 건강마저 나빠져 절망적이 된 무치는 마침내 웨스턴유니언 지역전신회사(Western Union District Telegraph Company)의 부사장(그레이엄 벨의 친구이자 동료)이라는 사람을 만난다. 무치는 자신의 발명에 대해 설명하고 그 회사의 전신선으로 전화기를 시험해 보자고 요청했다.

부사장은 진지하게 관심을 보이며 설계도와 전화기 모형을 두고 가라고 했고, 곧 다시 부를 것으로 생각한 무치는 그대로 두고 나온다. 그러나 기다림은 며칠에서 몇 달이 되고 그를 다시 만나지도 못한 채 결국에는 설계도와 전화기 모형을 잃어버렸다는 말만 전해들었을 뿐이다. 훗날 몇몇 사람들은 전화기 개발에 어려움에 봉착한 벨에게 그 부사장이 무치의 모형을 건네준 것이 아니냐는 의문을 제기하기도 한다.

2년 후인 1876년, 29살의 벨은 무치가 발명한 것과 비슷한 전화기로 특허를 내고 유명인사가 되면서 웨스턴유니온 전신회사와 유리한 계약을 맺었다. 신문기사를 통해 벨이 전화기 특허를 냈다는 것을 안 무치는 격분하여 사기죄로 소송을 걸었다. 이 소송은 처음에는 영어에 서툰 가난한 이탈리아인 이민자에게 대중들의 동정심을 불러일으켰다. 그러나 유능한 변호사와 재력으로 무장한 벨과의 법정 다툼이 엎치락뒤치락하면서 오랜 기간 지루하게 진행되는 동안 벨 전화회사는 전 세계에 지사를 둔 거대 회사로 성장했다. 그렇지만 마침내 소송은 무치의 승리를 눈앞에 두게 된다. 대법원이 이 소송을 받아들여 벨에 대한 사기 혐의를 심리하기 시작한 것이다. 그러나 1889년 81세의 무치가 심장마비로 갑작스레 세상을 떠나자 소송도 끝나버리고 말았다.

그로부터 113년이 지난 2002년 6월, 미국 하원은 무치가 1860년에 최초로 전화기를 발명했음을 인정하는 법안을 통과시켰다. 의회는 "무치에게 10달러의 신청비용만 있었더라면 벨에게 특허권이 부여되지 않았을 것"이라고 결론 내렸다.

그런데 전화기 발명에 대한 스토리는 여기서 끝이 아니다. 벨은 전화기 특허를 내는 과정에서 기본 설계뿐 아니라 송화기 도안에서도 경쟁자였던 미국의 발명가 엘리샤 그레이의 것을 표절했다는 주장이 나온 것이다.

| 누가 표절했는가? |

알렉산더 벨과 무치

사건의 줄거리를 요약하면 다음과 같다.

1876년 2월 14일, 알렉산더 벨의 변호사는 워싱턴의 특허국을 방문해 '전신(電信)에서의 개선(Improvement in Telegraphy)'이라는 제목으로 벨의 전화기에 대한 특허를 신청했다. 특허 내용에는 액체 송신기 또는 가변저항 송신기에 대한 언급이 없었으며, 특허 신청 당시 실제 전화기 모형을 만들었거나 제출한 것도 아니었다. 벨은 2월 14일 보스턴에 있었으며 워싱턴에 간 것은 2월 26일이었다.

한편 2월 14일 벨의 특허 신청이 변호사에 의해 접수 된 지 2시간 후 엘리샤 그레이(Elisha Gray, 1835~1901)도 산성화된 액체 송신기, 즉 가변저항 송신기를 사용하는 전화기의 발명특허권 보류신청(Caveat)을 냈다. 그리고 벨이 2월 26일 워싱턴 여행에서 3월 7일 보스턴으로 돌아올 때까지, 그 기간 동안 그의 실험 노트에는 새로운 아무것도 기록되어 있지 않았다.

그런데 보스턴에 돌아온 바로 다음날인 3월 8일자 실험노트에 그레이의 발명특허권 보류신청과 매우 유사한 액체 송신기에 대한 도안이 그려져 있다. 그리고 이틀 후인 3월 10일 그 장치를 써서 마침내 전화기 모형을 만드는 데 성공하여, 그 유명한 "왓슨, 이리 와 보게"라는 통화를 했다는 내용이 실험노트에 기록되어 있다.

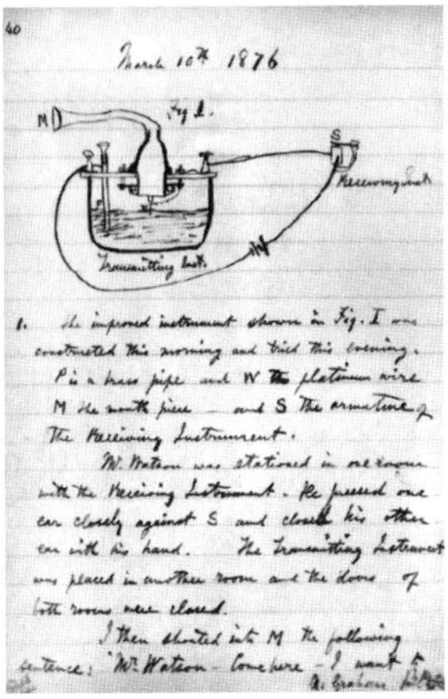

1876년 3월 10일자 벨의 실험노트

그렇다면 벨이 워싱턴에 갔다가 다시 보스턴으로 돌아올 때까지의 기간 동안 도대체 무슨 일이 일어난 것일까? 산성화된 물을 매체로 사용하는 양쪽의 가변저항 송신기는 우연의 일치인가? 아니면 벨이 그레이의 아이디어를 도용한 것인가? 이러한 질문들에 대한 추적 과정이 2000년 이후에 출판된 책들, 즉 세스 슐먼의 《The Telephone Gambit: Chasing Alexander Graham Bell's Secret(2008)》이나 에드워드 이벤슨(A. Edward Evenson)의 《The Telephone Patent Conspiracy of 1876(2000)》, 그리고 버튼 베이커(Burton Baker)의 《The Gray Matter: The Forgotten Story of the Telephone(2000)》의 핵심 줄거리를 이루고 있다.

미국의 과학 전문 기자인 세스 슐먼은 2008년에 출판한 책에서 특허신청서 사본과 벨의 실험노트, 특허국 관리의 고백, 벨의 성장과정과 발명 당시의 정황을 추적하고 있다.

이 세 명의 저자들은 그레이엄 벨이 그레이의 특허를 표절했다고 똑같은 결론을 내렸다. 즉 특허국 심사관 윌버(Zenas F. Wilber)는 같은 날 접수된 두 건의 전화기 특허신청서를 읽고 문제가 생기지 않도록 조사해 볼 생각으로 2월 19일 벨에게 그러한 사실을 통보했다. 그러자 벨은 2월 26일 워싱턴으로 와서 윌버를 만나 100달러(현재 가치로 약 2000달러)를 주고 매수하여 그레이의 특허권 보류신청서를 읽을 수 있었다. 그리고는 자신의 특허신청서에 산성화된 물을 사용하는 송신기에 대한 내용을 추가로 덧붙여 2월 29일 최종 특허신청서를 제출했다. 게다가 특허를 내는 데 필수 요건인 전화기 시제품 제출도 면제 받았는데, 그 이유는 지금까지도 명쾌히 밝혀지지 않고 있다. 뿐만 아니라 유례없는 초스피드로 3월 7일 특허(특허번호 174465)를 받았는데, 그것도 벨의 전화기가 기술적으로 성공하여 실제로 작동한 3월 10일보다 사흘 전이었다.

그렇다면 야심차고 재능 있는 29살의 전도양양한 벨이 왜 그런 일을 저질렀을까?

그 무렵 벨은 두 명의 농아 학생들의 가정교사를 하고 있었는데, 그 학부모들이 보스턴의 재력가 가드너 허버드(Gardiner Hubbard)와 토머스 샌더스(Thomas Sanders)였다. 벨과 그들과의 관계에서 실마리를 찾을 수 있다. 벨은 10살 이상 연하인 농아학생 메이블 허버드(Mabel Hubbard)를 사랑하고 있었는데, 그녀의 아버지 가드너 허버드는 상당한 부자일 뿐 아니라 보스턴의 영향력 있는 변호사로, 벨의 연구에 중요한 재정적 후원자이며 장차 장인이 된다.

슐만은 전화기의 잠재적 가능성을 파악한 허버드가 자신의 딸과 벨이 결혼하기 전에 발명을 끝내도록 재촉한 것이 표절의 동기가 되었을 것으로 해석한다. 실제로 벨은 특허를 받은 다음해 메이블과 결혼한다.

특허를 받은 얼마 후인 1876년, 미국 독립 100주년을 기념해 개최된 필라델피아 박람회에서 벨은 전화기 시제품을 선보여 세계적인 주목을 받게 된다.

허버드는 샌더스와 함께 벨의 사업 파트너가 되어 1877년 7월 9일 벨 전화회사(Bell Telephone Company)를 설립하고 초대 회장으로 취임했다. 그런데 재미있는 것은 벨과 허버드가 특허를 10만 달러에 팔겠다고 웨스턴유니언 전신회사에 제안했을 때 웨스턴유니언 회장은 단지 장난감일 뿐인 전화기를 그렇게 큰돈을 주고 살 수 없다고 거절했다는 사실이다. 그러나 2년 후 그는 동료들에게 "만일 2500만 달러에 특허권을 살 수 있다면 그것도 싸게 사는 것"이라고 말했다고 한다. 그러나 때는 이미 늦어 벨 회사는 더 이상 특허를 팔 생각이 없었으며 1886년에는 이미 미국에서 15만 명이나 전화기를 갖게 되었다.

전화기 특허가 떨어지자마자 벨은 특허권 침해 소송 홍수 사태를 맞게 된다. 무려 600건 이상의 소송전이 일어났으며, 6건 정도는 대법원까지 올라갔다. 어느 시점에서는 정부조차도 벨의 특허를 무효화하고 어떻게 특허가 주어졌는지 조사하려는 시도까지 했었다. 웨스턴유니언도 전화 사업에 잠시 발을 들여놓았다가 1879년 벨 전화회사와의 소송에서 패소한 뒤 완전히 손을 떼고 전신사업에만 전념하게 된다.

나중에 AT&T가 되는 벨 전화회사는 벨의 특허로 독점권을 갖게 되어 역사상 가장 많은 수익을 올리게 된다. 그래서 슐만은 벨의 표절이 '역사상 가장 중요한 절도'라고까지 말한다.

여하튼 확실한 것은 안토니오 무치가 최초로 전화기를 발명했고, 알렉산더 벨이 최초로 특허를 받아 성공적으로 시장에 전화기를 내놓았다는 사실이지만, 그 이면에는 영리한 자만이 살아남는다는 적자생존의 원리가 씁쓸한 뒷맛을 남긴다.

안토니오 무치와 엘리샤 그레이의 얘기를 쓴 것은 이름 없는 고독한 발명자들에게 바치는 헌사도 한몫 작용했다. 그리고 무엇보다도 오늘날

삼성과 애플, 그 밖에 많은 회사들 사이에서 끊임없이 벌어지고 있는 특허권 분쟁이 더 큰 동기가 되었다. 오늘도 열심히 연구하고 있는 과학기술자들과 차세대 이공학도들에게 자신들의 산고(産苦)의 결과인 발명품을 지키고 성공적으로 시장에 내놓기 위해서는 특허권과 사업 능력이 얼마나 중요한지 그 사례를 들려주기 위해서이다.

6. 바이런의 딸, 수학의 시인이 되다
– 최초의 컴퓨터 프로그래머, 에이다 러브레이스

Ada Byron Lovelace(1815~1852)

1840년대에 오늘날의 컴퓨터과학의 탄생을 예견한다는 것은 황당한 일이었을 것이다. 그러나 마크 I(Mark I), 콜로서스(Colossus) 또는 봄베(Bombe)가 발명되기 100년이나 앞서 에이다 바이런 러브레이스(Ada Byron Lovelace, 1815~1852)는 최초의 컴퓨터 프로그래밍 언어를 고안하는 업적을 이루었다.

러브레이스 백작부인이라고 알려진 에이다 바이런은 빅토리아 여왕 시절인 1815년 영국의 낭만파 시인 바이런경의 딸로 태어났다. 그녀는 젊은 나이에 시적인 상상력을 과학에 적용하여 디지털 시대를 여는 현대 컴퓨터의 탄생을 예견한 인물이다. 아마도 에이다는 컴퓨터 역사상 가장 독창적이고 개성 있는 성격을 가진 인물 중 하나로 꼽을 수 있을 것이다.

그러나 최근까지도 수학·과학 분야에서 여성 과학자들의 업적이 과소평가되는 경향이 있어서 컴퓨터과학 분야에서 에이다 러브레이스의 공헌은 거의 알려지지 않았었다. 그러다가 1952년 영국의 역사가 보우든(B. V. Bowden)경이 110년 전에 발표된 그녀의 주해(notes)를 발견하여 이듬해 디지털 컴퓨팅 기계 심포지엄에서 소개했다.

그 후 에이다 러브레이스는 세계 최초의 컴퓨터 프로그래머로 알려지게 되었고 그녀를 기리는 많은 영예가 뒤따랐다. 2009년에는 영국이 주축이 되어 10월 15일을 '에이다 러브레이스의 날'로 정하고, 매년 과학·기술·공학·수학 분야에서 여성들이 이룬 업적들을 경축하는 기념행사를 개최하고 있다.

| 에이다 바이런의 어린 시절: 숫자의 여자 마법사 |

에이다 바이런은 영국이 낳은 위대한 낭만파 시인 바이런 남작과 귀족 집안의 외동딸 밀뱅크(Anne Isabella Milbanke, 자신을 '아나벨라'라고 불렀다) 사이에서 유일한 혼인 중의 친생자(!)로 태어났다.

에이다의 어머니 아나벨라(Annabella)는 전직 케임브리지 대학 교수들로부터 고전문학, 철학, 과학과 수학을 배운 매우 총명한 여성으로 특히 수학을 좋아하여 바이런은 그녀를 '평행 4변형의 공주'라고 불렀다. 그러나 아나벨라는 때로는 냉정하고 고지식하다는 말을 들을 정도로 엄격한 도덕관을 가진 신앙심 깊은 여성이었다.

반면 급진적인 낭만파 천재 시인으로 유명한 바이런은 조각같이 잘생긴 외모로 영국 사교계를 주름잡는 인물이었다. 그러나 그는 매우 변덕스럽고 과격하며 숱한 여성·남성들과 닥치는 대로 염문을 뿌리고 다녔고 이복 여동생과도 부적절한 관계라는 추문이 돌았다. 대표작 〈돈 후안

〉을 쓸 정도로 바이런 자신도 돈 후안에 뒤지지 않겠다는 듯이 처신하여 악명이 높았다.

아나벨라의 사촌이며 한때 바이런과 불륜관계였던 레이디 캐롤라인 램(Lady Caroline Lamb)의 표현을 빌리면 그는 여자들에게 '나쁜 놈, 미친 놈, 그리고 위험한 놈'이었다.

바이런

아나벨라는 사촌의 말을 경고로 받아들이는 대신 바이런의 바람둥이 기질을 고쳐주어야 할 도전으로 받아들였는지 1815년 1월 그와 결혼한다. 그리고 같은 해 12월에 에이다가 태어났다. 그러나 아나벨라는 남편이 이복 여동생과 근친상간 관계를 갖고 있다고 의심했고 에이다가 태어난 지 5주 만에 별거에 들어갔다. 아나벨라의 수학적 재능을 사랑하는 마음에서 한때는 '평행 4변형의 공주'라고 불렀던 바이런은 이제 그녀를 계산적인 적대자 '수학의 메데아'로 생각했다.

에이다 러브레이스 초상화(1838)

그는 유명한 서사시 〈돈 후안〉에서 아나벨라를 빗대어 "그녀가 좋아하는 과학은 수학이다. 그녀는 걸어 다니는 계산기 같다"라고 조롱한다. 그들의 짧은 결혼생활은 그렇게 해서 결딴나고 말았다. 에이다가 태어난 지 4개월 후 바이런은 영국을 영원히 떠났고 1824년 그리스의 메솔롱기온에서 말라리아에 걸려 36세의 나이에 요절했다. 아버지를 한 번도 만난 적이 없는 에이다의 나이 여덟 살 때였다.

빅토리아 여왕 통치시대로 칭하는 19세기 중반 무렵은 여성은 전문적인 교육을 받지도 못하고 자신의 재산을 소유하거나 소송도 할 수 없으며, 결혼한 여성이 번 돈도 전부 남편의 것이었다. 한마디로 표현하면 여성은 남편의 소유물이던 시절이다.

그러나 동시에 산업혁명의 여파로 점차 많은 여성들이 유급 노동력 시장에 뛰어들던 시절이기도 했다.

아나벨라는 1800년대 중반 귀족 집안 딸의 교육으로는 특이하게도 에이다에게 수학과 과학을 가르쳤다. 그녀는 바이런으로부터 물려받은 딸의 상상력이 위험하고 잠재적으로 파괴적이라고 생각해 이를 억누를 수 있기를 내심 기대했다. 엄격한 학문을 가르침으로써 자제력을 길러 감정 기복이 심하고 예측 불가능한 남편의 기질이 딸에게서 나타나는 것을 막을 수 있다고 믿었다.

그 결과 에이다의 인생은 아버지로부터 물려받은 기질과 어머니의 교육 영향으로 감정과 이성, 주관주의와 객관주의, 시(詩)와 수학, 안 좋은 건강과 폭발할 듯한 열정 사이에서 끊임없는 투쟁의 도가니였다고 할 수 있겠다.

에이다의 복합적인 감성은 1828년 그녀가 비행기에 관한 디자인을 그려냈을 때 선명하게 드러났다. 그녀의 인생에 날개를 달아준 것은 수학이었으며 이렇게 흔치 않은 주제에 몰두해 있는 에이다를 고무시킨 것은 어머니였다. 자신도 최상급 교육을 받았던 아나벨라는 에이다에게 과학과 수학에서 단단한 기초를 닦아주기 위해 최고의 선생님들을 가정교사로 모셨다. 중요한 가정교사들 중 한 사람인 모르간(Augustus De Morgan)은 당시 새로운 분야였던 기호논리학의 선두주자로 유명한 영국의 수학자이다.

그녀에게서 뛰어난 수학적 재능을 발견한 모르간은 에이다가 저명한 독창적인 수학자가 될 수 있는 잠재력을 가지고 있다고 아나벨라에게 말했다. 또 한 명의 중요한 가정교사는 1830년 에이다가 15살 때 만난 스코틀랜드 출신의 유명 수학자이자 천문학자인 소머빌(Mary Fairfax Somerville)이다. 에이다와 소머빌은 그 후로도 20년간 수학의 주제들에 관해 편지를 주고받으며 교류를 이어갔다. 그 외에도 에이다와 지식을 나눈 유명인들로는 크로스(Andrew Crosse), 브루스터(David Brewster), 휘트스톤(Charles Wheatstone), 디킨스(Charles Dickens)와 패러데이(Michael Faraday)가 있다. 에이다는 그림과 음악, 언어에도 뛰어났는데 그녀의 유창한 프랑스어 실력은 나중에 컴퓨터 역사에 기여하는 계기가 된다.

1833년 초 17살이 된 에이다는 가정교사 중 한 사람과 비밀 연애를 하다가 들키게 되자 그와 함께 도망치려고 했다. 그러나 남자 쪽 친척들이 에이다를 알아보고 아나벨라에게 연락했고, 그녀는 이 사건이 세간의 떠들썩한 추문이 되지 않도록 숨겼다.

그해 6월 에이다는 런던 사교계의 유명 인사들로 가득한 화려한 파티에 참석했는데, 그 파티에는 자신이 발명한 차분기관(Difference Engine, 差分機關)에 관해 신나게 얘기하고 있는 42살의 케임브리지 대학 수학과 교수 배비지(Charles Babbage)도 있었다. 두 사람의 만남은 에이다의 인생을 바꾸는 기회가 되었다.

차분기관에 매혹당한 에이다는 2주일 후 장비와 시연을 보기 위해 어머니와 함께 배비지의 집으로 찾아갔다. 25년이라는 나이 차이에도 불구하고 이렇게 시작된 그들의 우정은 18년간 지속된다. 에이다는 '수학의 여신'이었다. 그녀의 뛰어난 지적 능력에 감탄한 배비지는 그녀를 '숫자의 여자 마법사'라고 불렀다.

당시에는 수학자들이 로그함수나 삼각함수를 필요로 하는 모든 연

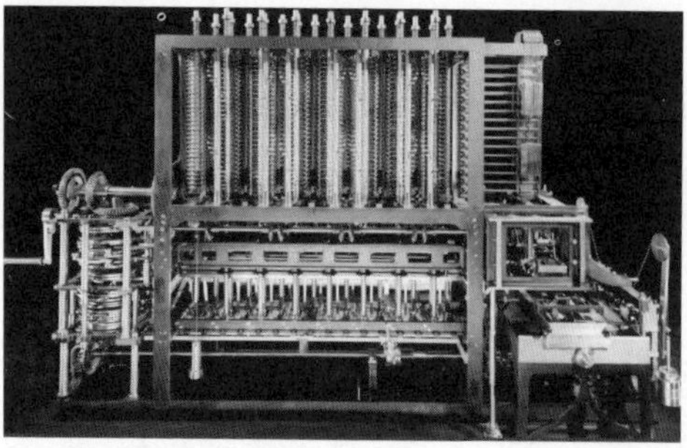

배비지의 차분기관

산에 손으로 계산한 큰 수치표(mathematical table)를 사용했기 때문에 오차가 나기 쉬웠다. 차분기관은 다항함수를 계산하기 위한 기계식 디지털 계산기로, 로그나 삼각함수를 포함한 모든 수학함수는 다항함수로 근사계산할 수 있어 차분기관은 다양한 분야에서 계산기로 사용할 수 있는 가능성이 충분했다. 영국 정부는 처음에 이 연구를 위해 1만7000파운드(지금 가치로 약 170만 파운드)를 지원했지만, 배비지가 이 기계를 완성하지 않고 좀 더 복잡한 기계인 해석기관(Analytical Engine) 연구에 착수하자 더 이상의 지원을 하지 않았다.

차분기관은 숫자가 새겨진 톱니바퀴들을 탑처럼 쌓아올려서 만들었는데 기계의 핸들을 돌려서 계산을 하는 원리이다. 이 미완성의 시제품에 매료된 에이다는 그때부터 차분기계의 잠재력, 수학문제들, 논리, 그리고 궁극적으로 모든 주제들에 관하여 배비지와 방대한 양의 서신 왕래를 시작했다.

| 러브레이스 백작부인이 되다 |

1835년 7월, 19살의 에이다 바이런은 10살 연상의 킹(William King)과 결혼을 하고, 그 후 부부는 1839년까지 3명의 자녀를 두었다. 킹은

1838년 백작 작위를 물려받아 러브레이스 백작이 되었고 에이다는 러브레이스 백작부인이 되었다. 킹은 아내의 연구에 큰 관심을 갖고 응원해 주었으며, 자기주장이 강한 에이다의 의견에 반대하는 적이 거의 없었다.

에이다의 결혼생활은 어떤 면에선 부모의 결혼생활과 좌우가 바뀐 거울상이라고 할 수 있다. 단지 역할이 바뀌어서 에이다는 지나치게 독립적이고 총명하며 인습에 얽매이지 않은 반면, 남편은 유머감각이 없고 엄격한 기독교 신앙을 갖고 있었다. 사교적인 에이다는 사람들과 쉽게 사귀었고 몇몇 친분 있는 남성들과 여러 건의 스캔들을 일으키기도 했다. 성격과 인생관의 차이에도 불구하고 당시 대부분의 남성들이 가졌던 여성관과는 달리 러브레이스 백작은 항상 그녀의 연구와 야망을 지지해 주었다.

| 찰스 배비지와 해석기관 |

배비지는 차분기관 프로젝트를 진행하는 동안 훨씬 더 다양한 용도로 사용될 수 있는 해석기관 설계가 가능하다는 것을 깨닫고 차분기관의 후속으로 자동계산기인 해석기관 설계에 착수한다. 이것은 오늘날 컴퓨터의 기초가 된다. 1837년 배비지는 최초로 해석기관 설계를 발표했지만, 1871년 죽을 때까지 설계를 끝내지 못했고, 차분기관과 마찬가지로 이 장치도 끝내 완성되지 못했다.

해석기관은 천공카드를 통해 프로그램과 데이터를 입력하는 방식인데, 이는 천공카드를 사용해 직물의 복잡한 문양을 짜는 자카르 직조기

찰스 배비지

(Jacquard loom)에서 아이디어를 가져온 것이다. 해석기관에는 3종류의 천공 카드가 사용되었는데, 수학 연산을 위한 카드, 숫자 상수를 위한 카드, 그리고 숫자를 수학 연산 단위로 전달하거나 이를 다시 전달받는 데 사용되는 카드이다. 이 3종류의 카드를 읽기 위해 3가지의 카드 리더기가 존재한다. 출력장치로는 프린터와 곡선 플로터(plotter) 그리고 종(bell)을 사용했다. 그리고 카드에 구멍을 뚫을 수 있도록 해서 나중에 숫자를 다시 읽어내도록 했다. 숫자는 고정 소수점을 갖는 10진수를 사용했으며 사용자가 채택한 프로그래밍 언어는 현대의 어셈블리어와 유사하다.

1842년, 배비지는 이탈리아 튜린 대학에서 해석기관에 대해 강연을 했다. 그때 청중들 가운데 있던 이탈리아 수학자 메나브레아(Luigi Menabrea)가 배비지의 강연 내용을 듣고 프랑스어로 〈배비지가 발명한 해석기관 요점(Sketch of the Analytical engine invented by Charles Babbage Esq)〉이라는 논문을 써서 제네바에서 발행되는 학술지(〈Bibliothèque Universelle〉)에 발표했다. 배비지의 친구인 휘트스톤(Charles Wheatstone)이 에이다에게 이 논문을 영어로 번역해 달라고 맡겼고, 배비지는 에이다가 장비에 관해 누구보다 잘 알고 있으니 메나브레아의 논문에 주석을 달아 달라고 부탁한다.

이미 8년 전부터 해석기관에 큰 관심을 갖고 있던 에이다에게는 절호의 기회였다. 그녀는 1842년~1843년 사이 9개월 동안 열정적으로 그 일에 몰입했다. 번역과 함께 베르누이 수(Bernoulli numbers)를 계산하는 방법을 포함해 광범위한 7개 항목의 주석(A에서 G까지)을 달았다. 그렇게 해서 원래의 논문 번역문보다 3배 분량이나 되는 주석서가 탄생했다. 사실상 그녀가 덧붙인 상세한 주석이 메나브레아의 논문보다 훨씬 중요했는데, 이 주석으로 인해 에이다 러브레이스는 세계 최초의 컴퓨터 프로그래머라는 불후의 명성을 얻게 되었다.

해석기관에 관한 한 에이다는 동시대의 어느 누구도 필적할 수 없을 정도로 깊게 이해하고 있어, 심지어 고안자인 배비지를 능가할 정도였다. 에이다는 정교한 문양을 짜는 자카르 직조기처럼 인간의 무한한 상상력으로 아름다운 태피스트리를 짜는 해석기관의 미래를 예언했다. 그녀는 컴퓨터가 발명되기 100년도 더 전에 현대 컴퓨터의 탄생에 기여한 중요한 4가지 개념에 대해 설명했다.

첫째, 미리 프로그램된 작업을 수행할 뿐만 아니라 사실상 무제한적인 범위의 작업을 실행할 수 있는 범용기계, 즉 한마디로 말해 현대 컴퓨터를 예측했다.

둘째, 기계는 단순한 수학적 계산보다 훨씬 더 많은 것을 다룰 수 있는(음악, 글, 그림, 숫자, 심벌, 예술적 표기 등) 상징적인 메데아(Symbolic Medea), 즉 디지털 시대의 기초가 될 것임을 예언했다.

셋째, 한 단계 한 단계씩 작동하는 방식의 개요, 즉 우리가 현재 컴퓨터 프로그램, 혹은 알고리즘이라고 하는 개념을 만들었다.

넷째, 지금까지 남아 있는 에이다의 가장 중요한 개념은 "기계가 독립적으로 생각할 수 있는가?" 하는 질문이다. 이 질문에 대해 그녀는 "해석기관은 무엇이든지 스스로 시작할 수는 없으며 다만 우리가 명령하는 것을 수행하고 분석할 수 있을 뿐이다. 그리고 어떤 분석적인 관계나 진리를 미리 예측할 수 있는 능력은 없다"라고 말한다. 한마디로 튜링과는 달리 컴퓨터가 정말로 인간과 같은 지능을 갖기는 어렵다는 의미이다.

| 에이다 러브레이스의 말년 : 수학으로 통제되지 않는 바이런의 DNA |

바이런의 정서불안과 정신병을 딸이 물려받을까봐 걱정되어 에이다의 감정을 논리적인 수학과 과학으로 억제하려던 아나벨라도 바이런의 DNA까지는 통제하지 못 했던 모양이다. 에이다 스스로도 수학 공부가 자신의 정서불안에 도움이 되었다고 말하지만 그녀 인생의 후반기는 스캔들과 실패, 그리고 비극으로 점철되었다.

메나브레아 논문에 대한 에이다의 주석서가 출판되었을 때, 29살의 그녀는 이미 정신적, 육체적으로 병이 들어 고통받고 있었다. 수시로 호흡곤란과 소화장애를 겪는 그녀에게 의사는 브랜디, 와인, 맥주, 아편, 모르핀 등을 섞은 위험한 처방을 해주었고, 그 결과 에이다는 심각한 성격장애를 겪어야 했다.

그녀는 미친 듯이 경마 도박에 빠져들었는데, 그 와중에 엉뚱하게도 배비지와 함께 수학적 확률 이론을 사용해 경마에 돈을 거는 '무오류 베팅 시스템'이라는 것을 만들었다. 그러나 그것은 무오류는커녕 결점투성이의 베팅 시스템이었는지 에이다는 큰돈을 잃고 나중에는 가족의 보석들까지 저당 잡혔다. 남편인 러브레이스 백작은 그녀가 큰 빚을 진 것을 알고도 스캔들로부터 에이다를 보호하려고 애썼다. 설상가상으로 에이다는 자궁암에 걸려 1852년 36살의 젊은 나이에 요절했다. 아버지 바이런 경이 사망했을 때와 같은 나이였다.

그녀는 한 번도 본 적이 없는, 그러나 아버지의 시적 감수성이 자신의 시적인 수학의 천재성을 갖게 해준 바이런 경 무덤 옆에 나란히 묻히기를 원했고 그녀의 요청대로 노팅엄 세인트메리 막달렌 교회의 아버지 무덤 곁에 묻혔다.

길 없는 숲에 기쁨이 있고
외로운 바닷가에 황홀이 있다
아무도 침범치 않는 곳
깊은 바다 곁, 그 포효 속에 음악이 있다
난 사람을 덜 사랑하기보다, 자연을 더 사랑하네

There is a pleasure in the pathless woods,
There is a rapture on the lonely shore,
There is society, where none intrudes,
By the deep sea, and music in its roar:
I love not man the less, but Nature more

— 조지 고든 바이런, 〈길 없는 숲에 기쁨이 있다〉 중에서

에이다 바이런 러브레이스 백작부인은 사후 100년 동안 사실상 잊혀져 있다가 컴퓨터 시대가 열리면서 그녀의 연구 결과가 재조명되어 마침내 업적을 인정받게 되었다.

미국 국방부는 자신들이 사용하던 수백 개의 프로그래밍 언어를 대체하기 위한 새로운 언어를 공모했고, 이치비아(Jean Ichbiah)가 이끄는

팀에서 설계한 언어가 채택되었다. 1980년 미 국방부는 이 새로운 프로그래밍 언어를 에이다(Ada)라고 명명했는데, 이는 세계 최초의 컴퓨터 프로그래머인 에이다 바이런 러브레이스 백작부인의 이름을 기리기 위한 것이다.

7. 어떻게 하면 노벨상을 타지 못하는가?

– 원자가 이론, 산-염기, 열역학의 개척자 길버트 루이스

Gilbert Newton Lewis(1875~1946)

누구나 고등학교 화학 시간에 20세기 가장 뛰어난 화학자 중의 한 사람인 길버트 루이스(Gilbert Newton Lewis, 1875~1946)의 이름을 한번쯤 들어본 적이 있을 것이다. 미국의 물리화학자인 그는 1900년대에 화학열역학, 공유결합의 전자쌍 모델(루이스 전자점 구조), 산-염기 이론, 중수소와 중수소화합물의 연구와 분리, 인광과 삼중항상태 연구 등으로 화학 발전에 크게 기여했다.

뿐만 아니라 루이스는 1912년부터 캘리포니아 대학교 버클리캠퍼스에 34년간 재직하면서 마치 서부개척 시대를 방불케 하던 미지의 화학과를 세계적으로 유명한 버클리 화학과로 성장하도록 만든 일등 공신이다. 그러나 정작 본인은 35번이나 노벨상 후보자로 지명되면서도 그의 제자 여러 명이 수상한 노벨상을 끝내 받지 못했다.

노벨상이 위대한 업적의 상징이긴 하지만, 그 역사를 들여다보면 반드시 최고의 업적을 이룬 사람만이 수상하게 되는 것은 아니라는 사실을 알 수 있다. 세상 사는 이치는 동서고금 마찬가지여서 루이스의 이야기를 통해 "어떻게 하면 노벨상을 타지 못하는가"에 대해 알아보는 것도 미래의 노벨상 후보자들을 위하여 의미 있는 일일 것 같다.

| 결코 편안하지 않은 사람 |

루이스는 1875년 매사추세츠 주 웨이머스(Weymouth)에서 태어났다. 그는 학교에 가는 대신 변호사인 아버지(Frank Wesley Lewis)와 어머니(Mary Burr White Lewis)에게 홈스쿨링으로 교육을 받았다. 1884년 그의 가족은 네브래스카 주 링컨으로 이사를 했고, 루이스는 1889년 14살이 되어서야 네브래스카 대학 예비학교에 진학하여 처음으로 정규교육을 받게 된다. 어릴 때부터 받은 재택 교육의 영향으로 그는 폐쇄적인 환경 밖에서는 결코 편안하지 않았다. 만일 아주 사소한 일로 누군가에게 무시당했다고 생각하면 평생 동안 그 사람에게 적대감을 가졌다.

고등학교를 졸업한 루이스는 네브래스카 대학에 진학해 2년을 다닌 후, 1893년 하버드 대학에 편입해 1896년 학사학위를 받았다. 졸업 후 1년 동안 엔도버의 필립스 아카데미에서 가르친 후 박사과정을 하기 위해 하버드로 돌아온다.

그는 하버드에서 시어도어 리처즈(Theodore William Richards)의 지도하에 〈아연과 카드뮴 아말감들의 몇 가지 전기화학적 열역학적 관계〉라는 제목의 학위논문으로 1899년 박사학위를 받았다. 지도교수 리처즈는 수많은 화학원소들의 원자량을 정밀하게 측정한 공로로 1914년에 미국 최초로 노벨상을 수상한 인물이다. 리처즈는 루이스에게 실험기술과 정밀한 측정방법을 가르쳤을 뿐만 아니라 열역학에 대한 흥미도 길러주었다. 루이스가 지속적으로 관심 가졌던 주제들은 대부분 하버드 시절에서 시작되었는데, 가장 중요한 열역학 분야는 당시 리처즈가 가장 열심히 연구하던 주제였다.

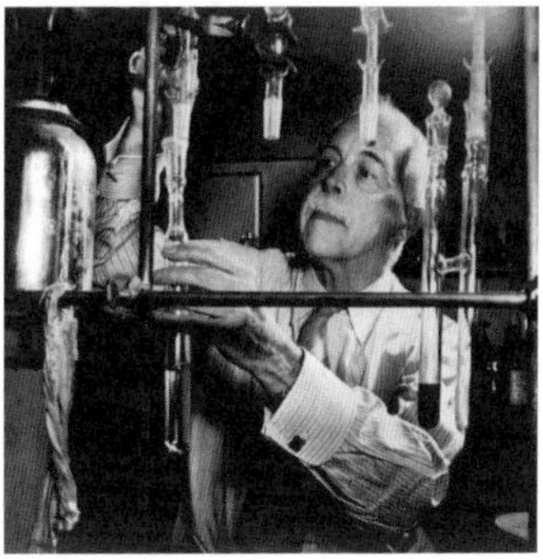
길버트 루이스

리처즈는 "이론보다는 입증할 수 있는 사실이 더 중요하다"라는 패러데이 방법론의 철저한 신봉자였고 그러한 리처즈의 신념이 루이스의 연구 접근 방식에도 큰 영향을 끼쳤다. 루이스는 총명하고 조숙한 청년이지만 한편으론 수줍고 자신감이 부족했다. 남다른 교육 때문이었던지 루이스의 아이디어는 정통에서 벗어나 다소 특이했다. 루이스는 자신의 재능을 남들이, 특히 지도교수인 리처즈가 알아보지 못한다며 실망과 분노로 갈등을 일으키곤 했다. 훗날 1928년 리처즈가 사망한 뒤 하버드 대학은 그의 후임으로 루이스에게 물리화학 교수직을 제안하지만 루이스는 그 제안을 거절하고 1929년 명예박사 학위까지 거부한다.

루이스는 박사학위 후 하버드 대학에서 강사로 1년간 가르친 뒤, 펠로십을 받아 당시 물리화학의 성지였던 독일로 건너가 1900년~1901년까지 라이프치히 대학의 오스트발트(Wilhelm Ostwald), 괴팅겐 대학의 네른스트(Walther Herrmann Nernst)와 한 학기씩을 보낸다. 루이스는 네른스트의 실험실에서 일하는 동안 품었던 그에 대한 적대감을 평생 버리지 못한다. 그는 하버드로 돌아와 열역학과 전기화학 과목을 3년간 가르친 후, 필리핀으로 가서 도량형 사무국 관리자로 1년간 일했다.

1905년 미국으로 돌아온 루이스는 MIT의 노이스(Arthur Amos

Noyes) 교수의 물리화학 연구실에 합류하게 되었다. 라이프치히 대학의 오스트발트 지도 아래 박사학위를 받은 노이스는 미국의 물리화학 발전에 큰 영향을 끼친 인물이다. 루이스는 이곳에서 이론과 실험 양쪽 방면에서 열정적인 연구 활동으로 7년을 보내며 열역학에서 연구의 토대를 쌓았다. 이 기간 동안 〈열화학의 새로운 시스템의 개요(1907)〉와 〈화학물질들의 자유에너지〉 같은 획기적인 논문들을 출판한다. 이제 명성을 얻은 루이스는 MIT에서 초고속으로 1907년 조교수, 1908년 부교수, 1911년에는 정교수가 되었다.

그는 1912년 MIT를 떠나 캘리포니아 대학교 버클리캠퍼스의 물리화학 교수이자 화학대학 학장으로 자리를 옮겼다. 그는 버클리캠퍼스에서 34년간 재직하는 동안 위상이 형편없던 버클리 화학과를 세계 정상급의 손꼽히는 화학과로 탈바꿈시켜 놓았다. 그의 제자들 중 유리(Harold Urey: 1934), 지오크(William Francis Giauque: 1949), 시보그(Glenn Theodore Seaborg: 1951), 리비(Willard Frank Libby: 1960)가 노벨 화학상을 수상했다.

버클리에서의 루이스의 연구는 제1차 세계대전으로 잠시 중단된다.

1918년 1월 루이스는 화학전 부대 소령으로 참전하여 프랑스로 가서 전쟁이 끝날 때까지 복무했다. 마지막 2개월은 중령으로 진급해 워싱턴에서 화학전 훈련부장으로 일했고 1918년 9월에 다시 학교로 돌아왔다. 그는 전쟁 중 공로를 인정받아 프랑스 정부로부터 십자명예훈장을, 미 의회로부터 공로훈장을 받았다.

| 열역학 체계를 만들다 |

1895년까지 대부분의 중요한 열역학 관계들은 이미 알려져 있었지만, 한 관계에서 다른 관계를 알아낼 수 있는 논리적인 체계는 아직 합리적으로 발전되지 않아 관계식들은 독립된 것들로 보였다.

더구나 이들 관계식들은 오직 이상적 화학 시스템에만 적용되는 불완전한 것이었다. 1907년 루이스는 **활동도**라는 새로운 개념에 근거한 열역학 체계를 만들었다. 농도의 단위로 표시되는 함수인 활동도는 화학시스템에서 변화를 일으키는 물질의 경향을 나타낸다. 그는 **퓨가시티**(fugacity)라는 아이디어를 일반화하여 활동도를 이끌어냈으며, 자유에너지의 변화가 활동도의 변화에 비례하기 때문에 또한 자유에너지로부터 직접 유도할 수 있다는 것을 강조했다. 루이스는 이상계(ideal system)에 대한 모든 익숙한 열역학적 식들이 활동도를 사용하면 실제계(real system)에 대해 '완벽하게 정확하고 일반적이 된다는 것'을 보여주었다. 그는 또한 분몰량(partial molal property)이라는 중요한 새로운 개념을 정의했다.

활동도(活動度)
열역학적 농도의 하나. 실제 기체나 액체에서 측정되는 열역학적 값을 갖는 이상 기체나 이상 액체의 분자나 이온의 농도를 말한다. 열역학적 값을 나타내는 유효 농도로 볼 수 있다.

퓨가시티(fugacity)
실제 기체의 화학 퍼텐셜을 정의하기 위해 도입한 양.

루이스는 거창한 이론이 아니라 실제 시스템에 대한 열역학의 실질적인 적용으로 열역학에 중요한 기여를 했다. 1913년~1920년 동안 루이스는 주로 랜들(Merle Randall)과 함께 각 원소에 대한 모든 알려진 자유에너지와 엔트로피 자료를 체계적으로 수집하고 다시 재정리하여 일련의 긴 논문들을 출판했고 이 자료들은 그의 저서 《화학물질의 열역학과 자유에너지(Thermodynamics and Free energy of Chemical Substances)》의 내용이 되었다. 이 책은 화학 열역학을 가장 간단명료하게 제시하여 몇 세대에 걸쳐 가장 영향력 있는 교과서가 되었다.

| 원자가 이론 |

루이스는 "안정된 화합물에서는 원자 핵을 둘러싸는 최외각에 8개의 전자가 배치된다"라고 하는 팔우설(八隅說)을 제창했고, 이 팔우설을 더욱 발전시킨 사람이 랭뮤어(Irving Langmuir)이다. 1902년 루이스는 화학결합에 대한 강의에서 아직 다듬어지지 않은 '정육면체 원자'라는 아이디어를 처음으로 사용했다. 그는 원자의 외각(Outer shell)을 정육면체로 상상하고 비극성 원자나 분자에서 전자들은 정육면체의 8개 정점을 점유한다고 생각했다. 이 '정육면체 원자모형(cubic atom model)'은 주기율표에서 8개 원소들이 한 주기를 이루는 것을 설명할 수 있었다. 아래 그림은 주기율표의 두 번째 줄에 있는 원소들의 전자 구조를 정육면체 원자 모델로 나타내고 있다.

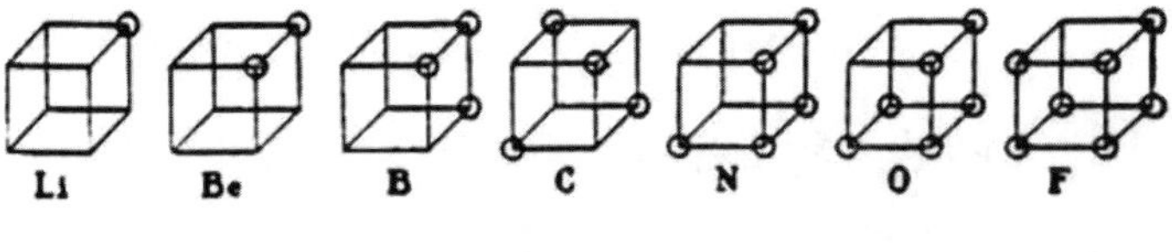

이 설에 의하면 이온 결합의 형성은 모서리를 공유하지 않고 한 정육면체에서 다른 정육면체로 전자가 이동할 때 생긴다. 가령 플루오린 원자는 최외각에 7개의 전자를 갖고 있어 아주 쉽게 다른 원자로부터 전자 한 개를 얻어 네온과 같은 안정한 전자배치를 하게 된다. 다음 그림은 정육면체 원자모형의 결합을 보여주고 있다.

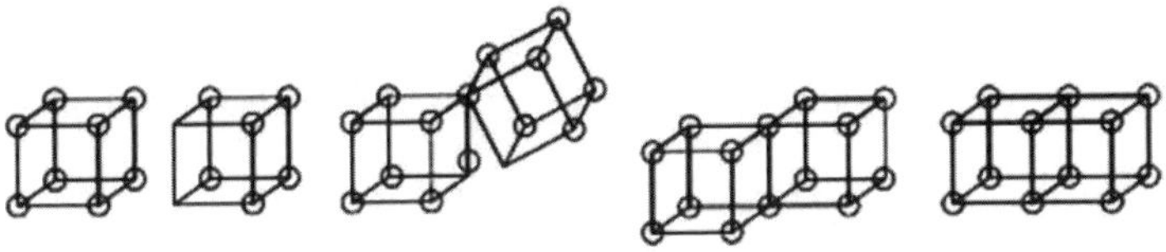

한편 단일 공유결합은 두 원자가 두 꼭지점, 즉 한 모서리를 공유할 때 생기며, 루이스는 중간 상태는 단지 한 모서리가 공유될 때라고 가정했다. 이중결합은 두 정육면체 원자들 사이에서 면을 공유할 때 생기며, 삼중결합은 이 모델로는 설명할 수 없다.

루이스는 정육면체 원자모형을 1902년에 출판하지는 않았지만, 이 이론을 더욱 발전시켜 1916년 〈원자와 분자의 화학결합〉이란 유명한 논문을 발표했다. 그는 이 논문을 통해 공유된 전자쌍으로 이루어진 공유결합이라는 아이디어를 처음 제안했으며 정육면체 원자 모델뿐만 아니라 '루이스 점 구조(Lewis dot structure)'도 발표했다. 또한 전자가 공유되지 않을 때 현대적 용어로 자유라디칼에 해당하는 '홀수전자분자(odd molecule)'라는 용어도 만들어냈다.

자유라디칼
짝짓지 않은 전자를 가지는 원자 또는 원자단. 대개 반응성이 크고, 자유라디칼이 관여하는 화학 반응 중에는 중요한 반응이 많다.

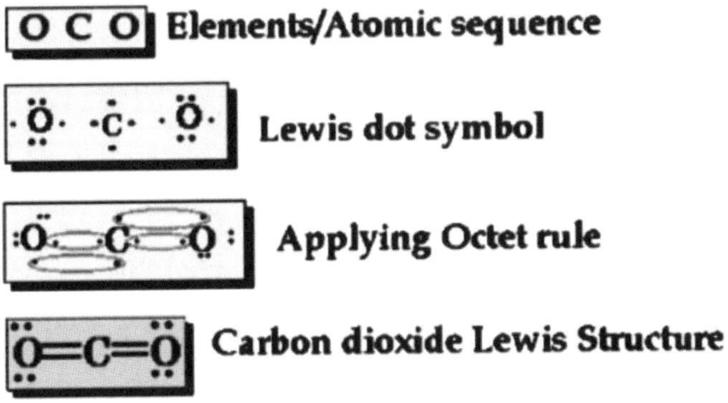

그러나 루이스의 전자쌍 공유결합 이론은 거의 3년 이상 아무런 주목을 받지 못하고 완전히 무시되었다. 그러다 제1차 세계대전이 끝난 직후인 1919년 제너럴일렉트릭(GE)에서 일하던 물리화학자 랭뮤어가 루이스 이론의 중요성을 깨닫고 정육면체 원자와 공유쌍 결합에 대한 주제를 다루기 시작했다.

1919년~1920년 랭뮤어가 미국 화학회를 비롯해 여러 곳에서 초청 강연을 하면서 새로운 '루이스-랭뮤어 원자가이론'이 갑자기 미국 화학자들의 관심을 불러 일으켰다. 랭뮤어는 1919년~1921년 발표한 여러 편의 긴 논문들과 강연을 통해 루이스의 이론을 아주 성공적으로 설명하고 발전시켰다. 따라서 그 이론은 많은 사람들에게 루이스-랭뮤어 원자가 이론(Lewis-Langmuir theory of valence) 혹은 랭뮤어의 원자가 이론(Langmuir theory of valence)으로 알려지게 되었다.

| 루이스의 산-염기 이론 |

브뢴스테드-로우리 산-염기 모델(Brønsted-Lowry acid-base theory)에서는 다른 물질에게 양성자를 내주는 물질은 '산'이고, 다른 물질로부터 양성자를 받는 물질을 '염기'라고 정의했다. 그러나 이 이론은 매우 제한적이어서, 1923년 루이스는 이를 대체하는 루이스의 산-염기 모델(Lewis acid-base theory)을 제안했다. 루이스는 이 모델에서 공유결합을 형성하기 위해서 양성자 대신 전자쌍을 줄 수 있는 물질을 염기(electron donor: 전자주개) 그리고 전자쌍을 받는 물질을 산(electron acceptor: 전자받개)이라고 정의했다. 그의 산-염기 이론은 브뢴스테드-

로우리 모델을 포용할 뿐만 아니라, 더 나아가 구조와 결합에 근거를 두고 산과 염기를 더 보편적으로 설명할 수 있어, 화학자들은 이제 좀 더 넓고 다양한 산-염기 반응을 예측할 수 있게 되었다.

| 중수(重水) |

미국의 컬럼비아 대학 화학과 유리(Harold Clayton Urey) 교수는 1931년 수소의 동위원소인 중수소(deuterium) 발견에 도전한다. 유리는 조수 머피(George Murphy)와 함께 수소원자 스펙트럼 중 발머계열의 첫 선이 보통 수소에서는 1.1옹스트롬(Angstrom)에서 시작하는 반면, 중수소에서는 1.8옹스트롬으로 **적색이동** 할 것이라고 계산했다. 그는 1932년 중수소를 분광학적으로 관찰하는 데 성공한다.

적색이동(red shift)
스펙트럼선의 파장이 어떤 원인으로 본래의 파장보다 장파장 쪽으로, 즉 적색 쪽으로 이동하는 현상.

유리의 박사학위 지도교수였던 루이스는 1933년 전기분해 방법으로 순수한 중수를 처음으로 분리했으며, 한편 유리는 1934년 '중수소를 발견한 업적'으로 노벨 화학상을 수상했다. 중수(重水)는 특정 유형의 원자로에서 중성자의 감속재로 사용된다.

루이스는 1913년에 미국 국립과학학술원 회원으로 선정되었는데, 1934년 돌연 아무런 설명도 없이 회원직을 사퇴했다. 여러 추측들이 난무하는 가운데 그 중 하나는 아마도 박사학위 지도 학생이었던 유리가 노벨 화학상을 수상했기 때문이라는 소문이었다. 즉 중수의 분리와 특성에 대한 연구로 유리와 함께 노벨상을 공동 수상하리라 확신했는데, 자신은 수상하지 못한 분노 때문일 것이라는 추측이다.

| 루이스의 말년 |

1944년 69세의 루이스와 대학원생 카샤(Michael Kasha)는 **삼중항 상태**(triplet state)를 인광(燐光, phosphorescence)의 근본 원인으로 확실하게 밝혀냈다.

삼중항 상태
다전자원자나 분자에서 전자 전체가 갖는 스핀각 운동량의 양자수의 합이 1이어서 세 가지 미시 에너지 준위를 갖는 상태. 물질의 들뜬상태의 성질을 이해하는 데 중요한 역할을 하며, 에너지 이동이나 광화학반응의 메커니즘을 설명할 때에도 사용된다.

1945년 3월, 한 대학원생이 실험실 작업대 밑에 쓰러져 있는 루이스의 시신을 발견했다. 70세의 루이스는 액체 시안화수소를 가지고 실험을 하고 있었는데 깨진 유리관 사이로 치명적인 유독가스가 새어나와 있었다. 법의학자는 청색증 증후도 없기 때문에 루이스의 사망 원인을 심장마비로 판정했다. 그러나 버클리캠퍼스 화학과의 몇몇 사람들은 그가 사고를 가장해 자살한 것이라고 믿었다.

만일 루이스의 죽음이 정말로 자살이라면 무엇 때문이었을까?

루이스가 죽던 바로 그날, 버클리 대학에 명예박사 학위를 받으러 온 랭뮤어는 루이스와 함께 점심식사를 했다. 랭뮤어와 루이스는 원자가이론 이후 오랫동안 라이벌 관계였는데, 랭뮤어는 1932년 표면화학에 대한 업적으로 이미 노벨상을 받았다. GE에 몸담고 있던 그는 산업체 과학자로서는 최초로 노벨상을 받은 반면, 루이스는 35번이나 지명되었음에도 노벨상을 수상하지 못했다. 랭뮤어와 점심을 같이 하고 난 후 기분이 좋지 않은 상태로 실험실로 돌아온 지 1시간 후 루이스는 시체로 발견된 것이다. 일부 버클리 사람들은 노벨상을 타지 못한 것이 큰 상처여서 랭뮤어를 만나고 난 후 그로 인한 스트레스로 심장마비가 왔거나, 실상은 자살했을지도 모른다는 의문을 제기한다.

| 루이스처럼 노벨상을 타지 못하는 방법 |

노벨재단의 규정에 따르면 노벨상 위원회는 5명의 위원을 두어야 한다. 그러나 노벨상 화학 심사위원회는 전문지식 분야를 넓히기 위해 근래 수십 년간 다수의 부위원(1998년에는 5명)을 두었으며 그들은 정규 멤버와 똑같은 투표권을 갖는다. 최근까지 정규 멤버에게는 나이 말고는 제한이 없어, 한 번 임기는 3년이지만 정규 멤버들 중 어떤 사람들은 상당히 오랜 기간 위원회 멤버로 남아 있었다. 그러나 현재의 규정에 따르면 노벨상 위원회 멤버는 최대 9년까지(두 번의 재임까지 허용) 재임할 수 있다.

노벨상은 당해 연도 1월 31까지 적법하게 지명된 사람들만을 심사 대상으로 하며 따라서 노벨상 위원회는 이전 해 가을부터 노벨상 후보자를 추천해달라는 안내장을 보낸다.

물리와 화학분야에서 추천 요청 안내장을 받는 사람들은 다음과 같다.

1. 스웨덴 왕립과학학술원의 스웨덴 회원이나 외국 회원들
2. 물리나 화학의 노벨상 위원회 회원
3 물리나 화학의 노벨상 수상자
4. 스칸디나비아 대학과 카롤린스카(Karolinska) 연구소의 화학이나 물리 교수들
5. 스칸디나비아 이외의 대학들 중에서 스웨덴 왕립과학학술원에 의해 돌아가면서 선정된 해당 분야의 교수
6. 스웨덴 왕립과학학술원이 초청하기로 선택한 과학자들

노벨상 초기에는 화학상·물리학상 후보자를 추천하기 위해 대략 200명에게 요청했으나 1998년에는 이 숫자가 2650명까지 늘어났다. 추천된 숫자도 첫 10년 동안에는 20~40명 정도에서 1990년대에는 400~500명으로 대폭 증가했다. 다수의 후보자들이 보통 1회 이상 중복해서 추천되기 때문에 실제 후보자는 전체 추천된 숫자보다 적다. 초창기에는 단지 약 10명 정도의 과학자가 추천을 받았지만 최근에는 이 숫자가 250~350명 정도 된다. 노벨상은 생존해 있는 사람들에게만 수여되며, 한 부문에 3명까지 공동 수상할 수 있다.

그리고 노벨상 수상 업적은 가장 최신의 결과들이거나, 또는 오래된 업적이지만 그 중요성이 최근에 입증된 경우로 제한한다.

여하튼 인류에 크게 공헌한 사람에게 수여하라는 노벨의 유언에 따라 1901년 이후부터 최근까지 수여되는 동안 노벨상은 가끔 논란과 비판의 대상이 되곤 했다. 사람이 하는 일이다 보니 정치적, 지역적, 종교적, 인종적, 성별, 또는 개인적 편견을 완전히 배제할 수가 없는 모양이다.

물리화학의 창시자의 한 사람인 스웨덴의 스반테 아레니우스(Svante Arrhenius)는 1900년 노벨 연구소와 함께 노벨상을 제정하는 데 관여했다. 그 자신도 1903년 노벨 화학상을 받았는데, 아레니우스는 1901년 스웨덴 왕립학술원 회원으로 선정되었으며, 사망할 때까지 노벨상 물리 분과 위원이었으며 화학에도 사실상 노벨위원회 위원이었다. 따라서 노벨상 초창기의 화학과 물리 분야에서의 아레니우스의 영향력은 대단히 컸다.

그는 지위를 이용해 자신의 친구들—반트 호프(Jacobus van't Hoff: 1901), 오스트발트(Wilhelm Ostwald: 1909), 리처즈(Theodore Richards:

1914)—이 노벨상을 받도록 돕는가 하면, 그가 적으로 생각하는 사람들—에를리히(Paul Ehrlich: 1908), 네른스트(Walther Nernst: 1920), 멘델레예프(Dmitri Mendeleev)—은 받지 못하도록 방해했다. 그 결과 화학의 문법이라고도 할 주기율표를 만든 멘델레예프는 끝까지 노벨상을 받지 못한 채 사망했고, 네른스트는 첫 지명 이후 16년 만에야 노벨상을 받을 수 있었다.

스반테 아레니우스는 노벨상 초창기에 수상자 선정에 막강한 영향력을 행사했다.

그렇다면 35번의 지명을 받고도 결국 노벨상을 타지 못한 루이스의 경우는 무슨 이유일까. 우선은 동료들에 대한 루이스의 날선 비판과 당대의 유명 과학자들과의 적대적인 관계가 그로 하여금 노벨상을 수상하지 못하도록 효율적(!)으로 막았다. 루이스는 쉽게 발끈하고 많은 사람들을 적으로 만들었으며, 최소한 4명의 노벨상 수상자와도 관계가 좋지 않았다. 그 중에는 지도교수인 리처즈와 네른스트, 그리고 랭뮤어도 들어 있다.

그럼에도 불구하고 동료들은 루이스의 연구의 가치를 인정하여 그는 1922년 처음으로 노벨 화학상 후보에 지명된 이후, 화학결합과 열역학에 대한 연구로 1924년과 1925년에도 다시 추천을 받았다. 그러나 1925년에는 스웨덴의 권력자 아레니우스의 나쁜 평가로 인해 노벨상 수상은 무산되고 만다.

아레니우스는 화학결합에 대한 루이스의 이론에 대해 다음과 같은 한 문장으로 간단히 평가절하해 버렸다.

"그의 이론은 신통치 않다. 게다가 그 이론의 중요 부분은 랭뮤어가 해냈으며 그리고 보어 이론과 반대가 된다."

루이스가 랭뮤어에게 감정이 좋지 않았던 이유는 아레니우스의 보고서에서 드러난 것처럼 사람들이 자신의 업적을 랭뮤어에게 더 많이 인정을 해준 데서 비롯되었다.

그렇다면 왜 루이스가 제창한 이론에 대해 랭뮤어가 더 많은 인정을 받게 되었을까? 아마도 두 사람이 직업, 환경이 달랐을 뿐만 아니라 성격상의 차이, 즉 랭뮤어는 매우 사교적이고 언변이 좋아 두루두루 좋은 평판을 얻은 반면 루이스는 그와는 반대되는 성격을 가졌기 때문인 것 같다.

처음에는 자신의 이론이 랭뮤어 덕분에 널리 알려지게 되자 기뻐했던 루이스는 랭뮤어가 더 많이 인정받게 되자 오랜 동안 분노를 삭이지 못했다. 1910년~1920년 두 사람 사이에 오고간 편지들은 이 이론에 대한 복잡한 지적(知的), 사적(私的), 그리고 사회적 이슈들에 대한 논쟁을 담고 있다.

1926년 루이스는 다시 노벨 화학상에 추천되었고, 이번에는 스웨덴 화학자 스베드베리(Theodor Svedberg)가 그에 대한 평가 보고서를 썼다. "앞으로 열역학과 화학결합에 대한 연구를 좀 더 계속한다면 가까운 장래에 노벨상을 수상할 것"이라는 조금은 호의적인 보고서였다. 그러나 루이스는 1926년에는 이미 이 분야를 떠나 새로운 연구를 하고 있었다. 더구나 루이스에게 상을 주는 것을 좀 더 유예하자고 제안한 스베드베리 자신이 1926년 '초원심분리기에 의한 콜로이드 연구' 업적으로 노벨 화학상을 수상했다.

그 후 해가 지날수록 루이스의 노벨상 추천은 더욱 더 쌓여가서 1929년 한 해에만 6건의 추천을 받았고 1932년에는 4건의 추천을 받았다. 그러나 이번에는 독일 과학자 네른스트에 대한 평생에 걸친 원한

이 효율적으로(!) 그가 노벨상을 받지 못하도록 막았다.

루이스와 네른스트의 악연은 1901년으로 거슬러 올라가 그가 네른스트 실험실에서 연구하던 때부터 시작된다. 그 후 20년 동안 네른스트를 싫어하는 감정이 평생 동안 지속되어, 루이스는 기회가 있을 때마다 네른스트의 실수나 오류를 지적하는 견해를 발표했다. 루이스는 1923년 자신의 열역학 책을 통해 네른스트나 그의 제자들의 오류라고 생각하는 것들을 여러 차례 지적했을 뿐만 아니라 '네른스트의 열 정리(Nernst heat theorem)'에서 사용한 화학상수(chemical constant)를 "화학 역사상 유감스러운 에피소드"라고 불렀다.

이러한 행동들은 더 큰 부메랑이 되어 돌아와 루이스의 노벨상 수상을 세 번이나 막는다. 스웨덴의 화학자 팔머(William Palmaer)는 네른스트의 친한 친구로 1926년~1942년 노벨 화학상 위원을 지냈다. 그는 1932년 루이스의 노벨상 수상을 막기 위해 열역학 분야로 루이스를 추천하고 그리고 위원회 위원으로서의 지위를 이용해 루이스에 대한 부정적 평가서를 썼다고 한다. 화학상 후보는 랭뮤어와 루이스였는데 열역학이 아닌 계면화학에 대한 공로로 랭뮤어에게 1932년 노벨 화학상을 수여했다.

지금까지의 사례들을 보면 "루이스가 왜 노벨상을 받지 못하였는가" 하는 데 대한 자연스런 답이 나온다. 인간관계에서 너그럽고 용서할 줄 알아야 한다는 점, 그리고 너무 상에 연연하지 말아야 한다는 점이 아닐까.

노벨상뿐만 아니라 각종 훈장, 상장, 학술원 회원, 그리고 심지어는 연구비 타는 것까지 인간관계가 안 좋은 사람은 아무리 실력이 뛰어나도 선정되지 못하는 것을 주변에서 심심치 않게 보아왔다. 그렇다고 실력보다 너무나 약아빠진 처세술로 명예도 출세도 다 거머쥐는 사람처럼 살 것을 권하고 싶지는 않다. 세상은 이미 그런 사람들로 넘쳐나서 대학까지도 충분히 오염되고 있으니 말이다.

8. 원치 않은 원자탄의 어머니

– 핵분열을 규명한 리제 마이트너

Lise Meitner(1878~1968)

핵시대 여명기에 충격적인 원자 쪼개기 '핵분열'은 우리가 살고 있는 세상을 영원히 변하게 만든 엄청난 발견이다. 그러나 핵에너지 파워의 비밀을 발견한 사람이 오스트리아의 여성 핵물리학자 마이트너(Lise Meitner, 1878~1968)라는 사실을 아는 사람은 많지 않다. 아마도 마이트너는 남성이 주도하고 있던 과학계의 고질적인 성차별 속에서도 성공한 가장 감동적인 본보기가 될 것 같다.

물론 20세기 전까지 여성들은 적절한 교육을 받지 못했고 전문적인 실험실에 참여해서 실험 기구들을 사용할 기회조차 없었음에도 놀라운 업적을 낸 훌륭한 여성 과학자들이 많이 있었다. 그러나 마이트너의 경우는 최악의 상황에서도 총명함과 열정만 있으면 무엇인가를 성취할 수 있다는 것을 보여준 대표적 사례라 할 수 있겠다. 그녀는 자신을 가로막고 있는 모든 장벽을 헤쳐 나가며 놀랄 만한 업적을 이루었지만 노벨상 위원회가 단지 여성이기 때문에 그녀가 이룬 과학적 업적을 간과하여 오점을 남긴 유명한 사례로 자주 언급되고 있다.

| 어린 시절과 교육 |

리제 마이트너는 1878년 오스트리아 빈의 유대인 가정에서 8남매 중 셋째로 태어났다. 아버지 필립 마이트너(Philipp Meitner)는 오스트리아 최초의 유대인 변호사들 중 한 사람으로 그녀의 집안은 전형적인 중산층 가정이었다. 어렸을 때부터 리제는 피아노 치는 것을 좋아하여 평생 음악에 대한 열정과 애정을 갖고 있었다. 그들은 유대인 밀집 지역에 살고 있었지만 유대인의 과거사와는 거리를 두고 부모와 아이들 모두 개신교를 믿었다.

학교에서 리제는 수학과 과학을 좋아하고 또 좋은 점수를 받았다. 그녀가 13살이 되었을 때 당시로는 여학생들이 받을 수 있는 교육을 다 받았다. 오스트리아에서는 1867년 경제적 계층, 종교, 출신 국가에 상관없이 남자들에게만 대학문을 열었다. 따라서 여성들은 고등교육을 받을 기회조차 없었고, 리제는 여학생들에게 허용된 만큼만 교육을 받은 뒤 대학교육을 받기 위해 9년을 싸워야 했다. 이 기간(1892~1901)을 그녀는 '잃어버린 시간'이라고 말한다. 몇몇 여성들은 수년 동안 대학에 찾아가 한두 과목이라도 청강할 수 있게 해달라고 간청하기도 하고 진정서를 내기도 했다. 여성들을 위한 고등교육에 대한 논쟁

리제 마이트너

은 수십 년 동안 오스트리아를 시끄럽게 하다가 마침내 변화가 일어나 1890년대 후반에서야 여성에게도 대학 입학이 허용되었다.

리제의 아버지는 딸도 아들과 똑같은 교육을 받아야 한다고 생각하는 상당히 깨어 있는 사람이었다. 하지만 여학생은 남학생들만 받는 정규 고등학교에 다닐 수 없었기 때문에 리제는 개인교습을 받으며 입학이 어려운 빈 대학의 입시를 준비한다.

1901년 23살의 리제는 드디어 빈 대학의 물리학과 강의와 실험실에 입성한 최초의 여성이 되어 과학자로서의 첫발을 내딛었다. 그녀는 볼츠만의 과학철학 강의를 들으면서 물리야말로 '마지막 진리를 위한 투쟁'이라는 비전을 갖게 된다. 1905년 여름, 학위 관련 수강과목을 모두 이수하고 그녀는 박사학위 연구를 시작했다.

당시 독일과 오스트리아 대학에서 박사학위를 취득하기 위한 연구를 완료하는 데는 몇 달 걸리지 않았다. 그녀는 실험을 경험하고 싶었고 또 볼츠만이 그해 여름 캘리포니아에서 강의를 했기 때문에 엑스너(Franz Serafin Exner)와 그의 조수 벤도르프(Hans Benndorf)의 지도하에 실험 과제를 선택했다.

1906년 2월 마이트너는 〈비균질 물체에서의 열전도〉라는 논문으로 여성으로서는 두 번째로 물리학 박사학위를 받았다. 그해 늦여름 1906년 9월 5일 볼츠만의 자살 소식이 물리학계를 충격에 빠뜨린다. 물리에 대한 열정의 불꽃을 점화해 준 볼츠만의 죽음으로 마이트너는 물리학계에 남아 있겠다는 결심을 더욱 확고히 했다. 볼츠만의 비극적인 죽음으로 양자론의 아버지 플랑크(Max Planck)가 빈 대학에 오게 되고, 여기서 플랑크는 마이트너를 소개받게 된다. 후에 플랑크는 마이트너의 멘토이자 중요한 친구가 되었다.

| 과학자로서의 커리어 |

마이트너는 박사학위를 받은 후 마리 퀴리의 연구실에 연구원으로 지원했지만 거절당한다. 1907년 아버지의 격려와 재정적인 뒷받침 속에서 막스 플랑크가 있는 베를린 대학으로 가는데, 이 결정이 마이트너의 인생행로에 큰 전환점이 되었다. 당시 독일은 과학의 메카로, 그녀가 베를린 대학에 도착했을 때는 젊은 아인슈타인도 플랑크의 초청을 받고 와 있었다. 아인슈타인, 에렌페스트, 리제 마이트너와 다른 연구원들은 베를린에서의 처음 몇 년 동안 플랑크의 집에 모여 음악을 듣고 많은 대화를 나누곤 했다. 리제는 여성으로서는 이례적으로 막스 플랑크의 강의를 듣는 것을 특별히 허락받았으나 실험할 장소를 찾는 데는 상당한 어려움을 겪었다.

마침 그때 베를린 대학 연구소 화학부서를 담당하던 에밀 피셔(Emil Fisher) 밑에서 일하던 오토 한(Otto Hahn)이 방사화학에 관한 연구를 도와줄 물리학자를 찾고 있었다. 오토 한은 마이트너와 비슷한 연배였다. 그러나 피셔는 실험실에서 여성의 머리카락이 불에 붙기 쉽다는 아버지 같은 배려에서 (그렇다면 남성의 덥수룩한 수염은 불연성인가?) 여성들의 화학부서 실험실 출입을 허용하지 않았다.

2년 후 베를린에서 여성의 교육이 합법화 된 후에는 마이트너를 환영했지만, 여하튼 오토 한과 마이트너는 지하층 목공실에 방사선 측정 실험실을 차렸다. 마이트너는 지하실에서 외부로 나가는 출입문을 통해 실외 화장실을 이용했고 화학연구소 연구원들은 그녀의 존재를 완전 무시했다. 그때부터 한과 마이트너의 약 30년간에 걸친 공동연구가 시작되었다. 그녀는 베를린 대학 화학연구소에서 연구원으로 있던 1907년

~1912년까지 무보수로 일했기 때문에 집에서 장학금(?)을 받아 생계를 꾸려야 했다.

마이트너와 오토 한

마이트너는 플랑크의 물리학과 연구원으로 7년간 일하면서 새로 발견된 원소와 입자들의 방사성 성질에 관한 논문을 오토 한, 폰 바이어(Otto von Baeyer), 라우에(Max von Laue) 등과 공동으로 발표했다. 1912년 오토 한-마이트너 연구팀은 베를린 남서부에 있는 카이저빌헬름연구소로 옮겨갔는데 마이트너는 오토 한의 방사화학과에서 여전히 무보수의 '초청 과학자'로 일한다. 1913년 35살의 마이트너에게 프라하 대학 부교수 임용 제안이 들어오자, 그때서야 카이저빌헬름연구소는 그녀에게 정규직을 주고 월급을 지급했다.

1914년에 제1차 세계대전이 발발하자 오토 한은 입대하여 프랑크(James Frank), 헤르츠(Gustav Hertz)와 함께 하버(Fritz Haber)의 화학전 특별 부대에 배속되었다. 마이트너는 오스트리아 군대에 X선 간호사로 자원하여 1915년~1917년까지 복무했다. 휴가기간 동안 그녀는 방사선 물질을 측정하기 위해 베를린으로 돌아왔으며, 가끔 한의 휴가와 일치할 때는 공동연구를 계속했다. 1916년 12월 한이 베를린에 있는 총사령부로 전보되어 마이트너는 연구소에서 방사성 화학 연구를 계속할 수 있었다.

전쟁이 끝날 무렵인 1918년 한과 마이트너는 새로운 원소 프로탁티늄(Protactinium: Pa)을 발견했다. 프로탁티늄의 명칭은 '악티움의 부모(parent of actinium)'라는 뜻으로 악티늄이 프로탁티늄의 방사선 붕괴의 산물이라는 뜻을 담고 있다.

제1차 세계대전 이후 독일 정부는 여성들에게 훨씬 호의적이 되어서 마이트너는 1918년 카이저빌헬름연구소 물리학과 주임이 되었다. 비로소 자신의 독립 부서를 갖게 된 마이트너는 1920년대에 핵물리 분야에서 선구적인 일을 한다. 이론에 가까운 실험물리학자인 그녀는 자기적 베타-감마 스펙트라와 감마선 연구, 인공적인 핵반응, 양전자-전자쌍 발견, 중성자 질량의 결정과 같은 연구로 유명해졌다.

1920년대 초부터 아인슈타인은 방사성 분야에서 마이트너의 중요성을 인정하는 의미에서 그녀를 '독일의 마담 퀴리'라고 불렀다. 제1차 세계대전과 제2차 세계대전 사이에 마이트너의 부서는 독일은 물론 해외에서 방문 과학자, 박사후과정 연구원 등이 많이 찾아오면서 핵물리학의 국제적 중심지로 성장했다.

마이트너는 전통적인 아카데믹 사다리를 올라가는 데도 성공하여 1922년 공식적으로 대학의 강사가 되었다. 이는 독일에서 여성 물리학자가 이루어낸 첫 번째 쾌거였다. 하지만 진보적인 베를린에서조차 그녀의 취임 기념 강연 주제인 '우주물리학(cosmic physics)'을 풍자하여 '화장품 물리학(cosmetic physics)'이라고 신문 기사를 쓸 정도였다.

1923년 마이트너는 물체 표면의 구조와 성분을 알아내는 데 중요한 도구가 되는 '오제(Auger)효과'를 발견한다. 오제효과란 원자가 전자 포획이나 내부 전환을 했을 때 2차적으로 방출되는 X선에 의해 일어나는 일종의 광전 효과를 말한다. 오제효과라는 명칭은 마이트너가 맨 처음 발표하고 난 후 독립적으로 1925년에 발표한 프랑스의 오제(Pierre Auger)의 이름을 따서 붙여졌다. 이는 마이트너가 여성이기 때문에 그 과학적 업적까지 폄하된 하나의 사례이다. 그 후 마이트너는 1926년 독일 대학 최초의 여성 물리학 교수로 베를린 대학의 겸임교수가 된다.

1930년대 초 핵물리는 극적으로 발전하여, 1932년에는 중성자, 1933년에는 양전자, 1934년에는 인공방사능이 발견되었다. 과학자들은 새로운 초(超)중원소(super heavy elements)를 만들기 위해 무거운 원소를 중성자로 충돌시켰으며, 이 과정에서 초우라늄 원소가 만들어졌다고 주장하기도 했다. 그러나 원자가 가벼운 원소로 깨지는, 지금은 '핵분열'이라고 알려진 과정이 일어나리라고는 당시에는 아무도 상상하지 못했다.

1930년대 동안 내내 마이트너와 오토 한 팀은 파리의 이렌 졸리오 퀴리(Irene Joliot-Curie) 팀과 로마의 페르미(Enrico Fermi) 팀과 초우라늄 원소들의 복잡성을 풀기 위해 치열하게 경쟁하고 있었다. 페르미는 63개의 원소를 중성자와 충돌시켜 37개의 방사성 원소를 만들었으며 보통의 경우 β입자를 방출하는 좀 더 무거운 방사성 동위원소가 생성되었다. 따라서 페르미는 원자번호가 92인 우라늄과 중성자의 충돌로 몇 가지 생성물이 만들어지자 새로운 초우라늄 원소가 만들어졌다고 결론 내렸다.

그러나 그로스(Aristid von Grosse)는 초우라늄이 생성된 것이 아니라 원자번호 91인 프로탁티늄(protactinium)의 동위원소가 만들어진 것이라고 주장했다. 마이트너는 한, 쉬트라스만(Fritz Strassmann)과 함께 폴로늄(원자번호 84)과 우라늄(원자번호 92) 사이의 모든 원소를 중성자로 충돌시켜 페르미의 결과를 다시 확인해 본다는 계획을 세우고 공동 연구를 시작했으나 1938년까지 수수께끼는 더 커져만 갔다.

1933년 히틀러가 정권을 장악하면서부터 모든 것이 암울하게 바뀌었다. 1933년 4월 7일 제정한 '직업공무원 재건법'으로 나치는 정치적 요주의 인물이나 유대인들을 모든 공직에서 추방하기 시작했다. 당시 마이트너는 미국의 코넬 대학에 방문교수로 가 있던 오토 한을 대신해 카이저빌헬름연구소의 소장 대행을 맡고 있었다. 그녀는 유대인이었지만 오스트리아 시민권이 있어 보호를 받았다. 하지만 조카인 프리쉬(Otto Frisch), 하버(Fritz Haber), 실라르드(Leo Szilard)를 포함한 많은 유대계 과학자들은 직장에서 쫓겨나거나 강제로 권고사직 당해 대부분 망명을 떠났다. 그러나 정치에 무관심했던 마이트너는 1938년 6월까지 연구에만 더욱 몰두했다.

| 나치 독일로부터의 목숨을 건 탈출 |

1938년 오스트리아가 독일에 합병되었다. 독일 나치당은 '유명 과학자'들의 해외여행 금지 명령을 내렸고 마이트너의 상황은 더욱 위험해졌다. 그녀의 오스트리아 여권은 독일과의 합병으로 쓸모없게 되었고 독일 여권을 발급 받지 못해 국외로 떠나는 것은 불법이었다. 한편 국제 물리학계와 덴마크 물리학자 닐스 보어는 마이트너 자신도 모르는 사이 그녀의 탈출 경로를 은밀히 탐색하고 있었다.

계획은 네덜란드 흐로닝언(Groningen)행 기차를 타고 독일-네덜란드 국경의 최북단에 있는 작은 마을 뉘베스한스(Nieuweschans)에서 국경을 넘는다는 것이었다. 보어는 그녀가 떠나기 며칠 전에야 마이트너의 가까운 동료인 오토 한에게 그 사실을 알렸다. 한은 어머니에게 물려받은 다이아몬드 반지를 마이트너에게 건네며 필요하다면 비상시에 국경수비대를 매수하라고 말했다.

1938년 7월 13일, 59살의 마이트너는 단돈 10마르크가 든 지갑과 간단한 옷 몇 가지, 그리고 주머니에 다이아몬드 반지를 지닌 채 위험한 기차 여행길에 나섰다. 계획한 대로 네덜란드 물리학자 코스터(Dirk Coster)가 아슬아슬한 기차여행에 동반해 주었다. 유명한 유대인 과학자를 탈출시키는 데 가담한 코스터로서도 목숨을 건 위험한 일이었다. 코스터의 부탁을 받은 현지 연락책이 마이트너의 여권을 검사하지 않도록 미리 국경수비대에게 손을 써놓아 그들은 무사히 흐로닝언에 도착할 수 있었다. 네덜란드에서 잠시 머문 후 마이트너는 조카 프리쉬와 보어가 있는 덴마크의 코펜하겐으로 갔다. 거기서 그녀는 보어의 도움으로 스웨덴 스톡홀름에 새로 설립된 노벨물리연구소의 초청을 받는다.

노벨물리연구소 소장 시그반(Manne Siegbahn)은 마지못해 마이트너에게 자리를 주긴 했지만, 그녀에게 냉담했다. 노벨상 수상자이며 상당한 남성우월주의자인 그를 포함해 많은 스웨덴 과학자들은 일급기밀의 군사관련 연구를 하면서 그녀를 투명인간처럼 취급했다. 시그반은 마이트너에게 전혀 도움을 주지 않아 그녀는 스웨덴에서 마음이 편치 않은 나날을 보내야 했다. 그래도 스톡홀름에서의 한 가지 좋은 점은 독일로 가는 빠른 우편서비스가 있어서 오토 한과 정기적으로 연락을 유지할 수 있다는 것이었다. 그곳에서 22년을 지내며 마이트너는 결국 스웨덴 시민권을 얻었다.

마이트너는 크리스마스 시즌에 기차로 덴마크 코펜하겐의 보어 연구소에 있는 29살의 조카 프리쉬를 만나러 가기로 작정을 했다. (프리쉬의 아버지는 체포되어 다하우에 있는 강제수용소로 보내졌다.) 그녀는 여전히 우라늄보다 무거운 원소들을 만들려고 노력하고 있는 한과 연락하고 지냈는데, 1938년 12월에 그와 주고받은 편지를 보면 베를린에 있는 한에게 우라늄연구를 계속하라고 독려하는 내용이 있다.

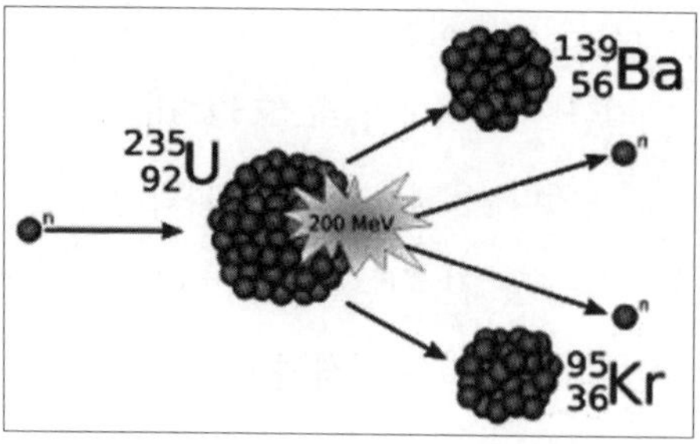

핵분열

12월 19일 마이트너에게 보낸 편지에서 오토 한은 우라늄을 중성자로 충돌시켰을 때 생기는 이상한 파열음을 묘사하면서 우라늄보다 더 큰 원자가 만들어지는 대신 예기치 않게 바륨이 생성된 것 같다는 걱정스러운 내용을 썼다. 그는 "이러한 파열음을 물리에서는 무엇 때문이라고 하나요?" 라고 그녀에게 설명을 부탁했다. 한은 조수 쉬트라스만과 함께 〈자연과학〉지에 12월 21일 논문을 제출하면서 우라늄 원소의 핵분열이라는 역사적인 발견에 결정적인 역할을 한 마이트너의 이름은 생략해 버렸다.

크리스마스 휴가 동안 물리학자인 조카 프리쉬가 마이트너를 방문했을 때 두 사람은 한의 질문에 대하여 토론을 했다. 그러던 중 바륨이 생성된 것 같다는 한의 추측은 반응식($U_{92} \rightarrow Ba_{56} + Kr_{36}$)에 따라 실제로 바륨이 생성된 것임을 깨닫는다.

즉 우라늄 핵은 둘로 쪼개져서 두 개의 가벼운 방사성 동위원소 바륨(Barium: 원자번호 56)과 크립톤(Krypton: 원자번호 36)이 생성되었다. 프리쉬는 이 과정을 생체세포의 핵분열을 닮았다고 해서 '핵분열'이라고 이름 지었다. 마이트너는 즉시 한에게 연락해 이 사실을 알렸고, 그는 실험을 통해 새로운 원소가 바륨이라는 것을 확인했다. 한과 쉬트라스만은 세계 과학언론계에 혁명적인 핵분열 발견을 공표한다. 그러나 리제 마이트너와 프리쉬의 이름을 언급하지 않아, 핵분열이라는 결정적인 개념의 돌파구가 마이트너였다는 것을 인정하지 않았다.

마이트너는 모핵(母核) 우라늄보다 두 개로 분열된 딸핵(daughter

nucleus)의 질량이 양성자 질량의 5분의 1만큼 작으므로 아인슈타인의 에너지-질량 등가원리 $E=mc^2$을 적용하면 방출되는 에너지가 2억 전자 볼트(200 MeV)에 이른다고 계산했다. 프리쉬가 보어에게 이 사실을 알림으로써 미국 물리학계에 널리 퍼지게 되고 마침내 원자폭탄을 만드는 맨해튼 프로젝트로 이어졌다. 1939년 2월, 마이트너와 조카 프리쉬는 논문 〈중성자를 이용한 우라늄의 분열: 새로운 형태의 핵반응〉을 영국의 과학 학술지 〈네이처〉에 발표했다. 핵분열 과정에서 방출되는 엄청난 에너지는 좋든 나쁘든 핵시대의 탄생을 알리는 것이다. 한과 마이트너의 두 논문은 핵분열이 무기로 쓰일 수 있다는 가능성 때문에 과학계를 흥분의 도가니로 몰아넣었다.

오토 한은 마이트너가 독일을 탈출하기 직전까지 30년간 그녀와 공동연구를 했음에도 1944년 단독으로 노벨 화학상을 수상했고, 시상식 강연에서조차 핵시대를 열게 한 마이트너의 결정적인 역할에 대해 한마디도 언급하지 않았다.

그렇다면 한은 1939년 1월 핵분열 반응에 대한 논문에서 왜 30년 친구이자 공동 연구자인 리제 마이트너의 이름을 넣지 않았을까? 그 이유에 대해 사람들은 나치 정권하에서 유대인을 공동 저자로 넣는 것은 정치적으로 위험한 일이었기 때문이라고 말한다. 당시의 정치적 상황이나 과학을 잘 알지 못하는 사람들은 화학자인 한이 핵분열을 발견하고 물리학자인 마이트너는 단순히 설명만 했을 뿐이라고 생각했다. 그러나 관성의 법칙 때문인가? 한은 이후에도 계속해서 마이트너의 역할을 악의적으로 축소해 말했다고 한다.

마이트너는 자신의 발견이 세계를 파괴하는 용도로 쓰이는 것을 원하지 않아 원자탄을 만드는 맨해튼 프로젝트에 참여해 달라는 요청을 거부했다. 마이트너는 비록 노벨상을 받지는 못했지만, 1945년에 스웨덴 과학학술원의 외국인 회원, 1949년에는 베를린 과학학술원 회원으로 선출되었고 막스 플랑크 메달과 1966년에는 프리쉬와 함께 엔리코 페르미 메달을 수상했다.

스웨덴에서 22년을 거주한 후, 그녀는 82살 되던 1960년 조카 프리쉬와 그의 가족이 있는 영국 케임브리지로 가서 여생을 보내다가 1968년 90세 생일을 앞두고 세상을 떠났다. 마이트너의 묘비에는 '결코 인류애를 잃지 않았던 물리학자' 라는 묘비명을 새겨졌다. 흥미롭게도 오토 한도 같은 해 마이트너보다 석 달 전쯤 먼저 세상을 떠났다.

1997년 국제 과학계는 1982년 독일 연구팀이 새로 발견한 109번 원소를 공식적으로 마이트너륨(meitnerium: 원소기호 Mt)이라고 명명하여 그녀의 업적을 기렸다. 평생 독신으로 살면서 오로지 물리학에 쏟았던 마이트너의 애정이 다음 문장에 잘 드러나 있다.

"나는 온 마음을 다하여 물리학을 사랑한다. 이것은 어떤 사람이 많은 면에서 감사하게 생각하는 사람에 대하여 갖는 그런 사적인 사랑과 같다."

— 리제 마이트너, 1915

9. DNA 구조 발견의 숨은 공헌자

– 요절한 천재, X선 결정학자 로절린드 프랭클린

Rosalind Franklin(1920~1958)

19세기까지 과학자들은 유전 정보가 염색체의 단백질 안에 들어 있다고 생각했다. 그런데 1944년 록펠러 의학연구소의 연구원이자 의사인 에이버리(Oswald Theodore Avery)가 동료들과 함께 형질 전환을 일으키는 물질은 디옥시리보핵산(Deoxyribonucleic Acid, 이하 DNA)이며, DNA가 세포의 기본적인 유전물질임을 밝혀내면서 유전학에 새로운 장을 열게 된다.

1952년에는 생명체를 만드는 데 필요한 모든 정보를 저장하고 있는 유일한 유전물질로서의 독점적인 역할을 하는 DNA에 대해 많은 것이 밝혀졌다. 하지만 그때까지도 DNA의 구조는 해석하기가 매우 어려워 알려져 있지 않았다. 따라서 1953년 왓슨(James Watson)과 크릭(Francis Crick)의 DNA 이중나선 구조 발견은 현대 과학사에 길이 남는 기념비적인 사건으로 기록된다.

DNA 구조의 발견은 유전학과 진화론에서부터 생화학과 의학 연구에 이르기까지 많은 분야에서 급속도로 큰 발전을 가져온다. 왓슨과 크릭의 연구는 현대 생물학을 근본적으로 바꿔놓았고, 분자 수준에 머물던 생명에 대해 폭발적인 통찰력을 가져왔다. 많은 과학자들은 이 특별한 발견을 20세기의 가장 위대한 지적(知的) 업적이라고까지 일컫는다. 왓슨은 1968년 출판한 《이중나선》에서 저명한 과학자들—크릭·왓슨·윌킨스(Maurice Wilkins)와 폴링(Linus Pauling)과 로절린드 프랭클린(Rosalind Franklin)—사이에 벌어진 '누가 먼저 DNA의 구조를 알아내는가' 하는 전설적인 경쟁의 드라마가 왓슨과 크릭의 DNA 논문이 발표됨으로써 종지부를 찍었다고 밝혔다.

20세기 초까지, 전통적으로 남성의 영역으로 여겨온 과학 분야에서 여성 과학자들은 성차별로 인한 온갖 냉대를 감수하면서 연구를 수행하여야 했다. 천재 여성 수학자로 널리 알려진 뇌터(Amalie Emmy Noether)도 오랜 기간 무보수로 일하였을 뿐 아니라, 대학에서 자신의 이름으로 강의를 할 수 없어 힐베르트(Hilbert)의 이름을 빌려 강의를 해야 할 정도였다. 그나마 노벨상을 탄 몇 명 안 되는 여성 과학자들을 보면, 이해심이 많은 과학자를 남편으로 두거나 아니면 아예 독신이다.

펄서(pulsar)
일정 주기로 펄스형태의 전파를 방사하는 천체. 1967년 케임브리지대학교의 앤서니 휴이시 교수의 지도를 받던 조슬린 벨 버넬이 처음 발견한 후, 계속된 관측으로 휴이시 교수와 버넬은 펄서의 발견을 확신했다. 이후 휴이시 교수는 펄서 발견 공로로 1974년 노벨 물리학상을 수상했다.

약상호작용
(weak interaction, 弱相互作用)
소립자 사이에 작용하는 약한 상호작용.

과학계에서의 고질적인 성차별 때문에 받아야 할 노벨상을 받지 못했다고 생각되는 4명의 여성 과학자로는, 연쇄반응으로 이끌어가는 핵분열 과정을 알아낸 핵물리학자 리제 마이트너(Lise Meitner), **펄서**(Pulsar)를 발견한 천문학자 조슬린 벨 버넬(Jocelyn Bell Burnell), **약상호작용**(weak interaction)에서 홀짝의 대칭성이 있는지 불확실하다고 지적한 실험 핵물리학자

우젠슝(吳健雄), 그리고 DNA 구조의 비밀을 푸는 결정적 X선 자료를 만들어낸 로절린드 프랭클린이 있다.

로절린드 프랭클린은 DNA, RNA, 바이러스, 석탄과 흑연의 구조를 이해하는 데 결정적인 기여를 한 선구적인 영국의 생물물리학자이며 X선 결정학자이다. 그녀의 업적 중에서도 유전 정보가 어떻게 부모에서 자식에게 전달되는지 이해하는 데 중요한 DNA 구조의 발견은 로절린드를 세계적으로 유명하게 만든 가장 큰 업적이다.

그러나 여성이었기에 DNA 구조 발견이라는 위대한 업적을 왓슨과 크릭에게 도둑질 당했다고 여성 운동가들이 분통터져 하는 비운의 히로인 로절린드 프랭클린과 치열했던 노벨상 경쟁 드라마의 뒷얘기를 살펴본다.

| 로절린드 프랭클린의 생애 |

로절린드 프랭클린(Rosalind Franklin, 1920~1958)은 런던 노팅힐에서 부유하고 영향력 있는 영국 유대인 집안의 5남매 중 둘째로 태어났다. 어린 시절부터 특출한 학자적 소질을 보여서 세인트폴 여학교에 다닐 때는 특히 과학, 라틴어, 스포츠에 뛰어났다. 반면 음악에는 별로 소질이 없어 음악 선생님은 프랭클린이 열심히 노력하여 겨우 음정을 맞출 정도였다고 말한다.

로절린드 프랭클린

로절린드는 불과 12살에 과학을 전

공하기로 결심했다고 하며, 그녀의 어머니는 "로절린드는 자신이 무엇을 하고 싶은지 정확히 알고 있었다"고 말한다. 아버지는 여성의 직업으로 적당한 사회복지사가 되기를 원했지만, 1938년 프랭클린은 케임브리지 대학교 뉴넘칼리지(Newnham College)에 입학하여, 자연과학 중 물리화학을 전공했다.

제2차 세계대전이 발발하자 케임브리지 대학은 전쟁을 피해서 온 각국의 많은 과학자들을 받아들였는데 그 중에 프랑스 여성 과학자 베유(Adrienne Weill)도 있었다. 베유는 1940년 뉴넘칼리지에 도착한 이후 프랭클린의 멘토이자 친한 친구가 된다. 1941년 대학을 졸업한 프랭클린은 광화학의 선구자로 유명한 노리시(R. G. W Norrish) 밑에서 1년간 연구를 했다. 그녀는 전쟁기간 동안 국민동원령의 요건을 충족시키며 박사학위를 할 수 있는 연구직 자리를 구했는데, 마침 노리시가 고문으로 있던 영국석탄활용연구협회(British Coal Utilization Research Association: BCURA)에 자리가 났다.

프랭클린은 그 후 4년간 석탄과 탄소의 미세구조와 '왜 어떤 석탄들은 물, 가스, 또는 용매가 좀 더 잘 침투하는가'를 규명하는 연구를 했다. 이 연구로 〈석탄 및 관련 물질들에 관한 고체 유기 콜로이드의 물리화학〉이란 논문을 써서 1945년 박사학위를 취득하고 5편의 학술 논문을 출판했다.

전쟁이 끝난 후, 프랭클린은 베유에게 프랑스에서의 일자리를 부탁하는데, 베유는 1946년 한 학술대회에서 그녀를 프랑스 국립과학연구센터(CNRS) 소장 마티유(Marcel Mathieu)에게 소개했다. 프랭클린은 CNRS의 메링(Jacques Mering) 실험실에 연구원으로 취직하여, 그곳에서 X선 회절 분석법을 사용하여 어떻게 탄소를 분석하는지와 여러 가지 실험기법을 배워 X선 회절에 매우 능숙하게 되었다. 그녀의 흑연화 탄소와 비흑연화 탄소구조의 상세한 연구는 탄소섬유와 새로운 내열재료의 개발에 기초가 되어 프랭클린은 탄소화학자로 국제적인 명성을 얻게 되었다.

X선 회절
X선을 결정에 비출 때 생기는 회절 모양을 해석하여 결정 구조를 밝히는 방법.

프랭클린은 파리의 생활에 만족하고 자유를 만끽했다. 일상생활에서나 직장에서나 동등한 인격체로 존중해 주고 연구 능력을 인정받는 분위기 때문이었는데 파리에서의 4년은 그녀의 생애 중 가장 행복했던 시절이었다. 많은 친구들과 과학, 정치, 철학을 토론하며, 난생 처음으로 독립적이며 지적이고 자유로운 삶으로 즐겁게 생활했다. 하지만 프랑스에서는 영구적인 직장을 찾기가 어려워 영국으로 돌아가기로 결정한다. 그녀의 친구인 이론화학자 쿨슨(Charles Coulson)은 프랭클린이 분자구조를 밝히는 데 중요한 X선 결정학 분야에서 많은 경험을 쌓았으므로, 생물학적인 큰 분자의 X선 회절에 대한 연구를 해보라고 조언해 주었다. 1950년 프랭클린은 3년 계약의 펠로십을 받아 런던대학 킹스칼리지에서 랜들(John T. Randall)의 의학연구부 생물물리 부서(Medical Research Council Biophysics Research Unit: MRCBRU)의 연구원으로 취직을 한다.

| 고통스런 킹스칼리지 시절과 DNA 연구 |

프랭클린의 킹스칼리지 생활(1951~1953)은 출발부터 어긋나기 시작했다. 팀원인 모리스 윌킨스(Maurice Wilkins)는 핵산과 DNA의 X선 회절에 대해 연구하고 있었는데, 윌킨스와의 오해에서 시작된 관계가 최악으로 발전하면서 프랭클린의 인생은 꼬이기 시작했다. 결국 그녀는 노벨상은커녕 생존해 있는 동안 DNA 구조 발견에 기여한 결정적인 공헌도 인정받지 못하게 된다.

오해의 발단은 사소한 것이었다. 윌킨스가 휴가를 떠나고 없는 동안 프랭클린이 연구실에 도착했는데, 랜들은 몇 달 동안 아무도 손대지 않고 있던 DNA 프로젝트를 그녀에게 맡기면서 대학원생 고슬링(Raymond Gosling)의 연구를 지도하라고 했다.

이러한 사실을 모른 채 휴가에서 돌아온 윌킨스는 프랭클린을 자신의 실험실 조수로 오해하여 처음부터 두 사람은 어색한 관계로 출발하게 된다. 비록 오해는 풀렸지만 둘의 관계가 악화일로를 걷게 된 것은 두 사람의 성격 차이가 워낙 커서 서로 맞지 않았기 때문이다. 강렬한 눈빛을 가진 프랭클린은 대화를 할 때 상대방의 얼굴을 똑바로 쳐다보며 솔직하고 직선적인 표현을 서슴지 않고 논쟁을 두려워하지 않는 데 비해, 윌킨스는 말할 때도 상대방의 눈을 쳐다보지 않고 조심스럽게 계산하여 말하는 내성적인 성격이어서 프랭클린의 태도가 위협적이라고 느낀 것이다.

게다가 킹스칼리지는 프랭클린이 익숙해 있던 프랑스의 자유분방하고 여성을 동등하게 대하는 분위기와는 달리 남성우월주의가 강했다. 한 예로 킹스칼리지에는 남성 교수나 연구원들만의 안락한 클럽 같은 '휴게실'이 있어 함께 식사를 하며 많은 정보를 주고받았고 일과 후에는 남성 전용 술집에서 여러 가지 정보를 교환하곤 했다. 이런 모임에서 배제될 수밖에 없었던 프랭클린은 자연히 킹스칼리지에서의 생활이 행복하지 않았다.

1951년 초 킹스칼리지에 도착한 이후 6개월이 지나도록 프랭클린은 윌킨스와는 아무 관련 없는 사람처럼 서로 각자의 일을 하며 지냈다. 이렇게 지내는 것이 프랭클린에게는 문제가 없었지만 윌킨스는 달랐다.

윌킨스는 케임브리지 대학 캐번디시 실험실로 친구 크릭(Francis Harry Compton Crick)을 찾아가곤 했다. 크릭은 왓슨과 함께 DNA 분자의 모형을 만들고 있었는데 윌킨스는 그들과 여러 가지 정보를 나누면서 협력 관계가 된다.

왓슨(James Dewey Watson)은 동물학자이자 생물학자이며 유전학자로 1947년 시카고대학 동물학과를 졸업하고 인디애나 대학에서 1950년 박사학위를 받는다. 그는 분자생물학에 흥미를 느껴 단백질로부터 어떻게 X선이 회절되는가 하는 것을 배우기 위해 1951년 봄, 캐번디시 연구소의 로렌스 브래그경(아버지 윌리엄 브래그경과 함께 1915년 X선 결정학 분야로 노벨상을 수상했다)의 X선 팀에 와 있었다. 팀의 책임자인 페루츠(Max Perutz) 교수는 X선 결정학에 대해 잘 아는 크릭에게 왓슨과 연구실을 같이 쓰면서 그를 지도하라는 임무를 맡겼다.

쉴새없이 말하기를 좋아하는 크릭과 속을 내보이지 않는 왓슨은 극명하게 성격이 달랐지만 둘은 금세 죽이 잘 맞았다. 며칠 후 왓슨은 상대적으로 간단하고 잠재적으로 더 중요한 DNA의 구조를 목표로 삼고 크릭에게 "폴링을 모방하여, 폴링의 게임에서 그를 이기자"라는 공격 방법을 말했고, 둘은 즉각 의견일치를 보았다. 이는 1951년 폴링이 단백질의 이차구조의 하나인 획기적인 알파나선 구조의 해석에서 X선 자료, 분자모형 구축의 접근방법을 성공적으로 응용한 것을 의미한다.

1950년대 초까지 과학자들은 DNA처럼 복잡한 생물학적 분자들의 구조를 어떻게 규명하는가를 막 파악해가는 중이었다. 그런데 문제는

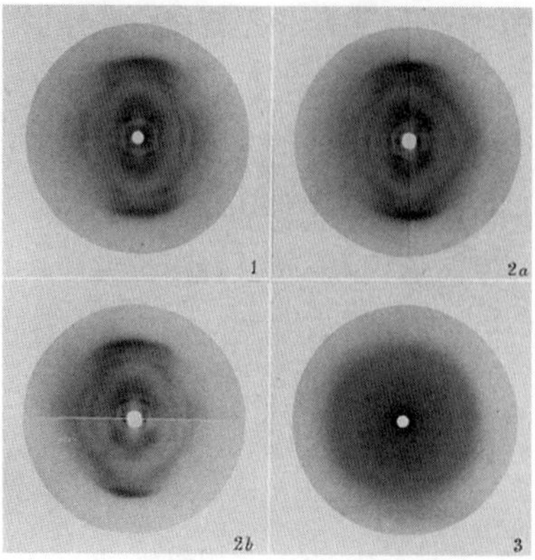
애스트버리의 DNA 사진

DNA 결정구조를 해석하기가 거의 불가능할 정도로 흐릿한 회절패턴밖에 얻지 못했다는 점이다.

한편 프랭클린은 대학원생 고슬링과 함께 일하면서 뛰어난 전문적인 X선 회절기술을 DNA 구조에 적용하고 물리화학적 배경을 사용해 두 가지 형태의 DNA가 있다는 놀라운 발견을 한다. 즉 높은 습도에서는 젖은 DNA 섬유는 길고 가늘며, 건조되면 짧고 굵어지는데, 만일 습도가 변하면 시료는 전혀 다른 형태로 바뀌었다. 프랭클린은 이를 각각 DNA 'B형'과 DNA 'A형'이라고 이름 지었다. 애스트버리(William Astbury)의 DNA X선 사진(위의 사진 참조)에서 보는 것처럼, DNA X선 회절 패턴이 왜 그렇게 흐릿했는지, 그 이유가 'A형'과 'B형'의 두 결정 형태가 시료에 혼합되어 있기 때문이라는 것이 프랭클린에 의해 밝혀진 것이다.

DNA에 두 가지 형태가 존재한다는 것을 알아낸 후 프랭클린은 독창적이고 고난도의 방법을 개발하여 두 가지 형태의 분리에 성공하고, 분석 가능한 회절 패턴을 얻을 수 있을 정도의 순수한 DNA 결정을 처음으로 만들어냈다. B형 X선 사진은 이중나선을 암시하는 흐릿한 X자 모양을 나타내고 있었는데, 물은 쉽게 인산 뼈대에 달라붙고 DNA는 쉽게 수화(水化)되거나 탈수되기 때문에 프랭클린은 인산 뼈대는 바깥쪽에 있고 염기가 안쪽에 있어야 한다고 추측했다.

1951년 9월 프랭클린은 세미나에서 그때까지 얻은 자료에 대해 발표했는데, 청중 속에 있던 한 사람이 왓슨이었다. 폴링이 분자 모형을 연구하여 성공을 거둔 것에 영감을 받았던 왓슨은 프랭클린의 세미나를 들은 후 곧 케임브리지로 돌아와 프랭클린의 발표에서 보고 들은 것을 기초로 하여 크릭과 함께 첫 번째 DNA 모형을 만든다.

그러나 X선 결정학에 대해 잘 알지 못했던 왓슨은 프랭클린의 세미나를 제대로 이해하지 못한 채, 삼중나선 구조에 염기(A, G, C, T)가 바깥쪽에 튀어나와 있는 모형을 만들었다. 그들은 프랭클린과 윌킨스를 초청하여 모형을 보여주었고, 프랭클린은 기본조차 안 된 엉터리 모형이라고 두 사람이 만든 DNA 모형을 신랄하게 비평했다. 그 사건을 전해들은 브래그경은 자존심에 상처를 입어 크릭과 왓슨의 DNA 연구를 금지시켰다.

| DNA 구조의 열쇠, '사진 51' |

1952년 5월, 프랭클린은 처음으로 DNA B형의 선명한 X선 사진을 얻었다. X선을 100시간 쪼여 얻은, '사진 51'로 알려진 프랭클린의 DNA 'B형' X선 회절 사진은 DNA 구조를 알아내는 데 결정적인 증거로서 유명해진다. 영국의 X선 결정학의 선구자로 저명한 버날(John Desmond Bernal)은 "프랭클린의 사진은 어떤 물질이든 지금까지 찍은 X선 사진 중 가장 아름다운 것"이라고 말한다.

그러나 연구에 관한 한 완벽주의자인 프랭클린은 DNA가 이중나선임을 보여주는 명백한 자료를 서둘러 발표할 생각을 하지 않은 채, 'A형'에 대한 정보를 더 얻기 위하여 그 해 겨울을 보낸다. 그러고 난 후에야 1953년 초 'A형' 'B'형 모두 이중나선이라고 결론을 짓는다. 이로써 모든

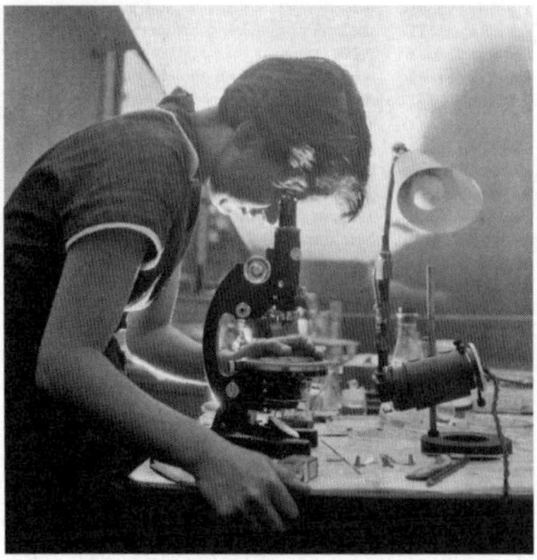

로절린드 프랭클린

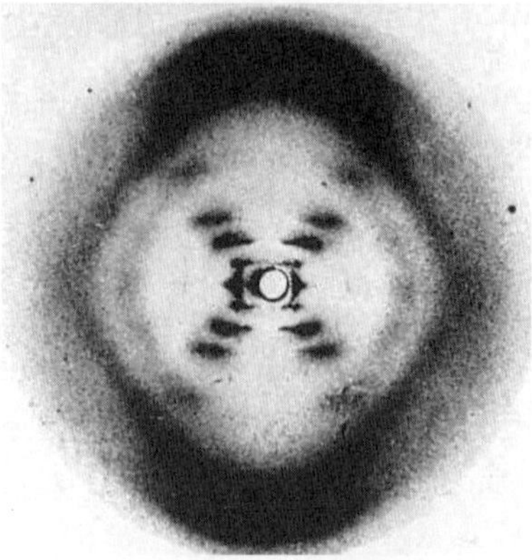

프랭클린의 DNA 회절사진 'photograph 51'

수수께끼는 풀렸으나, 이중나선 안쪽의 염기가 어떻게 짝을 짓고 있는지는 X선 데이터에서 얻을 수 없었다. 그러나 플랭클린은 **샤가프의 법칙**(Chargaff's rule)에 정통했고, 모든 사실이 그녀의 손안에 있어, DNA 구조의 마지막 수수께끼를 알아내는 것은 시간 문제였다.

샤가프의 법칙
DNA 조성에 관한 법칙으로, DNA의 염기는 아데닌(A)과 구아닌(G)이 속해 있는 퓨린염기와 사이토신(C)과 티민(T)이 있는 피리미딘염기로 이루어져 있는데, 이 중 A와 T의 양이 같고 C와 G의 양이 같다는 법칙.

한편 미국에서는 폴링이 DNA 구조에 대해 연구하고 있었는데, 수수께끼의 답에 매우 근접해 있었다. 폴링은 '화학결합의 본질에 대한 연구와 복잡한 물질의 구조를 설명하는 데 이를 적용한' 업적으로 1954년 노벨 화학상, 1962년에는 노벨 평화상을 받은 분자구조의 이론과 실제에 정통한 세계적인 물리화학자이다. 1952년 5월 폴링은 영국에서 열리는 학술회의에 참석해 기조연설도 하고 영국 대학의 중요한 결정학 연구실을 방문하려고 비자를 신청했으나, 미국 정부는 반핵주의자인 폴링이 공산주의자라는 이유로 비자 발급을 거부한다.

역사에 가정법은 없지만, 만일 비자가 발급되고 폴링이 프랭클린을 만

나서 '사진 51'에 대한 자료를 얻어 서로 협력할 수 있었더라면, 아마도 두 사람이 먼저 DNA 구조를 풀었을 것이다. 결국 폴링은 공산주의자가 아니라는 진술서를 쓰고 뒤늦게 7월 14일 비자를 받을 수 있었다. 1952년 11월 영국에서 돌아온 지 3개월 후에야 폴링은 DNA에 대한 연구를 진지하게 시작한다. 그는 결정적인 자료가 부족했지만, 흐릿한 애스트버리의 DNA X선 회절패턴과 캘리포니아 공과대학의 윌리엄스(Robley Williams)의 핵산염 리보핵산나트륨 전자현미경 사진을 토대로, 크릭이 맨 처음 생각했던 것처럼 DNA가 삼중나선이고 인산이 안쪽에 들어 있다고 생각한다. 불행히도 폴링은 프랭클린의 'X선 사진 51'을 보지 못한 것이다.

왓슨과 크릭은 브래그경으로부터 DNA 연구는 킹스칼리지 팀에게 맡기라는 말을 들었지만 두 사람은 몰래 연구를 계속했다. 그러던 중 폴링이 DNA 수수께끼를 먼저 풀지 않을까 염려한 브래그경은 공식적으로 왓슨과 크릭에게 연구를 계속해도 좋다는 승인을 한다. 생화학에 대한 지식이 전혀 없던 왓슨은 이중나선 안쪽에 염기의 짝짓기의 중요성과 수소결합의 중요성을 알지 못했다. 그러나 행운의 여신은 그들 편이었다. 1952년 7월 캐번디시 연구소를 방문한 샤가프는 크릭이 DNA에 관심이 많으나 샤가프의 염기동량설도 모르는 것을 보고 그에게 아데닌(A)과 티민(T), 그리고 구아닌(G)과 사이토신(C)은 각각 항상 같은 양으로 존재한다는 것을 가르쳐 주었다.

1953년 1월, 폴링은 케임브리지 캐번디시 연구소에서 공부하고 있는 아들 피터(Peter Pauling)에게 DNA에 관한 자신의 논문 초고를 보낸다. 그동안 피터에게서 폴링의 DNA 연구에 관한 정보를 얻어왔던 왓슨은 이번에도 폴링의 논문 초고를 손에 넣었다. 논문에서 폴링은 DNA의 구조가 삼중나선이라고 가정하고, 인산 뼈대가 안쪽에, 염기가 바깥쪽에 있는 모델을 제시했다. 그러나 이 가설은 원자가 너무 촘촘히 붙어 있었고, DNA가 어떻게 유전 정보를 갖고 있는지 설명할 수 없었다. 왓슨은 폴링의 논문을 프랭클린에게 가지고 가서 논평해 달라고 부탁했으나 그녀는 쓰레기라고 묵살해 버린다. 한편 피터는 2월 중순경 아버지에게 편지를 보내 영국에서는 폴링의 DNA 구조에 대해 매우 비판적이라는 내용을 전한다.

실험자료조차 없이 오직 뜨거운 열정과 불안감만을 가지고 DNA 모형에 대해 연구하고 있던 왓슨과 크릭에게 결정적인 기회가 찾아왔다. 1953년 1월 킹스칼리지의 윌킨스가 프랭클린 몰래 '사진 51'을 그녀와 경쟁관계에 있는 왓슨에게 넘김으로써 DNA 역사의 항로는 완전히 바뀌었다. 훗날 왓슨은 '사진 51'을 보고 난 후 "내 입은 벌어지고 맥박은 마구 뛰었다"라고 말했다. 1953년 2월 중순경, 크릭의 지도교수 페루츠(Max Perutz)는 프랭클린의 결정학적 계산이 들어 있는 의학연구협회 보고서 사본을 크릭에게 넘겼다.

1953년 3월 7일 왓슨과 크릭이 DNA 모형을 완성하기 하루 전, 윌킨스는 두 사람에게 보낸 편지에서 "프랭클린이 마침내 킹스칼리지를 떠났으니, 이제 우리들 모두가 손을 모아 거들어야 한다"고 썼다.

한편 왓슨과 크릭이 DNA 논문을 먼저 발표하기 위해 총력을 기울이고 있다는 사실도, 그녀의 결정적 X선 데이터가 그들의 수중으로 넘어간 사실도 전혀 모르고 있던 프랭클린은 2월 말 킹스칼리지를 떠났다. 그녀는 고슬링과 함께 DNA 'A형' 구조가 이중나선이며 역방향으로 꼬여 있고, 특정한 염기 짝짓기를 하고 있다는 논문의 초고를 1953년 3월 17일 완성했다.

그러나 왓슨과 크릭은 1953년 3월 18일 〈DNA의 구조〉라는 제목의 논문을 제출함으로써, 초고를 써놓고 아직 제출하지 않은 프랭클린을 젖혔다. 1953년 4월 25일자 〈네이처〉지에는 DNA 구조에 대한 3편의 논문이 나란히 실리게 된다. 첫 번째로 실린 크릭과 왓슨의 논문은 실험 증거도 참고문헌도 없이 단지 가정만 있는 그들의 모형을 자세히 설명했고, 두 번째는 윌킨스와 그의 동료 A. R. 스토크스, H. R. 윌슨의 논문으로, DNA 분자의 나선 구조를 일반적인 차원에서 설명하는 X선 자료를 제시했다. 세 번째로 실린 프랭클린과 고슬링의 논문은 3월의 논문을 수정한 것으로, 가장 중요한 점은 왓슨과 크릭이 몰래 가져간 'B형' 구조의 X선 회절 사진을 처음으로 공개적으로 실었다는 사실이다.

그런데 논문이 실린 순서가 외견상 보기에는 첫 번째로 실린 왓슨 크릭의 DNA B형에 대한 이론적인 모델을 다른 두 논문들이 실험적으로 뒷받침해 주고 있는 것처럼 보인다. 여기서 꼭 언급하고 지나가야 할 점은 왓슨과 크릭은 (자신들이 프랭클린 몰래 '사진 51'을 가져간 것을 스스로 인정할 수는 없었겠지만) 그들의 논문에서 프랭클린의 X선 사진에 대해 전혀 언급하지 않았다는 사실이다.

프랭클린은 1953년 2월, 힘들었던 킹스칼리지에서의 DNA 연구를 끝내고 1953년 3월 버크벡칼리지(Birkbeck College)의 버날(J. D. Bernal) 연구실로 옮긴다. 킹스칼리지와는 사뭇 다른 분위기 속에서 프랭클린은 RNA, 담배모자이크병 바이러스, 소아마비 바이러스에 관한 선구적인 연구로 명성을 얻는다. 그러나 1956년 난소암에 걸려, 자신의 보고서와 '사진 51'이 크릭과 왓슨의 DNA 구조모형의 결정적 자료가 된 것도 모른 채 2년 후인 38살의 나이에 요절했다. 그녀가 죽은 지 4년 후인 1962년 로절린드 프랭클린을 제외한 왓슨, 크릭, 윌킨스 세 사람은

'DNA 이중나선 구조'로 노벨 생리·의학상을 공동 수상했다. 노벨상은 생존해 있는 사람에게만 수여한다는 규정 때문에 프랭클린이 제외된 것은 어쩔 수 없다 하더라도, 그녀의 업적이 도둑질 당한 것과 그 당시 전혀 인정받지 못한 점 등으로 프랭클린은 여성운동의 아이콘이 되어 큰 반향을 불러온다.

안타깝게도 그녀가 잃어버린 것은 노벨상이 아니라, 그녀의 천재성을 꽃피우지 못하고 일찍 세상을 떠난 '생명' 그 자체였던 것은 아닐까?

| 과학계에서의 성 차별 |

20세기 중반까지만 해도 일반적으로 여성이 남성보다 지적으로 열등하다는 편견이 보편적이었다. 특히 전통적으로 남성의 영역이라고 생각되어온 과학·기술 분야에서는 그 정도가 더욱 심했다. 윌킨스가 자신과 동등한 지위에 있는 프랭클린을 자신의 기술자처럼 취급하려 했다는 것도 충분히 이해할 수 있다. 프랭클린이 그에 굴하지 않고 당당히 맞서 동료로서 동등하게 대할 것을 요구하고, 그런데다 열등해야 할 여성이 자신보다 뛰어난 것을 알았을 때 당시의 남성우월주의자들의 분노와 악의적 언행이 어찌했을지는 안 봐도 뻔하다. 만일 프랭클린이 조금만 영악해서 '여성스러움'을 앞세워 그들의 방식대로 게임을 풀어나갔다면

왓슨(왼쪽)과 크릭

아마도 결과가 달라졌을지도 모르겠다. 하지만 프랭클린은 변화구 대신 돌직구를 선택했다.

왓슨은 1968년에 출판한 《이중나선》에서 프랭클린을 괴팍한 노처녀로 묘사한다. 화장은커녕 립스틱도 안 바르고 머리는 제멋대로이며 옷차림은 마치 공부밖에 모르는 노처녀 티가 나게 입고 다닌다는 식으로 험담을 했다. 왓슨 자신이 X선 결정 데이터도 해석하지 못할 정도로 능력이 부족하며, 아마도 자신의 노벨상 수상에 프랭클린이 결정적으로 기여한 데서 비롯된 자격지심 때문이 아니었을까? 프랭클린이 남성우월주의자들에 둘러싸여 불행했던 킹스칼리지에 마침내 사표를 냈을 때, 그녀와 앙숙 관계에 있던 윌킨스는 의기양양하여 "사악한 주술의 연기가 곧 실험실에서 걷히게 된다"고 크릭에게 편지를 썼다.

프랭클린을 무시하는 식으로 묘사한 왓슨의 《이중나선》 책은 오히려 반전을 가져왔다. 플랭클린의 오랜 친구인 신문기자 앤 소여(Anne Sayre)가 《로절린드 프랭클린과 DNA》라는 제목으로 프랭클린의 전기를 출판한 것이다. 이 책으로 인해 거의 알려지지 않았던 프랭클린의 공적이 세상에 알려지게 되었다. 이제 프랭클린은 부당한 대우를 받은 히로인으로서, 여성운동의 아이콘으로 떠오르게 되었다. 여성들은 프랭클린이 노벨상을 도둑맞았다고 분노했고, 남자들끼리의 요새 속에서 여성들을 왕따 시키는 성차별에 대해 공론을 일으켜 그녀의 이야기는 책으로 영화로 연극으로 무대에 올랐다.

뉴턴의 말 중에 다음과 같은 유명한 말이 있다.

"내가 더 멀리 볼 수 있었다면, 그것은 단지 거인들의 어깨에 올라설 수 있었기 때문이다."

그런데 문제는 과학의 역사에서 거인들은 남성들에게만 목말을 태워

줄 뿐 아니라, 끼리끼리 서로서로에게 목말을 태워준다는 사실이다.

이제는 과학·기술 분야에서 여성도 포함하여 목말을 태워주기 바라며, 대한민국 역사상 첫 여성 대통령이 등장한 만큼 이공계를 포함한 사회 각 분야에서 새로운 변화의 바람이 불어오기를 기대한다.

10. 열역학의 창시자들은 왜 자살을 선택했나?

– 인간 화학열역학 교과서 괴테의 〈친화력〉

Mayer, Lewis, Bridgman, Boltzmann, Ehrenfest

대학에서 은퇴하기 전 강의했던 과목들 중의 하나가 열역학이었다. 열역학은 학생들이 매우 어려워하는 과목 중의 하나로 실상은 교수들도 담당하기 싫어하는 과목이다.

열역학에 대해 근대 물리학 형성에 크게 기여한 이론 물리학자 조머펠트(Arnold Sommerfeld)의 말을 인용해 본다.

"열역학은 괴상한 과목이어서 여러분이 맨 처음 열역학을 공부할 때는 도대체 무슨 소리인지 이해를 못 한다. 두 번째 공부할 때는 한두 가지 작은 부분만 빼놓고는 다 이해한다고 생각한다. 여러분들이 세 번째 공부를 할 때는 다시 이해를 하지 못했음을 깨닫는다. 그러나 그때쯤에는 여러분들은 너무 익숙해져 있어서 그런 사실에 별로 신경을 쓰지 않게 된다."

그런데 열역학의 창시자라고 할 만한 마이어, 루이스, 브리지먼 그리고 통계열역학의 창시자 볼츠만, 에렌페스트의 공통점은 모두 자살을 시도

했거나 자살로 생을 마감했다는 사실이다. 이런 것을 보면 열역학이란 어쨌든 조심스럽게(!) 다루어야 할 학문일지도 모르겠다. 그렇다고 대략 난감한 열역학이 자살의 원인이라기보다는 오히려 소위 인간의 화학열역학적 관계가 자살의 원인일 것 같다. 열역학과 통계열역학의 창시자들의 죽음에 대해 먼저 간단히 살펴본다.

| 자살로 생을 마감한 열역학의 창시자들 |

마이어

독일의 의사이자 물리학자인 마이어(Julius Robert Mayer, 1814~1878)는 1840년 선박의 의사로 네덜란드 배에 동승해 동인도 제도로 항해하면서 선원들의 피 색깔이 더 붉다는 것을 관찰했다. 귀국 후 1842년 그는 열대지방과 유럽의 온도 차이가 체내의 물질대사와 관련이 있고 따라서 피의 색깔이 다르다는 것을 알아내어 열역학 제1법칙을 〈화학과 약학 연보(Annals of Chemistry and Pharmacy)〉에 발표했다.

그러나 그의 에너지 보존의 법칙은 무시되었고 유명한 열역학자 헬름홀츠(Hermann von Helmholtz)와 줄(James Prescott Joule)은 그의 아이디어에 대해 신랄하게 공격했다. 1845년 줄의 《열의 역학적 등가성》이 출판되어 줄이 열역학 제1법칙의 발견자로 널리 인정을 받게 되자 마이어와 줄은 누가 먼저 에너지보존의 법칙을 발견했는가 하는 우선권을 놓고 격렬한 논쟁을 벌였다. 이런 와중에 1848년 마이어의 자식들 중 두 명이 잇달아 죽자, 그는 심한 우울증에 빠져 1850년 자살을 시도하고 1851년에는 정신병원에까지 들어가게 되었다.

루이스

루이스(Gilbert Newton Lewis, 1875~1946)의 죽음이 자살 논란을 불러일으킨 데는 이유가 있었다. 오랜 라이벌인 노벨상 수상자 랭뮤어(Irving Langmuir)와 함께 점심을 먹고 난 지 불과 몇 시간 후 루이스가 자신의 실험실에서 액체 시안화수소 누출로 사망했기 때문이다. 두 사람 사이의 라이벌 의식은 역사가 깊은데, 루이스가 처음 제창한 원자가 이론을 랭뮤어가 더 발전시켜 1910년 **루이스-랭뮤어 원자가이론**으로 알려지게 되면서 시작되었다. 더구나 랭뮤어는 표면화학에 대한 연구로 1935년 노벨 화학상을 받았지만 루이스는 무려 35번이나 노벨상 지명을 받고도 끝내 수상하지 못했다. 루이스는 버클리 캠퍼스에 명예박사 학위를 받으러 온 랭뮤어를 만나고 난 후 사망했는데, 루이스와 가까운 일부 과학자들은 그가 자살한 것이 아닌가 추측하기도 했다.

루이스-랭뮤어 원자가이론 (Lewis-Langmuir theory of valence)
화학결합을 설명하기 위해 1910년대에 제창된 이론으로, 팔우설(八偶說)·옥텟이론이라고도 한다. 비활성기체의 가장 바깥껍질 전자수가 8개라는 사실로부터 루이스는 안정된 화합물에서는 원자를 둘러싸는 가장 바깥껍질에 8개의 전자가 배치된다고 하는 팔우설을 제창하였는데 랭뮤어는 이 팔우설을 더욱 발전시켰다.

브리지먼

미국의 실험물리학자 브리지먼(Percy Bridgman, 1882~1961)은 고압에서의 물성 연구로 유명한데, 초고압에서의 여러 가지 기술 개발로 1946년 노벨 물리학상을 수상했다. 그뿐만 아니라 브리지먼의 열역학 관계식(Bridgman's thermodynamic equations)과 이른바 '브리지먼의 패러독스'도 널리 알려져 있다. 브리지먼의 패러독스란 살아 있는 생물(예를 들면 사람)의 **상태함수**를 계산할 수 없다는 데서 생기는 모순을 말한다.

즉 살아 있는 생물의 **엔트로피**를 계산하려면 가역적으로 진행되어야

상태함수
물질계의 거시적 상태를 특징짓는 양. 열역학적인 평형 상태를 결정하는 에너지, 부피, 압력, 온도, 엔트로피 따위를 이른다.
엔트로피
어떤 변화가 일어날 때 질서도의 증감을 나타내는 열역학적 양.
가역(可逆, reversible)
시간적으로 진행하는 어떤 과정에서, 시간의 방향을 반전한 역과정이 순과정과 완전히 동일하게 일어날 때, 이 과정은 가역이라 한다.

하는데, 살아 있는 생물이 **가역**적으로 창조되거나 파괴되는 어떠한 과정도 있을 수 없기 때문이다. 다르게 표현하면 출생이나 죽음이나 양쪽 다 비가역적 과정들이기 때문이며, 따라서 죽음의 순간에 생물체 안에서 일어나는 엔트로피 변화를 정의할 수 있는 어떠한 방법도 없다. 브리지먼은 치료 가능성이 없는 전이성 암으로 투병하다가 생을 존엄스럽게 마감하기 위해 의사들에게 도움을 청했으나 모두 거절하자 79세에 스스로 권총으로 머리를 쏘아 자살했다.

그런데 브리지먼이 남긴 유서가 안락사나 의사의 도움 자살 등 존엄사를 합법화하자는 논쟁에 자주 인용된다.

"사회가 인간이 이런 행위를 자신이 직접 할 수밖에 없게 하는 것은 옳지 않다. 아마도 오늘이 내 힘으로 할 수 있는 마지막 날이 아닐까?"

볼츠만

볼츠만(Ludwig Boltzmann, 1844~1906)은 오스트리아의 유명한 이론물리학자이며 통계열역학 창시자의 한 사람이다. 그의 생존 당시 원자론이 새로운 과학적 모델로 대두되며 뜨거운 논쟁들을 일으켰다. 오스트리아의 철학자이며 물리학자인 마흐(Ernst Mach)나 독일의 물리학자 오스트발트(Friedrich Wilhelm Ostwald)를 포함해 동시대 대부분의 과학자들이 원자론을 거부할 때 볼츠만은 원자론만이 물리적 세계와 자신

볼츠만의 묘비

의 연구를 설명할 수 있다고 강력하게 옹호했다.

볼츠만의 가장 중요한 과학적 업적 중의 하나는 기체분자들의 속도분포를 나타내는 기체 운동론이며 또한 '맥스웰-볼츠만 통계'와 '에너지의 볼츠만 분포'는 고전통계역학의 기초가 되고 있다. 그는 1870년대 초에 물질의 원자론을 바탕으로 역학법칙을 원자의 운동에 적용하고 확률이론과 결합함으로써 열역학 제2법칙을 설명할 수 있다는 것을 입증했다.

즉 열역학 법칙은 본질적으로 통계학적 확률이라는 것을 공식화하여 'S= k log W'라고 정의했다. 여기서 S는 엔트로피, k는 볼츠만 상수이고 W는 계를 나타내는 상태의 배열방법의 수인데 이 엔트로피 식은 볼츠만의 묘비명이기도 하다.

당시 대부분의 물리학자들은 원자나 분자의 실체를 믿지 않았기 때문에 볼츠만은 곧 격렬한 논쟁의 중심에 서게 되었다. 원자설을 배척한다는 것은 그의 평생의 연구 업적인 기체운동론과 열역학 2법칙의 통계적 해석의 종말을 의미하는 것이었으므로 볼츠만은 깊은 우울증에 빠져 1906년 스스로 목을 매어 자살했다.

그러나 아이러니컬하게도 볼츠만의 죽음 후 곧 원자들에 대한 결정적 증거가 발견되어 다시는 원자의 존재를 의심하지 않게 되었다.

에렌페스트

오스트리아의 물리학자 에렌페스트(Paul Ehrenfest, 1880~1933)는 볼츠만의 뛰어난 제자로 기체론·상대성이론·양자론 등 이론물리학의 여러 분야에서 활약했고 '에렌페스트 정리'를 증명했다. 에렌페스트 정리란 관측 가능 연산자의 기대값을 다루는 정리로, 양자역학적인 기대값이 뉴턴의 고전적 운동방정식을 따른다는 것을 보여준다.

1931년경부터 에렌페스트는 옛 지도교수 볼츠만과 마찬가지로 깊은 우울증에 빠져 있었는데, 그는 다운증후군을 앓고 있던 막내아들을 총으로 쏜 뒤 자살했다.

| 인간 화학 열역학의 선구자, 괴테 |

'인간 화학열역학(Human chemical thermodynamics)'이란 인간을 하나의 반응하는 화학종이나 분자로, 그리고 사회체제를 반응하는 화학종들로 이루어진 계로 생각하여 순수·응용 화학열역학의 논리에 따라 인간의 존재, 경험, 기능을 연구하는 분야이다.

그런데 흥미로운 것은 인간 화학열역학의 창시자 중의 한 사람이 〈젊은 베르테르의 슬픔〉과 〈파우스트〉를 쓴 작가 괴테(Johann Wolfgang von Goethe, 1749~1832)라는 사실이다. 괴테는 소설, 시, 비평, 언론, 미술, 무대연출, 정치, 교육, 과학(화학 지질학, 광물학, 식물학, 해부학) 등 폭넓은 분야에서 왕성한 활동을 하여 박식가(Polymath) 또는 '르네상스맨'이라고 불린다.

괴테

괴테는 '마지막 만능천재', '지성의 왕자', '모든 것을 다 아는 사람', '100가지 학문분야의 학자', '가장 현명한 사람', '인류 역사상 가장 높은 IQ' 등으로 불리며 많은 학자들에게 존경의 대상이 된 인물이다.

인간을 분자관점에서 보는 학문을 '인간 분자과학(human molecular science)'이라고 하는데 인간열역학(human thermodynamics), 인간화학(human

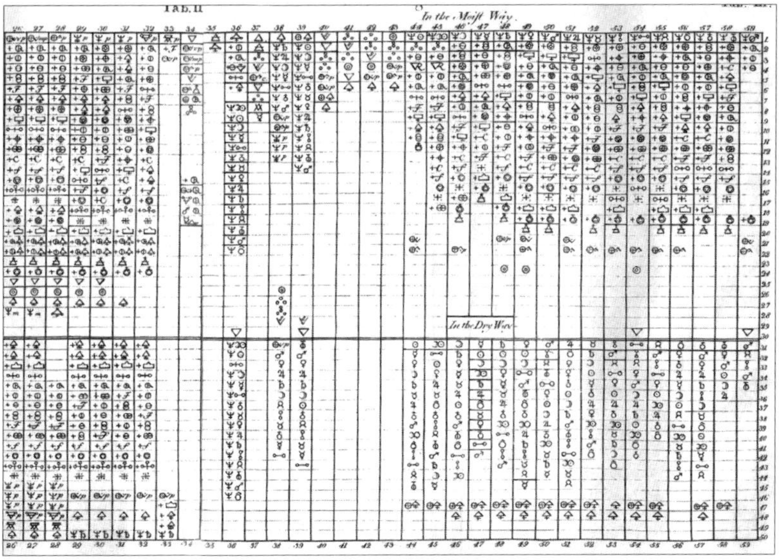

베리만의 친화력 표

chemistry) 인간물리(human physics)의 중요한 세 분야로 이루어져 있다. 그런데 괴테가 그 중 인간 화학열역학의 창시자 중 한 사람이라고 하는 이유는 다음과 같다.

괴테는 스스로 최고의 책으로 꼽은 《친화력(Elective Affinities)》을 1809년에 출간했는데, 이 책에서 그는 인간을 화학종으로 보고 인간들의 움직임, 관계, 상호작용을 마치 화학 친화력(chemical affinity)이 화학반응을 일으키는 원동력이라는 열역학적 원리에 비유하는 혁명적인 아이디어를 제안했다. 요즘 사람들 사이의 관계가 좋을 때 케미스트리가 통한다고 하거나, 또는 남녀관계에서 잘 어울린다는 의미로 사용되는 '케미'라는 말도 어쩌면 괴테에게 최초의 저작권이 있을 듯하다.

스웨덴의 화학자 베리만(Torbern Bergman)은 화학종들을 최초로 A, B, C 같은 표기법을 사용하여 화학반응을 나타낸 화학자이다. 그

괴테의 친화력 표

는 1775년 〈선택적 인력에 대한 논문(Dissertation on Elective Attractions)〉을 발표했는데 그 내용 속에 당시로서 가장 큰 화학 친화력 표(59행 50열)가 포함되어 있다. 베리만의 친화력 표에서(앞의 그림 참조) 각 물질들은 심볼로 나타냈고 맨 첫 번째 가로줄(행)의 물질과 바로 그 아래에 놓인 세로줄(열) 물질의 친화도는 거리가 가까울수록 친화도가 높고 멀리 떨어져 있을수록 친화도가 낮다.

괴테는 베리만의 〈친화력(Elective Affinities)〉이란 논문을 통해 처음으로 이 개념을 알게 되었다. 여기서 화학적 친화력(chemical affinity)이란 화학반응을 일으키는 힘을 말하는데, 좀 더 일반적으로 표현하면 '두 물질이 반응하여 서로 결합하는 경향'을 말한다.

가령 두 물질의 결합체 AB가 있는데, 여기에 A와 더 친화력이 강한 제3의 물질 C를 첨가하면 A는 B에서 분리되어 C와 친화적으로 결합한다는 뜻이다. 흔히 드라마에서 오래된 연인 사이에 끼어드는 '실장님'으로 인해 생기는 삼각관계를 떠올리면 이해가 쉽다. 괴테는 화학물질들이 이렇게 결합하고 분리하는 모형을 〈친화력〉이라는 소설에서 네 인물들의 사랑 관계로 옮겨놓았다. 괴테의 소설에 나오는 여러 인물들 간의 친화력을 베리만의 표처럼 나타내면 위의 표와 같다.

즉 어릴 적 사랑하던 사이였던 에두아르트(Eduard: 친화력표에서 Edu로 표기)와 샤를로테(Charlotte: Cha로 표기)는 집안의 반대로 각자 부유한 집안의 자제와 결혼했다가, 둘 다 배우자와 사별한 뒤 첫사랑을 찾아 마침내 재혼한 부부이다. 그들 집에 친구인 대위(Captain: Cap로 표기)와 샤를로테의 어린 조카 오틸리에(Ottilie: Ott로 표기)가 도착한다.

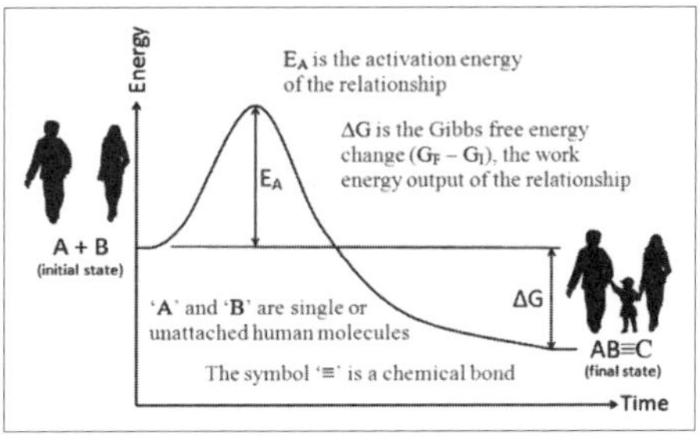

인간 열역학

에두아르트와 오틸리에, 대위와 샤를로테 사이에 더 강한 새로운 감정의 결합이 일어나면서 평화롭던 부부 사이는 붕괴되고 만다. 괴테는 네 사람 사이에서 일어나는 사랑의 반응식을 친화력 표에 따른 화학반응식에 대입하여 설명한다. 그러나 샤를로테와 대위는 자제심이 있어 파멸을 면하지만 에두아르트와 오틸리에 두 사람은 무분별한 정열(또는 친화력?) 때문에 죽음을 가져오게 된다고 스토리를 풀어갔다.

〈인간 열역학 학회지(Journal of Human Thermodynamics)〉는 원자들, 엔트로피, 관계식, 사회, 경제에 대한 인간의 경험 그리고 존재와 열역학적 관계에 대한 주제로 일 년에 두 번씩 출판되고 있다. 이 학회지가 주창하는 모토에 따라 가령 위의 그림에서 A와 B 사이에 일어나는 전형적인 인간관계, 즉 사랑의 반응식을 생각해 보자.

여기서 A와 B는 각각 아직 미혼상태의 인간 분자이고 EA는 활성화 에너지로 화학반응을 개시하기 위해 필요한 최소에너지이다. 다른 말로 표현하면 활성화 에너지는 사회적, 신분적 장벽을 뛰어넘어 결혼까지 이르기 위해 필요한 최소한의 에너지 장벽이며, 이 전형적 사랑의 화학반응식에 따른 최종 산물은 '결혼'과 '자녀'이다. 그리고 이러한 반응이 자발적으로 일어나려면 깁스 자유에너지가 감소하여야 한다.

열역학 제2법칙에 따르면 자발적 반응이 일어나기 위한 또 다른 표현은 엔트로피가 증가해야 하는데, 왼쪽 카툰에서는 한 남성이 두 사람과의 사이에 엔트로피가 증가하고 있다고 고백하고 있다.

여하튼 반평생 대학에서 열역학을 가르쳐 오면서 이러한 분야가 있다는 것을 일찍 알았다면, 다른 것은 몰라도 열역학을 어려워하는 학생들에게 좀 더 재미있는 강의를 해주지 않았을까 하는 아쉬움이 있다.

실상 이러한 분야는 화학과 사회학, 문학, 심리학을 융합해서 설명하기에는 매우 흥미롭지만, 그러나 인간 화학열역학을 가지고 무엇을 예측할 수 있는 보편적인 식을 만들어낼 수 있을지 아직은 매우 의문스럽다.

사물과는 달리 '마음'을 가지고 있는 인간이라는 '분자'는 수시로 어디로 튈지 모르는데, 어떻게 화학, 물리, 수학과 같은 과학에서 추구하는 보편적인 법칙들을 인간분자과학(Hmolscience)에서 도출해낼 수 있을지 모르겠다. 정치권의 여당과 야당, 며느리와 시어머니, 진보와 보수 등 복잡한 방정식 같은 관계를 인간분자과학으로 분석해서 풀 수 있다면 분명 노벨 평화상감이다.

11. 파울리와 융의 이상한 우정
– 동시성, 파울리 효과와 배타원리의 만남

Wolfgang Ernst Pauli(1900~1958)

오스트리아 태생의 스위스 이론물리학자 볼프강 파울리는 심오한 사색가일 뿐 아니라 예리한 통찰력을 가진 양자역학의 선구자들 중 한 사람이다. 파울리는 보어(Niels Bohr), 하이젠베르크(Werner Heisenberg), 디랙(Paul Dirac)과 함께 양자역학, 상대론적 양자장 이론과 양자역학의 정통적인 '코펜하겐 해석'의 주요 창시자들 중 한 사람이다. 어릴 때부터 신동으로 알려진 그는 양자역학과 양자장론(量子場論)에 대한 근본적이고 독창적인 기여와 뛰어난 논평, 그리고 '이론물리의 살아 있는 양심'으로 매우 유명한데, 보른(Max Born)은 그가 아인슈타인보다 더 위대한 과학자가 될 것이라고 믿었다.

그럼에도 불구하고 파울리의 이름은 일반 대중들에게는 잘 알려지지 않았다. 그 이유는 파울리가 자신의 새로운 아이디어를 논문으로 출판하기보다는 막후에서 과학자들과의 대화나 편지, 강연을 통해 중요한 아이디어를 제시하거나 조언을 해주는 일을 더 선호했기 때문이다. 그는 전자의 스핀을 설명하여 당시의 원자구조론에 크게 공헌한 자연의 새로운 법칙 '파울리의 배타원리'를 발견한 공로로 1945년 노벨 물리학상을 수상했으며 최초로 중성미자(neutrino)의 존재를 예측하였다.

21세기 들어 학문 간의 융합 또는 통섭이 화두가 되고 있지만, 파울리는 일찌감치 칼 구스타브 융(Carl Gustav Jung, 1875~1961)과 협력하여 마음과 물질의 통일 원리를 규명하기 위한 연구를 한다. 유명한 분석심리학자 융과 양자물리학자 파울리는 '우연히 동시에 발생하는' 의미 있는 사건들은 근원적으로 마음과 물질의 통일을 나타내고 있다고 확신했다. 이러한 '동시성(synchronicity)'은 모든 초자연적 현상, 텔레파시, 염력, 예지, 투시, 원격보기(remote viewing)의 시조쯤 된다고 할 수 있겠다.

파울리는 연금술, 동양적 사고(주역 사상에도 심취했다), 초자연적 현상, UFO, ESP(초감각적 지각: 투시, 텔레파시, 예지), 숫자점(numerology) 등에도 관심이 많았다. 특히 137이라는 숫자에 사로잡혀 있었던 파울리의 역설적인 삶과 동시성에 대한 증거(?)라고도 할 수 있는 '파울리 효과'는 우리를 매료시키기에 충분하다.

| 파울리의 어린 시절 |

파울리(Wolfgang Ernst Pauli, 1900~1958)는 1900년 4월 25일 오스트리아 빈에서 출생했으며 아버지(Wolfgang Joseph Pauli)는 빈 대학의 저명한 콜로이드화학 교수였다. 부모는 유명한 유대인 가문 출신이었음에도 파울리를 천주교 신자로 키웠다. 파울리의 중간 이름(Ernst)은 그의 대부(代父)이면서 유명한 오스트리아 물리학자이자 철학자인 마흐(Ernst Mach)에 대한 존경의 의미로 붙여졌다.

조머펠트

파울리는 빈의 되블링게르(Döblinger) 김나지움을 다녔는데 고등학교를 마칠 무렵, 당시로서는 완전히 새로운 이론인 아인슈타인의 일반상대성이론을 접하게 된다. 아인슈타인의 논문은 그에게 아주 깊은 인상을 남겨 파울리는 "마치 눈에서 비늘이 벗겨지는 것 같았다"고 말한다. 고등학교를 졸업하고 두 달 후 수학과 물리의 신동 파울리는 아인슈타인의 일반상대성이론에 대해 첫 논문을 발표했다. 그가 18살 때였다.

파울리는 이론물리를 전공하기로 결정하고 독일뿐만 아니라 세계적인 이론물리의 권위자 조머펠트(Arnold Sommerfeld)가 있는 뮌헨 대학교(Ludwig-Maximilian University of Munich)로 간다. 많은 뛰어난 이론물리학자들이 조머펠트의 학생이었는데, 그의 박사학위 과정 학생들 중 4명—파울리, 하이젠베르크, 디바이(Peter Debye), 베테(Hans Bethe)—이 훗날 노벨상을 수상한다. 파울리는 뮌헨 대학교에서 한 살 아래이며 역시 천재인 하이젠베르크를 만나 그때부터 두 사람의 평생 우정이 시작되는데, 그와의 폭넓은 서신 왕래는 양자역학의 발전을 가져온다.

파울리의 천재성을 즉각 알아챈 조머펠트는 동료 가이틀러(Josef Geitler)에게 쓴 편지에서 "내 주위에 빈의 지적 엘리트 중 가장 놀랄 만한 표본인 어린 신입생 파울리가 있네. 그의 재능은 디바이의 재능보다 몇 배나 더 크다네" 라고 썼다.

'원자탄의 어머니' 리제 마이트너는 파울리가 죽자 그의 부인에게 쓴

위로 편지에서 다음과 같이 말했다. "1921년 가을, 룬드(Lund)에서 조머펠트를 만났는데, 그가 나한테 말하기를 더 이상 배울 것이 없는 파울리라는 천재가 있는데, 독일 대학의 규정 때문에 박사학위를 받기 전 6학기를 다녀야만 했어요. 그래서 내가 수리과학 백과사전에 논문을 하나 쓰라고 했지요, 하고 말했어요."

독일의 수학자 클라인(Felix Klein)은 과학의 현 상태를 모든 측면에서 상세히 살펴보는 기념비적인 《수리과학 백과사전(Encyclopedia of Mathematical Science)》을 편찬하기 위해 당시의 저명한 수학자·물리학자들에게 총론을 써 달라고 요청했다. 클라인은 조머펠트에게 상대성이론 총론을 부탁했고, 조머펠트는 이미 같은 주제로 세 편의 논문을 썼으며 이제 겨우 4학기째 대학에 재학 중이던 파울리에게 이 중요한 책무를 맡긴다.

1921년 7월, 21살의 파울리는 〈이온화된 수소분자의 양자론〉에 대한 논문으로 박사학위를 받은 2개월 뒤, 물리적 중요성뿐만 아니라 중요한 이론의 수학적 기초를 비평적으로 제시한 237페이지에 달하는 상대성이론 총론을 완성했다. 이것은 자신의 이론에 대해 스스로 상당히 긴 논문을 써본 적이 없는 아인슈타인의 수학적·물리학적 아이디어를 포괄적으로 정리한 것이었다. 파울리는 이 총론을 통해 과학에 관한 모든 것을 예술적 경지로 쓸 수 있다는 것을 처음으로 보여주었다.

아인슈타인은 파울리의 상대성이론 총론의 통찰력과 완성도에 감동을 받아 파울리를 극찬했으며 후에 그를 자신의 '정신적인 아들'이라고까지 불렀다. 이 총론은 단행본으로 출판되었으며 오늘날까지도 상대성이론의 표준 참고서가 될 정도로 뛰어난 입문서이다.

| 과학적 커리어 |

파울리는 박사학위를 받은 후 괴팅겐 대학교의 보른(Max Born) 밑에서 1년간(1921~1922) 조수로 일한다. 그곳에서 지내는 동안 파울리는 닐스 보어를 만나게 되는데 보어는 파울리를 덴마크 코펜하겐의 자신의 연구소에 와서 1년간 일하도록 초청했다.

1921년에 일반적으로 인정된 원자이론은 1913년에 제창된 보어의 원자모형으로, 하나의 전자를 가진 수소원자의 경우 원자의 상태는 전자의 원궤도 에너지를 나타내는 한 개의 주양자수(n)에 의해서 정의된다. 보어는 단지 한 개의 양자수를 가지고 원자를 나타낸 반면 조머펠트는 좀 더 복잡한 원자들에 타원궤도를 포함시키기 위해 두 번째 양자수 세트(방위양자수, ℓ)를 추가하여 좀 더 일반적인 보어-조머펠트 모형으로 확장했으며, 후에 자기 양자수(m_ℓ)도 도입했다. 이 모형은 스타르크 효과(stark effect)와 '정상제만효과(zeeman effect)' 그리고 수소스펙트럼의 미세구조를 설명할 수 있었지만 복잡한 원자들의 경우에는 알칼리족 금속 스펙트라의 일련의 이중선들뿐만 아니라 '이상제만효과(anomalous zeeman effect)'를 설명할 수 없었다.

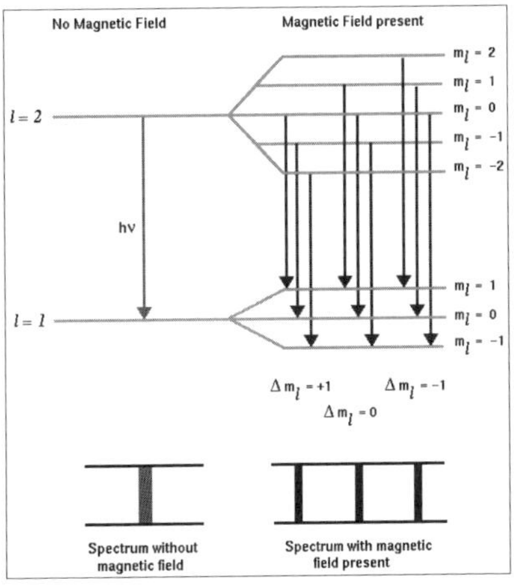

[그림1] 정상제만효과

제만효과란 자기장 속에 놓인 원자나 분자의 발광(發光) 또는 흡수 스펙트럼선이 자기장과 상호작용하여 비교적 간단하게 갈라지는 경우를 정상(正常)제만효과라고 하며, 복잡하게 갈라지는 경우를 이상(異常)제만효과라고 한다.

앞의 수소스펙트럼에서 보듯이 원자가 자기장에 놓이면 방출 또는 흡수하는 가늘고 뚜렷한 단일 스펙트럼이 등간격의 3개의 선들로 분열하는데 이를 정상제만효과(그림1 참조)라고 한다. 즉 제만효과는 자기장에서 궤도각운동량 벡터의 세차운동으로 인해 축퇴에너지 준위들이 분리되는 것으로 설명할 수 있다. 그러나 다른 원자들의 경우는 자기장으로 인하여 단일선이 4개, 6개 또는 더 많은 선들로 갈라지며, 또한 어떤 삼중선들은 예측되는 선의 간격보다 더 넓은 간격을 나타내어 당시 과학자들을 무척 당혹케 했다.

이러한 선 갈라짐(line splitting)의 여러 패턴들에 대한 설명은 전자스핀의 영향에 대한 통찰력을 가져다주었다. 즉 자기장에서 궤도 각운동량과 스핀궤도 각운동량과의 커플링에 의해서 스펙트럼선이 복잡하게 갈라지는 현상인 이상제만효과가 일어나며, 따라서 역사적으로 이상제만효과란 실상은 전자스핀이 포함된 정상제만효과라고 할 수 있다. 제만효과는 단일항 상태들 사이의 전이로부터 기인하는 스펙트럼선에서 일어나는 반면에, 초기나 최종 상태 또는 두 상태의 전체 스핀이 0이 아닌 경우에는 '이상제만효과'라고 부른다. 원래 제만 실험 당시에는 전자스핀이 발견되지 않았기 때문에 이것을 '이상제만효과'라 불렀던 것이다.

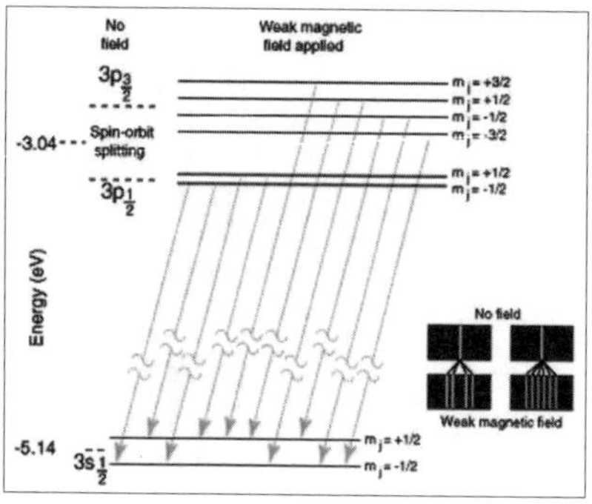

[그림2] 이상제만효과

왼쪽 그림은 588.9950과 589.5924 나노미터에 위치한 '나트륨 D-선'으로 알려진 매우 밝은 이중선을 나타내는 나트륨 스펙트럼이다. 에너지 준위 그림에서부터 이 선들(D_1, D_2)은 자기장이 없을 때 3p에서 3s 준위로 전이할 때 방출된다. 다시 이 나트륨의 이중선은 외부에서 자기장이 가해질 때 4개와 6개의 선으로 각각 분열되며 이를 '이상제만효과'라고 하는 것이다(그림2 참조).

| 파울리의 배타원리 |

코펜하겐의 보어 연구소에 머무르는 동안 파울리는 "다전자 원자의 에너지 준위가 자기장에서 어떻게 갈라지는가"하는 이상제만효과 문제를 연구하기 시작하여 1923년 함부르크 대학의 새로운 자리로 옮길 때까지 연구를 계속했다. 1924년 파울리는 이상제만효과를 이론적으로 설명하려고 두 개의 가능한 값(up과 down)을 갖는 전자스핀을 위한 스핀양자수(spin quantum number)를 제안한다.

1925년, 파울리는 주양자수(n), 방위양자수(ℓ), 자기양자수(m_ℓ) 그리고 스핀양자수(m_s)를 써서 다수의 전자를 포함하는 계에서 동일한 원자 내에 있는 전자들은 어느 2개도 4개의 양자수들이 다 같을 수는 없다는 '파울리의 배타원리(Pauli exclusion principle, 그림3 참조)'를 발표했다. 배타원리를 바탕으로 원자의 전자껍질구조 개념이 확립되었으며, 원자의 안정도에서부터 화학적 거동까지 원자들의 많은 성질들을 설명할 수 있었다. 1923년부터 1928년까지 5년 동안 그는 함부르

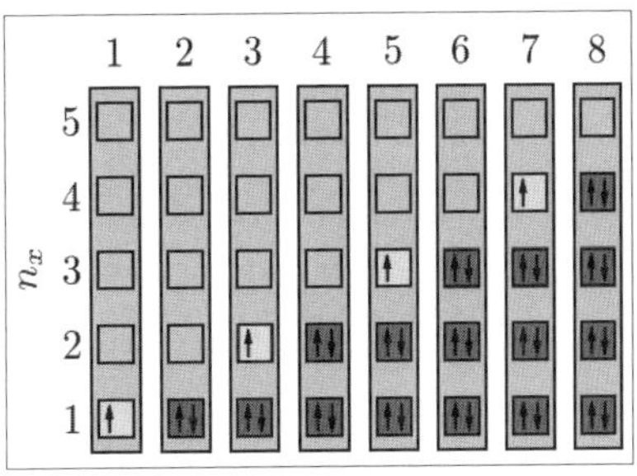

[그림3] 파울리의 배타원리

크 대학에서 강의하면서 특히 배타원리와 비상대론적 스핀이론과 같은 현대 양자역학 이론의 발전에 중요한 역할을 한다.

유명한 파울리의 배타원리는 조금 더 엄격하게 표현한다면 "왜 우주에 구조가 있는가?"하는 것을 설명해준다. 즉 스핀이 반정수인 전자, 양성자와 또 다른 입자들을 페르미온(fermion) 또는 페르미 입자라고 부르는데, 이들은 파울리의 배타원리를 따른다. 이는 두 개의 동일한 페르미 입자들의 총 파동함수는 입자들의 교환에 대하여 비대칭적이어서 부호를 바꾸며, 따라서 입자들은 동일한 양자상태(주양자수, 방위양자수, 자기양자수, 스핀양자수)에서 존재할 수 없음을 뜻한다. 그리고 이러한 제약은 물질세계가 다양한 화학원소들로 이루어지게 만든다.

한편, 스핀이 0 또는 정수인 보손(boson) 또는 보스(bose) 입자들은 배타원리를 따르지 않는다. 즉 이들의 파동 함수는 입자의 교환에 대해 대칭적이어서 부호를 바꾸지 않으며, 이러한 성질이 입자들을 레이저, 메이저, 초유동(super-fluid) 헬륨의 경우처럼 하나의 결맞는 상태(coherent state)로 응집하게 만든다. 따라서 노벨상 수상자 필 앤더슨(Phil Anderson)은 "조금 과장한다면 물리는 대칭성을 연구하는 학문이다"라고 말하였으며, 실상 파울리의 지적 추진력은 대칭성의 원리였다고 할 수 있다.

1925년 말, 파울리는 하이젠베르크가 새로 개발한 양자역학의 행렬 이론을 써서 수소원자에서 관찰된 스펙트럼을 이끌어냈는데, 이것은 하이젠베르크 이론의 신뢰성을 확보하는 데 중요한 한 단계가 되었다. 그는 스핀연산자로 2×2 행렬을 써서 비상대성 스핀 문제를 풀었다.

1928년 파울리는 28살의 나이로 아인슈타인의 모교인 스위스 연방 공과대학의 최연소 물리학과 교수가 되었으며, 그곳에서 중요한 과학적 진전을 보인다. 그는 1930년 수학적으로 최초 및 최종 입자들 간의 에너지, 운동량 및 각 운동량에서 관찰된 차이는 아직 발견되지 않은, 질량이 0인 입자(중성미자)가 가지고 간다는 이론을 최초로 가정했다. 자연계를 지배하는 대칭성에 관한 파울리의 예지력은 그로 하여금 중성미자(neutrino)의 존재를 예측하게 했는데, 그는 이에 대해 다음과 같은 유명한 말을 남겼다.

"나는 끔찍한 일을 했습니다. 감지할 수 없는 입자를 상정(想定)하였거든요.(I have done a terrible thing. I have postulated a particle that cannot be detected)"

그로부터 25년이 지난 후 중성미자는 실험적으로 증명되었다.

그러나 호사다마라고 했던가! 젊은 나이에 유명한 스위스 연방공대 교수로 임용되어 물리학계에서 대가의 반열로 급성장하는 동안 1927년~1932년 사이 그의 인생에 심각한 위기가 닥쳐온다. 1927년 파울리의 어머니가 남편의 외도를 비관해 자살하고, 그의 아버지는 재빠르게 파울리 또래의 여자와 재혼을 한다. 1929년에는 중요한 변화가 일어나는데, 그는 가톨릭교회를 떠나며 같은 해 12월 카바레 댄서와 결혼을 한다. 그런데 1930년 11월, 파울리가 중성미자 가설을 발표한 지 얼마 안 되어 아내가 결혼 전 사귀었던 화학자와 도망을 가 결혼은 1년도 안 되어 파국을 맞게 되었다.

파울리는 특유의 냉소적인 말투로 "만일 투우사였다면 내가 이해할 만도 했을 텐데, 평범한 화학자라니……"라고 농담처럼 말했지만, 그는 엄청난 비탄에 빠졌다. 이혼은 그에게 심각한 위기를 불러와서 낮에는 저명한 위대한 물리학자로, 밤에는 어둠의 도시를 돌아다니며 매춘부와 어울리거나 술에 만취하고 술집에서 싸움을 벌이는 등 마치 지킬 박사와 하이드처럼 행동했다.

파울리의 아버지는 그에게 취리히 인근에 살고 있는 저명한 심리치료사이며 정신분석가인 융(Karl Gustav Jung)에게 치료받을 것을 권했다. 그렇게 해서 1931년 정신분석학자 융과 양자물리학자 파울리의 첫 만남이 이루어졌다.

| 파울리 효과 |

일반적으로 많은 이론물리학자들은 실험물리에 관심이 없거나 적성에 맞지 않아서인지 자주 실험장비를 망가트린다는 속설이 있다. 불확정성 원리로 잘 알려진 양자역학의 태두 하이젠베르크가 박사학위 구술시험에서 간단한 실험물리 때문에 거의 떨어질 뻔했다는 사실은 잘 알려진 얘기다. 그가 너무 기초적인 실험물리 문제조차 대답을 못하자 빌헬름 빈(Wilhelm Wien)은 아무리 이론물리로 뛰어난 조머펠트의 학생이라도 기본적인 실험물리는 알고 있어야 한다며 하이젠베르크를 떨어트리려고 했다. 이에 지도교수 조머펠트가 개입하여 하이젠베르크는 구술시험에서 C를 받고(조머펠트가 A를 주고 빈이 F를 주어 평균이 C가 되지 않았나 추정한다) 가까스로 졸업하는 모멸(?)을 감수해야 했다.

여하튼 이론물리학자가 실험실에서 사고를 잘 친다는 점에서 파울리도 예외가 아니었다. 그는 너무나 뛰어난 이론물리학자여서 그가 근처에 있을 때는 어떠한 실험도 알아서 스스로 폭파한다고들 말한다. 즉 '파울리 효과'란 그가 주위에 있기만 하면 불가사의하게도 수많은 실험장치가 부서지거나 고장이 일어난다고 해서 붙여진 용어로 자칫 '파울리 배타원리'와 혼돈하기 쉽다. 그의 친한 친구 오토 슈테른(Otto Stern)은 파울리 효과의 두려움 때문에 파울리가 자신의 연구실에 들어오는 것을 아예 금지해버릴 정도였다.

어느 날 파울리가 근처에 없었음에도 괴팅겐 대학 물리연구소 제임스 프랑크(James Frank) 교수 실험실에서 이유 없이 중요한 장비가 폭발했다. 프랑크는 취리히에 있는 동료 파울리에게 이 사고를 전하면서 이번만큼은 최소한 그에게 죄를 묻지 않겠노라고 장난스럽게 말했다. 그런데 실험실에서 폭발이 있던 날, 파울리는 기차를 타고 취리히에서 코펜하겐으로 가는 중이었는데, 중간에 기차를 갈아타기 위해서 내린 역이 바로 괴팅겐 역이었음이 밝혀졌다!

1950년 2월 파울리가 프린스턴 대학에 있을 때 사이클로트론이 타버리자, 그는 이 사고가 파울리 효과 때문인가 하고 스스로에게 물었다고 한다. 제2차 세계대전 동안 많은 과학자들이 맨해튼 프로젝트에 참여했을 때, 파울리 효과에 대한 소문을 알고 있었던 프로젝트 책임자가 중요한 실험장비들이 폭발할까봐 파울리를 배제하였다는 소문도 있다.

만일 파울리 효과가 사실이라면 초강력 염력 현상으로 볼 수 있다. 파울리 자신은 자기 이름이 붙은 파울리 효과가 실제로 일어난다고 열렬히 믿었으며 초심리학을 깊이 연구해볼 가치가 있다고 확신했다. 또한 이 효과가 융의 '동시성'과 연관이 있다고 생각했다.

| 볼프강 파울리와 칼 구스타프 융의 만남 |

칼 구스타프 융(Carl Gustav Jung, 1875~1961)이 유의미한 우연의 일치 또는 동시성에 대해 관심 갖기 시작한 것은 1920년대부터였다. 동시성에 관한 가장 유명한 사례는 지나치게 까다로워서 다루기 힘들었던 한 여성 환자의 심리치료 시간에 일어났던 일이다. 그녀가 꿈에서 황금색 풍뎅이 모양의 값비싼 보석을 받은 이야기를 하는 동안 무엇인가 창문을 톡톡 두드리는 소리가 들렸다. 창문을 열자 초록빛이 감도는 황금색 풍뎅이가 날아 들어왔고 융은 풍뎅이를 손으로 잡았다. 융은 여성 환자에게 풍뎅이를 건네주면서 "여기에 당신의 풍뎅이가 있군요"라고 말한다. 그 여성 환자는 꿈과 현실 사이에서 명백한 의미 있는 우연의 일치를 목격하고 너무 놀라 그 뒤로 태도를 바꿔서 상담치료를 잘 받아 치료가 순조롭게 진행되었다.

융은 동시성(synchronicity)이 원형(元型, archetype: 무의식의 관념)과 집단무의식 관념에 대한 결정적 증거라고 생각했으며 개인의 경험과 과거(사회적·정서적·심리학적·정신적인 것을 포함한)의 기저를 지배하는 원동력을 드러내는 것이라고 믿었다.

융은 1929년까지만 해도 인과 관계가 없는 상호 독립된 사건의 유의미한 일치를 가리키는 '동시성'에 대한 확실한 개념이 정립되어 있지 않았다. 그러나 1년 뒤인 1930년, 신경쇠약 환자에다 뛰어난 젊은 물리학자인 파울리의 출현과 동시성 아이디어의 발전이 일치한다는 것은 주목할 만한 일이다.

사실 동시성은 사이비 과학의 냄새가 나기 때문에 제정신을 가진 과학자라면 누가 이러한 아이디어와 연루되려고 하겠는가? 그러나 장래가 촉망되는 양자물리학자 파울리가 융의 동시성, 원형, 그리고 집단 무의식에 대한 아이디어를 당시 기꺼이 받아들였을 뿐만 아니라, 이들을 자신의 분야로까지 확장하려고 한 것은 놀랄 만하다. 여하튼 당대의 저명한 심리학자 융과 물리학자 파울리 사이의 이상한 우정은 요즈음 뜨거운 주제가 되고 있는 학문간 융합의 모범적인 예가 된다고 할 수 있지 않을까?

구스타프 융

1948년, 취리히에서 융 연구소를 오픈할 때 융은 과학의 후원자로서 물리학과 심리학의 만남을 상징하도록 파울리에게 참석을 요청했다. 파울리가 파티 장소인 응접실에 들어서는 순간 이른바 '파울리 효과'가 일어나면서 탁자 위에 놓여 있던 대형 중국 화병이 바닥으로 떨어져 깨지면서 물이 쏟아졌다. 파울리는 이 불가해한 '파울리 효과(!)'를 동시성 개념의 전형으로 보았다.

융과 파울리는 동시성 사건이 마음과 물질, 주관적인 현실과 객관적인 현실의 기저에 깔린 통일성을 드러내고 있다고 확신했다. 파울리는 물리학과 심리학 사이에 통일이 이루어지며, 융의 심리학이 이러한 변환에서 역할을 할 것이라고 생각하였다.

| 파울리의 성격과 평판 |

물질과 정신 사이의 통일이론을 찾으려고 했던 파울리의 인생을 이해하려면 그의 성격, 평판, 집착 같은 것을 들여다보는 것이 도움이 될 것 같다.

물리에 관한 한 파울리는 유명한 완벽주의자였다. 이것은 단지 그의 연구뿐만 아니라 다른 사람의 연구에까지 해당되어, 파울리는 동료와 학생들의 논문이나 세미나에서 가차 없는 혹평을 쏟아내었다. 그 결과 파울리는 물리학계에서 '물리학의 양심(conscience of physics)'이라고 알려졌지만, 어떤 사람들은 그에게 '무서운 파울리' 또는 '신의 채찍'이라는 별명을 붙여주었다. 파울리 자신도 편지에 신의 채찍(The Scourge of God)이라고 사인을 하기도 했다.

파울리는 정신에 관한 연구와 함께 물리학에서 대칭과 비대칭원리에 대해 고심하고 있었는데 그런 중에도 우주에 심오한 대칭성 원리가 존재한다는 믿음을 잃지 않았다. 즉 대칭성 원리란 어느 물리계를 전하(charge: C), 패리티(parity: P), 시간(time: T)에 대해 변환시켰을 때 그 시스템에는 원래의 물리법칙과 똑같은 물리법칙, 즉 대칭성이 적용된다는 것이다. 그런데 역설적이게도 파울리가 처음으로 그 존재를 예언한 중성미자는 모두 왼손형인 것이 밝혀져(즉 CPT 대칭성이 깨짐) 그는 충격에 빠져 "신이 왼손잡이라니!"라고 외쳤다고 한다.

미세구조상수(fine structure constant)는 1920년대에 조머펠트가 원자스펙트럼 선의 갈라짐을 설명하기 위해 처음으로 도입했다. 이 상수는 우주 탄생 이후 전혀 변하지 않았다고 생각되는 전자의 전하, 빛의 속도, 플랑크상수 같은 물리학의 근원상수라고 부르는 상수들로 이루어져 있으며 전하의 제곱을 디랙상수($h/2\pi$)와 빛의 속도로 나눈 값이다. 입자물리학이나 원자물리학 곳곳에서 이 상수가 튀어나오지만 여전히 그 의미는 신비로운 수수께끼로 남아 있다.

파울리는 미세구조상수 α(1/137)에 너무나 매료되어서 심리학자 융과 이 상수의 중대성을 이해하기 위한 연구에 협력했다. 보른(Max Born) 역시 만일 α가 어떤 다른 값이었다면 우주는 퇴화될 것이며 따라서 1/137은 자연의 법칙이라고 믿었다. 유명한 물리학자 리처드 파인만(Richard Feynman)도 이 미세구조상수에 대해 "모든 유능한 이론물리학자들은 벽에 이 상수를 붙여놓고 이 숫자에 대하여 고민을 했다"라고 말한다.

파울리 자신조차 "내가 죽으면, 염라대왕에게 묻는 내 첫 번째 질문은 미세구조상수의 의미가 무엇입니까?"일 것이라고 말했다.

1958년 파울리가 췌장암으로 병원에 입원했을 때 그는 병문안 온 조수에게 "내 병실 번호 보았어?"라고 묻는다. 병실 번호는 137이었다. 파울리는 그 137호 병실에서 1958년 12월 15일 세상을 떠났다. 염라대왕이 그에게 어떻게 대답했을지 궁금하다.

12. 자신의 심장에 고무관을 꽂은 '미친' 의사

– 시련 끝에 주어진 영광의 노벨상, 베르너 포르스만

Werner Forssmann(1904~1979)

1752년 번개가 전기를 방전하는 것을 증명하기 위한 벤저민 프랭클린의 연 날리기(kite flying) 실험이 있은 지 1년 후 러시아의 물리학자 리히만(Georg Wilhelm Richmann)은 폭풍우 치는 날 이 실험을 재연하다가 공 모양 번개(ball lightning)를 맞고 즉사했다. 이처럼 진리탐구에 대한 열정으로 과학을 위해 목숨을 거는 미친 과학자(!)들의 생애를 과학사에서 종종 만나게 된다.

마찬가지로 인류의 건강과 의학계의 발전을 위하여 생명을 담보로 하는 매우 위험한 실험에 스스로를 기니피그(실험용 쥐)로 사용하는 미친 의사들도 적지 않은데 그 사례를 몇 가지 나열해 본다.

- 조반니 그라시(Giovanni Battista Grassi, 1854~1952): 촌충의 감염 경로가 밝혀지지 않았던 시절, 감염이 섭취에 의해 일어나는 것을 확인하려고 시체의 대변 속에 있던 100개 정도의 촌충 알을 채취

하여 직접 먹은 이탈리아의 기생충학 의사.

- 헨리 헤드(Henry Head, 1861~1940): 말초신경이 손상된 후 체성감각(體性感覺)이 회복되는 과정을 조사하기 위하여 자신의 왼쪽 손과 팔의 말초신경을 잘라낸 영국의 신경학자.
- 앨런 블레어(Allan Walker Blair, 1900~1947): 거미의 독성이 사람에게 미치는 영향을 연구하기 위하여 검은 독거미에게 10초 동안 물린 미국의 의대 교수.
- 베르너 포르스만(Werner Forssmann, 1904~1979): 진단용 심장 도관법(카테터법)을 개발하기 위하여 팔의 정맥을 통해 가느다란 고무관(카테터)을 자신의 심장에 직접 삽입한 독일 의사. 노벨상 수상.
- 윌리엄 해링턴(William J. Harrington, 1923~1992): 1950년 특발성 혈소판 감소성 자반병 환자의 혈액을 자신에게 주입하여 환자의 혈액 속에 있는 물질이 혈소판을 파괴시킨다는 것을 알아낸 미국의 혈액학자.
- 배리 마셜(Barry J. Marshall, 1951~): 강한 위산 때문에 위장에는 세균이 살지 못한다는 것이 정설이었던 시절 위(胃) 아래쪽에 기생하는 작은 박테리아를 발견하여 이를 '헬리코박터 파일로리(Helicobacter pylori)'로 명명하고, 치료법을 찾기 위해 환자의 장에서 채취한 H. 파일로리 균을 넣은 수프를 직접 마셔 급성 위궤양에 걸린 오스트레일리아의 생리학자. 노벨상 수상.

이쯤 되면 의학을 위해 살고 의학을 위해 죽겠다는 '미친 의사'라고 인증 받을 만한데, 이들 중 25살의 나이에 큐피드의 화살을 맞는 대신 자신의 심장에 고무관을 직접 꽂은 베르너 포르스만이야말로 미친 의

사 스토리 중 가장 압권이 아닐까 싶다. 임상심장학의 큰 발전을 가져오게 한 심장 카테터법의 선구자이지만, 병원의 명령체계를 어기고 제멋대로 행동하여 체제의 이방인, 또는 아웃사이더로 살아야 했던 포르스만의 굴곡 많은 생애와 업적을 살펴본다.

| 베르너 포르스만의 생애 |

학창 시절

베르너 포르스만(Werner Forssmann, 1904~1979)은 1904년 8월 29일 베를린에서 태어났다. 변호사였던 아버지는 세계 제1차 세계대전에 참전하여 1916년 전사했다. 당시 포르스만은 베를린의 명문 학교 중 하나인 아스카니쉐(Askanische) 김나지움에 다니고 있었는데, 1922년 졸업하기 직전 장래 희망 직업을 묻는 선생님에게 상인이 되고 싶다고 말했다. 선생님은 "포르스만, 네가 상인이 된다면 너만 빼고 모두들 돈을 벌 거야. 너는 의학에 상당한 재능이 있으니 의대에 가서 공부하는 게 좋겠다"라고 말했다.

베르너 포르스만

그렇게 해서 그해 포르스만은 베를린에 있는 유명한 프리드리히 빌헬름(Friedrich-Wilhelm) 대학교(후에 훔볼트 대학교로 개명) 의과대학에 진학했다. 포르스만은 1928년 2월에 의사국가고시에 합격하고, 간 추출물이 혈액화학에 미치는 영향에 대한 박사학위

논문을 준비했다.

그는 처음에는 내과 레지던트 자리를 얻으려고 몇 번 시도했으나 실패한 후 베를린 인근 에베르스발데(Eberswalde)에 있는 아우구스테 빅토리아(Auguste-Viktoria) 병원에서 25살의 나이에 외과 레지던트로 임용되었다. 이 병원의 외과 과장 슈나이더(Richard Schneider) 박사는 포르스만이 순식간에 세간의 주목을 받게 되었을 때나 또는 기억 속에서 사라지게 되었을 때나 변함없이 그를 지지해 주었다.

의사 시절

포르스만은 승모판막 협착증이 진행되는 동안 폐경화증의 진행과 승모판막 결손에 대한 수술 여부를 결정해야 하는 까다로운 임상문제에 특히 관심이 많았다. 당시 유럽 최고의 의사들은 심장 상태에 영향을 주는 어떠한 조사나 치료도 절대 반대한다는 태도여서, 심장은 일종의 '접근금지 구역'이었다.

따라서 그는 전신마취 없이 그리고 흉곽 내의 압력을 교란하지 않으면서 심장으로 가는 안전한 길을 찾는 것이 이 문제에 대한 해답이라고 확신했다. 의과대학 1학년 때 포르스만은 말의 심실 압력 변화를 측정하기 위해 경정맥을 통하여 심장으로 고무관을 삽입한 프랑스 생리학자 마레(Étienne-Jules Marey)의 연구를 배운 뒤 인간에게도 적용할 수 있는지에 대해 강한 호기심을 가졌다.

그는 카테터를 심장에 삽입할 수만 있다면 약물을 직접 주입하거나 방사선 불투과성 염료를 주사하거나 또는 혈압을 재는 데 응용할 수 있다고 생각했다. 포르스만의 심장 혈관 카테터법 아이디어는 이렇게 해서 탄생하게 되었고, 그는 심장 카테터법으로 의학의 새로운 장을 열었을 뿐 아니라 현대 심장학의 대부가 된다.

인턴 시절 포르스만은 진단용으로 심장생리학을 제대로 연구하고 싶어 했는데 마레의 동물실험과 마찬가지로 사람의 심장에 카테터(가는 고무관)를 삽입하는 것도 동물에게 한 것처럼 안전할 것이라고 믿었다. 물론 1929년 그의 최초의 중요한 논문에서는 심장 카테터법이 진단용뿐 아니라 치료적 측면에서도 중요하다는 점을 강조하고 있다. 그는 말에게 사용한 경정맥 카테터 삽입이라는 아이디어 대신 팔꿈치 정맥을 통해 카테터를 심장으로 삽입하는 방법을 시험해 보기로 결심한다. 그러나 절개를 하려면 부분마취가 필요했다.

1929년 여름 포르스만은 외과 과장 슈나이더와 동료들에게 심혈관 카테터법에 대한 생각을 의논했다. 슈나이더는 포르스만의 생각을 이해했지만 한편으로는 학계로부터 엄청난 저항을 불러올 것도 예견했다. 유명한 학자도 아니고 불과 25살의 젊은 레지던트가 전통을 뛰어넘어 금기를 깨고, 감히 의학의 가장 중요한 성역에 침범한다고 상상해보라. 어떤 저항을 불러올지는 명약관화한 일이었다.

슈나이더는 포르스만에게 수술 절차의 안전성을 확보하기 위하여 먼저 예비실험으로 동물실험을 할 것을 제안했다. 그러나 고집 세고 젊은 혈기의 열정적인 포르스만은 실험이 절대적으로 안전하다고 믿고 허락도 없이 예비실험도 하지 않고 자신의 몸을 기니피그(guinea pig) 삼아 심장 카테터법을 직접 실행한다.

| 자가실험(self-experiments) |

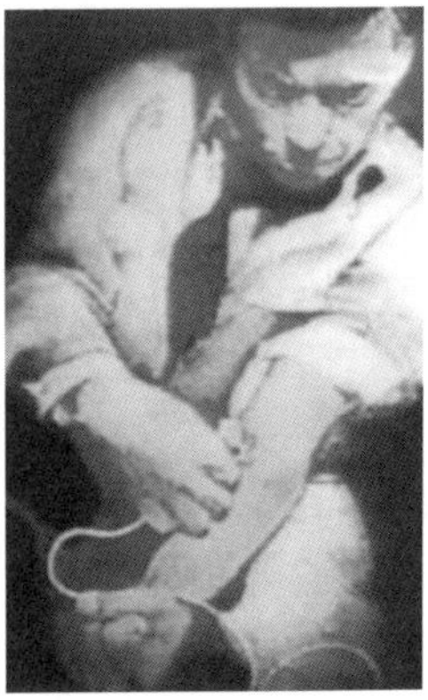

포르스만의 자가실험

포르스만은 수술실 간호사 디첸(Gerda Ditzen)에게 모든 실험 과정과 세부사항을 설명하고 협조를 구했다. 그녀가 수술에 필요한 외과용 기구를 관리하고 있었기 때문에 그녀의 동의는 필수적이었다. 2주일 후 그녀는 마침내 설득당하여 포르스만의 모험에 전적으로 도와줄 것을 약속했을 뿐만 아니라 자신이 심장혈관 카테터법의 최초 대상자가 되겠다고 자원까지 했다.

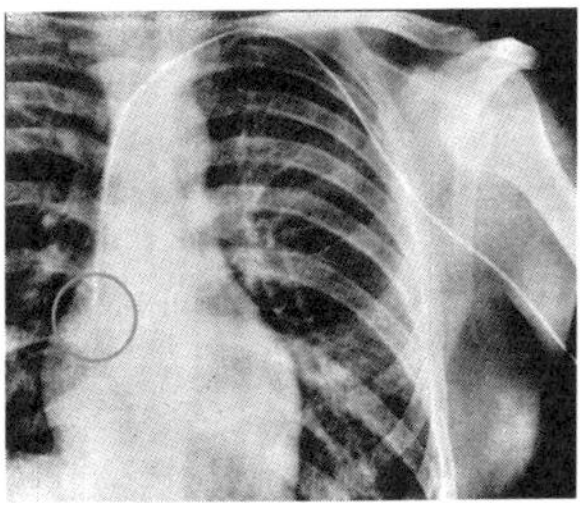

포르스만은 자신의 팔에서 심장까지 카테터를 밀어넣었다.

1929년 초여름 어느 날, 포르스만은 간호사 디첸의 왼쪽 팔을 절개하는 것처럼 행동하며 의자에 앉으려는 디첸에게 부분마취의 부작용이 생길 것을 대비하여 수술대에 눕는 것이 더 낫겠다고 설명했다. 디첸이 수술대에 눕자 포르스만은 움직이지 못하도록 그녀의 팔과 다리를 확실하게 묶은 뒤, 그녀가 알아채지 못하는 사이에 자신의 왼쪽 팔꿈치에 부분마취를 했다.

효과적으로 마취가 되는 시간을 벌기 위해 그는 디첸의 왼쪽 팔을 절개하기 위한 준비를 계속한다. 부분마취가 된 것을 느끼자 포르스만은 자신의 왼쪽 팔을 절개하여 카테터를 30센티미터 정도 삽입하고 소독한 거즈로 상처를 감싼 다음 디첸의 오른쪽 팔을 풀어주고 X레이 담당 간호사를 부를 것을 요청했다.

디첸은 카테터가 자신의 팔이 아니라 포르스만의 팔에 넣어져 있는 것을 보고 경악하여 비명을 질렀다. 그녀의 손발을 완전히 풀어준 뒤 두 사람은 한 층 아래 지하실에 있는 X레이 방으로 갔다. 간호사가 포르스만을 형광 투시기 앞에 세웠을 때, 포르스만의 친구 로마이스(Peter Romeis)가 뛰어 들어와 카테터를 뽑으려고 하자 포르스만은 그를 걷어차 꼼짝 못하게 했다. 그런 다음 간호사가 들고 있는 투시경을 통해 자신의 가슴과 왼쪽 팔의 영상을 살펴보았다. 삽입된 카테터가 어깨관절 부근까지 도달한 것을 보고 그는 카테터를 60센티미터까지 밀어 넣었다. 그리고 정확하게 자신이 상상했던 오른쪽 심실 빈 공간에 도달해 있는 카테터의 끝부분을 볼 수 있었다.

이 실험은 흉부 X레이 필름에 고스란히 기록되었고, 흥분이 채 가시기도 전에 1시간도 안 되어 온 병원에 무슨 일이 일어났는지 소문이 쫙 퍼졌다. 슈나이더는 자신의 말을 거역한 것에 격노하여 포르스만을 심하게 질책했다. 그러나 이 실험이 얼마나 선구적인 연구이며 앞으로 광범위하게 영향을 미칠 것인가를 이해하고 있는 슈나이더는 포르스만을 도와주기로 결심한다.

포르스만은 두 번째 심장카테터법을 시행했는데, 이번에는 중증 여성 환자에게 시행해도 좋다는 허가를 받았다. 그는 오른쪽 심실로 직접 투약하기 위해 카테터를 사용했고, 이 경우 정맥주사요법(Intravenous route: IV route)보다 좀 더 효과적이었다. 그는 형광투시경의 도움 없이 카테터를 환자 몸의 표면에서부터 단순히 거리를 측정하여 삽입하는 데 성공했다.

| 학문적 의학에 대한 꿈, 그리고 좌절 |

포르스만이 사사건건 불복종하고 애를 먹였지만 슈나이더는 자신이 할 수 있는 최대한 그를 도와주려고 했다. 포르스만이 실험 결과를 출판하는 동안 슈나이더는 저명한 베를린 의과대학에 자리를 구해주려고 유명한 외과의사 비어(August Bier)에게 그를 추천했다. 그러나 곧 은퇴할 예정이었던 비어는 포르스만을 세계적으로 유명한 베를린의 샤리테(Charite) 병원 외과과장 자우어부르흐(Ferdinand Sauerbruch)에게 추천해 주었다.

학자로서의 경력을 희망했던 포르스만은 무보수로 1929년 10월 샤리테 병원에서 자리를 얻는다. 몇 주 후인 11월 5일 포르스만의 보고서 〈심장 우측 탐색에 대하여〉가 출판되자 매스컴의 엄청난 주목을 받게 되었고, 이 유명 병원은 큰 소동을 겪게 되었다. 자우어부르흐는 포르스만을 호출하여 "자네는 서커스에서 강연을 할 수는 있겠지만, 훌륭한 독일 대학에서는 결코 강의를 할 수 없네"라며 그 자리에서 포르스만을 해고했다. 1930년 1월 그는 다시 슈나이더가 있는 병원으로 돌아갔다.

아우구스테 빅토리아 병원으로 돌아온 포르스만은 조영제를 이용해 토끼와 개의 심실을 볼 수 있는 동물실험에 착수했고, 또한 자가실험을 계속해 모두 9번의 심장카테터법을 수행했다. 그 결과 그를 위대한 심장학의 아버지 중 하나로 만들어준 믿기 어려운 훌륭한 업적(형광투시기를 사용하거나 혹은 사용하지 않는 심장카테터법, 심장카테터 중재술)을 이루어 냈다.

포르스만의 연구가 상당한 주목을 끌자 자우어부르흐는 1931년 그에게 연구할 기회를 주겠다고 약속하면서 샤리테 병원으로 돌아올 것을 요청했다. 포르스만은 기뻐하며 샤리테 병원으로 옮겼지만 곧 환멸이 뒤따랐다. 이전 병원에서는 스태프 외과 의사였지만 이제 샤리테 병원에서는 인턴으로서 임상 업무에 모든 에너지가 소진되어 연구할 시간이 거의 없었다. 그는 상황을 바꾸어보려고 노력했지만 실패하고 1932년 여름, 연구자로서 생산적이지 못하다는 이유로 다시 해고당한다.

심장학계에서 학자가 되고 싶다는 포르스만의 꿈은 물거품이 되고 말았다. 그러나 그의 수술 기술은 인정을 받아 마인츠 시립병원에서 자리를 얻어 1932년 7월 31일 부임했다. 그 날은 포르스만에게 개인적으로 특별한 날이 된다. 그곳에 도착한 지 얼마 안 되어 포르스만은 비뇨기과 레지던트 엥겔(Dr. Elsbet Engel)을 만나 곧 약혼을 하고 1933년에 결혼했다. 그러나 부부가 함께 일하는 것이 허용되지 않아 그들은 병원을 떠나야만 했다.

포르스만은 이제 자신의 평판으로는 취직하기 어려운 순환기내과를 포기하고 부부가 함께 베를린으로 가서 루돌프피르호(Rudolf-Virchow) 병원에서 비뇨기과 의사로서 커리어를 시작한다.

| 암울한 시대상황과 그 혹독한 결과 |

제1차 세계대전 패망 후 독일은 혹독한 경제적 공황을 겪게 되었고 이른바 '독일의 굴욕'은 히틀러의 광기어린 국수주의적 아이디어에 비옥한 토양을 마련해 주었다. 1920년대 내내 국수주의·나치즘·사회주의 같은 온갖 이념들 사이에서 긴장 상태가 폭발하여 특히 뮌헨과 베를린에서 격렬한 시가전과 폭동은 흔한 일이 되었다.

포르스만은 시류에 따라 히틀러가 이끄는 국가사회주의 독일노동자당(National Socialist German Workers' Party: NSDAP, 일명 나치당)에 가입했다. 훗날 그는 이 실수에 대해 값비싼 대가를 치르게 되는데 잘못된 판단은 평생 동안 비탄과 슬픔의 원인이 되었다. 그는 〈회고록〉에서 나치당에 가입한 동기는 제1차 세계대전에 대위로 참전하여 실종된 아버지를 찾기 위한 것이었다고 말하지만, 아마도 그뿐 아니라 경제적으로 부강한 독일에 대한 약속과 좀 더 나은 자신의 경력에 대한 희망도 한몫하지 않았을까 싶다.

1937년 포르스만은 베를린에 있는 모아비트(Moabit) 병원의 외과 부과장이 되었는데, 과장은 국가보안 및 경찰(SS: 나치 친위대)의 고위 장교인 슈트라우스(Kurt Strauss)였다. 1년 후 그는 슈트라우스와의 심각한 갈등에 봉착하게 된다. 응급 상황이 아닌 이상 모아비트 병원의 의료진은 유대인들을 치료하지 말라는 명령에도 불구하고, 포르스만은 치료를 원하는 모든 유대인들을 돌보아준 것이다.

1939년 포르스만은 장인의 조언에 따라 나치 친위대의 괴롭힘을 피할 수 있는 일종의 '내적 망명'으로 독일 군대에 입대했다. 제2차 세계대전 동안 포르스만은 주로 동부와 북부전선에서 군의관으로 복무했다. 전쟁이 끝난 후, 잠깐 동안 전쟁포로가 되었을 때 그는 자신의 가족이 전쟁에서 살아남아 밤바흐(Wambach)에 있는 쉬바르츠발트(독일 남서부의 삼림지대) 마을에 살고 있다는 것을 알게 되었다. 1945년 10월 포로수용소에서 가족이 있는 곳으로 돌아왔을 때, 그는 심신이 피폐해지고 심각한 우울증에 빠져 있었다. 게다가 나치당원 전력 때문에 의사로서 일하는 것도 허용되지 않았다.

그는 〈회고록〉에서 이렇게 말한다. "나는 어떻게 내 자신의 인생이 정치적 사건에 의해 영향을 받고, 결정되었는지 더욱 더 인식하게 되었다. 나는 빌헬름 제국을, 그 다음에는 바이마르 공화국 그리고 그 다음 국가사회주의 독일노동자당(독일 나치당)을 목격했다. 이제 나는 독일연방 공화국의 시민이 되었다."

포르스만은 벌목꾼으로 일하면서 쉬바르츠발트의 농촌에서 개업 의사로 일하는 아내에게 생계를 의존할 수밖에 없었다. 3년이 지난 1948년, 프랑스 점령 행정부가 그의 과거 전력을 없애주고 난 후에야 그는 비로소 의사로 일할 수 있게 되었다. 포르스만은 병원에서 외과의사 자리를 얻을 수 없자, 1950년 조용한 소도시 바트크로이츠나흐(Bad Kreuznach)에 비뇨기과 과장으로 간다.

이 혹독한 시기를 거치는 동안 포르스만은 심장도관법과 심혈관 조영술 개발에 대한 자신의 아이디어가 성공할 것이라는 희망을 모두 포기하고 있었다. 그가 포로수용소에 수감되어 있는 동안 프랑스 생리학자 쿠르낭(André Frédéric Cournand)과 미국 생리학자 리처즈(Dickinson W. Richards)가 포르스만의 논문을 읽고 심장병 진단과 연구에 그의 기술을 응용하는 방법을 개발했다.

| 시련 후 찾아온 영광의 노벨상 |

종전 후, 바젤의 소아과에서 심혈관 카테터 실험실이 운영되고 있다는 사실을 알고 포르스만은 무척이나 놀랐다. 처음 그 실험실에 들어서는 순간 그는 너무 놀라 기절할 지경이었다. 그는 맥마이클(John McMichael) 교수의 초청으로 런던을 방문하고 심장도관술에 관한 과학 영화를 만드는 데도 참여했으며, 마침내 1954년 독일의 과학학술원으로부터 권위 있는 라이프니츠 메달(Leibniz Medal)을 수상했다. 그는 자신의 인생에서 이 기간을 '나의 복귀(my comeback)'라고 말한다.

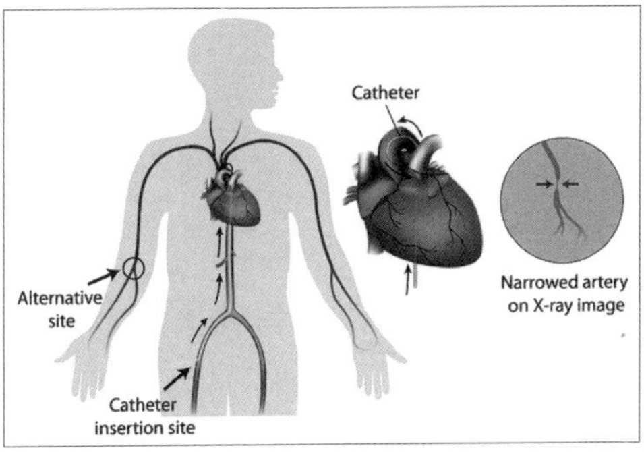

심장카테터법

포르스만은 마인츠 대학에서 교수직을 얻기 위해 백방으로 노력하고 지인들도 지지해 주었지만 결국 무산되고 말았는데, 박사학위를 끝내지 못했다는 점과 체제의 아웃사이더로서 그의 위치가 독일 교수의 명예에 해가 된다는 이유에서였다.

몇 년 전 〈하얀거탑〉이라는 의학 드라마를 보면서 의사들 간의 그 엄격한 상명하복 관계에 놀란 적이 있는데, 80~90년 전의 엄격한 시스템의 독일 병원에서야 오죽했겠는가?

1956년 10월 11일, 포르스만이 동네 술집에서 친구들과 만나고 있을 때 아내로부터 연락이 왔다. 외국 악센트의 어떤 여성이 집에 전화를 걸어와, 밤 10시에 다시 걸겠다고 하니 즉시 집으로 돌아오라는 것이다. 그날 밤 10시에 다시 전화가 걸려왔고 상대방이 인터뷰를 요청했지만 그는 거절했다. 다음날 아침 포르스만은 스웨덴의 카롤린스카 연구소(Karolinska Institute)로부터 13×18센티미터의 사진을 요청하는 편지를 받는다.

1956년 10월 18일 목요일 오전, 포르스만이 세 명의 심장병 환자의 수술을 막 끝냈을 때 병원장이 수술실에 들어와 감격한 목소리로 "포르스만 씨, 내가 당신과 부인께 축하드리는 첫 번째 사람이 된 것을 기쁘게 생각합니다. 당신은 금년도 노벨 생리·의학상을 다른 두 사람(쿠르낭과 리처즈)과 공동 수상하였습니다"라고 말했다.

그는 회고록에서 이에 대해 "내가 노벨상을 받은 것은 마치 본당 신부가 하룻밤 사이에 교황이 된 것" 같은 기분이었다고 한다. 포르스만이 노벨상을 받은 후 마인츠 대학은 그를 외과·비뇨기과 명예교수로 임명하였다.

포르스만은 독일 쇼프하임(Schopfheim)에서 1979년 6월 1일, 75세에 심장마비로 세상을 떠났다.

인류의 문명사는 이처럼 과학을 위해 어떠한 대가라도 치르려는 무모하리만큼 헌신적인 미친 과학자들에 의해 발전해왔고, 또 지금도 발전하고 있는 중이다.

13. '독가스의 아버지' 프리츠 하버의 부인
– 과학자 윤리의 표상, 클라라 임머바르

Clara Immerwahr(1870~1915)

원자폭탄의 아버지라고 불리는 맨해튼 프로젝트의 연구 책임자 오펜하이머(Robert Oppenheimer)는 일찍이 인류가 경험하지 못한 원자폭탄의 대참상을 목격한 뒤 "나는 세계의 파괴자, 죽음이 되었다(I have become death, the destroyer of worlds)"라며 엄청난 고통과 번민에 괴로워한다. 그 후 오펜하이머는 '수소폭탄 개발의 반대자'로 돌아서게 되며 하루아침에 국가적 영웅에서 나라의 안보를 위태롭게 하는 인물로 낙인찍혀 모든 공직에서 물러나야 했다.

핵폭탄이라는 대량살상 무기가 도입된 이후 과학자들의 사회적·도덕적 책임이 그 어느 때보다 커지고 있는 요즈음 지금으로부터 100년 전 목숨을 걸고 과학자의 양심을 보여준 클라라 임머바르의 용기는 우리에게 롤모델이 되고 있다.

우리에게 조금은 생소한 이름인 클라라 임머바르는 누구인가?

그녀는 시대를 앞선 독일의 화학자로 마리 퀴리나 밀레바 마리치 아인슈타인과 동시대 인물이며, 암모니아를 합성하여 인류의 식량문제를 해결하는 데 결정적 기여를 한 프리츠 하버(Fritz Haber, 1868~1934)의 아내이다. 여성에게는 대학의 문이 개방되지 않았던 당시 유럽에서 비슷한 시기에 태어난 이 세 명의 천재적 여성들의 운명은 그녀들의 성격뿐 아니라 어떤 남편을 만났느냐에 따라 극명하게 달라진다.

| 전도유망한 여성 화학자 |

클라라(Clara Immerwahr, 1870~1915)는 독일 브레슬라우(Breslau) 인근 폴켄도르프(Polkendorff) 농장에서 1870년 유대인 부모의 막내딸로 태어났다. 화학자인 그녀의 아버지는 공장을 세우려고 애썼으나 창업에 실패하자 폴켄도르프에 농장을 차렸고 영농기술과 창의력이 결합된 농장 경영으로 상당한 부농이 된다.

클라라는 두 명의 언니와 오빠와 함께 농장에서 성장하면서 처음에는 언니들과 함께 개인교사에게 교육을 받았으나 1877년부터 세 자매는 모두 여학교에 다녔다. 지식에 대한 갈증으로 목말라하던 클라라는 특히 자연과학에 흥미를 가진 총명하고 성실한 학생이었다. 두 언니들이 고등학교를 졸업했을 때, 오빠는 베를린에 있는 대학에 다니며 그곳에서 박사학위를 받는다.

당시의 젊은 여성들처럼 클라라의 언니들 역시 오직 결혼만을 꿈꾸고 있었던 반면 클라라는 대학에 다니는 오빠를 부러워하며 과학자로서의 커리어와 경제적으로 독립할 수 있기를 희망했다. 클라라는 브레슬라우에 있는 교사양성학교에 다녔는데 그녀의 재능을 눈여겨본 교장이 제인 마르셋(Jane Marcet)이 저술한 《화학과의 대화(Conversations on Chemistry)》라는 책을 주었다. 클라라의 아버지는 딸이 자신이 전공한 화학에 관심을 갖게 되자 공부를 지원해 주었고 나중에는 그녀의 연구를 위해 경제적인 도움도 아끼지 않았다.

클라라는 똑똑하고 신념이 강한 여성이었다.

1896년이 되자 브레슬라우에 있는 대학에 여학생도 청강생으로 강의를 들을 수 있게 되었지만, 클라라는 박사학위 과정 입학 자격시험을 치를 수 있는 허가를 받기 위해 계속 투쟁하였다. 1898년 클라라는 매우 어려운 박사학위 입학시험에 합격한 최초의 여성이 되었으며, 1900년 12월에는 물리화학 전공으로 명문 브레슬라우 대학에서 아베크 교수(Richard Abegg)의 지도 아래 '금속염의 용해도에 관한 연구(a study on the solubility of metal salts)'로 최우등으로 박사학위를 받았다. 이는 독일 대학에서 화학 전공으로 박사학위를 받은 최초의 여성이라는 또 하나의 기록을 세운 것이다.

클라라는 박사학위를 받을 때 "글로나 말로써 나의 신념에 반하는 어떠한 것도 가르치지 않으며, 또한 진리를 탐구함과 아울러 과학의 존엄성을 마땅히 차지해야 할 높은 자리로 올려놓겠다"라고 선서했고 이 내용은 지역 신문에도 보도되었다.

그러나 화학은 여전히 남자들만의 폐쇄적인 분야여서 클라라는 최우등 박사학위라는 화려한 스펙에도 불구하고, 당시 여학생이 도달할 수 있는 최고의 자리(?)인 아베크 교수의 실험실 조수로 연구를 하며 여러 여성단체나 기관에서 강연하는 것에 만족해야 했다. 바로 이 무렵 클라라는 프리츠 하버와 재회하게 된다.

두 사람은 수년 전 댄스 수업에서 만나 사랑에 빠졌고 하버가 청혼했지만 공부에만 집중하기를 원했던 클라라는 거절을 했다. 그 사이 하버는 전기화학과 열역학 분야의 연구로 좋은 평판과 인정을 받고 있었으며, 훗날 비료와 폭약의 원료로 쓰일 수 있는 암모니아를 합성한 공로로 1918년 노벨상을 수상한다.

구제불능(!)의 일 중독자에다 야망에 찬 하버는 유대교에서 기독교로 개종까지 하며 1898년 카를스루에(Karlsruhe) 공과대학의 교수로 임용되었다. 클라라도 1898년 기독교로 개종하였다. 두 사람이 1901년 다시 만났을 때는 둘 사이에 사랑의 불꽃이 되살아났고, 같은 해 8월 하버와 클라라는 결혼을 하고 카를스루에에 신혼집을 꾸렸다.

클라라는 처음에는 결혼과 커리어를 병행할 수 있으리라고 생각했다. 하지만 그녀는 과학사의 한 페이지를 차지한 마리 퀴리의 경우처럼 매우 협조적이었던 피에르 퀴리 같은 남편이 아닌 독선적인 하버와 결혼했던 것이다.

겉으로 보기에는 과학적 야망을 가진 사람에게는 그와의 결혼이 나쁘지 않은 선택처럼 보였지만 그러나 하버의 화학적 탁월함이 무엇이었든 간에 그는 인간적으로 결함이 많은 사람이었다. 역사가의 말을 빌리면 "그녀는 결코 앞치마를 벗을 틈이 없었다"라고 한다. 무자비할 정도로 확신에 차서 일을 밀어붙이고 가정과 결혼에서 항상 자신을 가장 맨 위에 올려놓는 하버의 성격은 여린 배우자의 인생을 간단히 무너뜨렸다.

결혼한 지 얼마 안 지났을 때 그녀는 무언가 잘못되었음을 깨달았다. 하버는 중요한 인물들을 자주 집으로 저녁 초대했고 그런 야심찬 남편의 뒷바라지를 하는 가사노동이 힘에 부치도록 벅찼다. 게다가 그녀는 임신 중에도 내내 힘겹게 고생을 한 탓에 1902년 6월 출산한 아들 헤르만(Hermann)은 태어나면서부터 병약했다. 그 와중에도 클라라는 남편의 암모니아 연구에 참여해 협력했으며 특히 하버의 《기체반응의 열역학(thermodynamics of gas reaction)》 책 저술을 공동으로 작업하여 1905년 출판한다. 하버는 책에서 "사랑하는 아내 클라라 하버 박사에게 조용한 협력에 대해 감사한 마음으로 이 책을 헌정합니다"라고 썼지만 사람들은 이 책은 당연히 하버 혼자 쓴 것이라고 생각했다.

그 후로도 하버는 승승장구해서 베를린에 새로 설립된 카이저빌헬름 물리화학·전기화학연구소 소장과 베를린 대학 교수가 되었고 명망 있는 프로이센 과학학술원 회원이 되었다.

| 독가스 개발과 과학자의 윤리 |

1914년 제1차 세계대전이 발발하자 하버는 조국 독일에 대한 투철한 애국심으로 독가스 개발에 착수했다. 이에 경악한 클라라는 "생명에 대한 경외심을 가져야 한다는 규율을 타락시키는 야만성의 상징이며 과학의 이상(理想)을 왜곡시킨다"라고 규탄하면서 하버의 독가스 개발에 공개적으로 반대하고 나섰다. 클라라의 반대에도 불구하고 화학전에 대비한 하버의 열광적인 헌신은 마침내 결혼 생활에 파탄을 가져왔다.

그녀는 독가스 개발을 중단할 것을 수차례 하버에게 애원했지만 그는 오히려 조국에 대한 반역 행위라고 화를 내며 클라라를 공개적으로 비난했다. 하버는 거의 집에도 들어오지 않고, 클라라가 과학 연구를 하는 것을 싫어하는 감정을 노골적으로 드러냈다. 하버는 동료들과 자주 여행을 다니며 다른 여자들과 바람까지 피웠다.

군복을 입은 프리츠 하버

한 가지 재미있는 점은 아인슈타인과 친구였던 하버는 밀레바 마리치와 아인슈타인의 결혼 생활이 파경에 이르기 전, 아내로서 지켜야 할 굴욕적인 행동 목록을 밀레바에게 전달해주는 메신저 노릇을 했다는 사실이다. 아인슈타인이나 하버 두 사람 모두 가장으로서 남편으로서 나쁜 남자들이었음에 틀림없다. 여기서 부질없는 상상을 해본다면 가령 마리 퀴리가 아인슈타인이나 하버를 남편으로 두었다면 어땠을까? 마리도 밀레바나 클라라처럼 좌절하고 말았을까? 아니면 그녀의 불굴의 의지와 강력한 추진력 때문에 아인슈타인이나 하버가 아내의 능력을 존중해주는 착한 남자로 바뀔 수 있었을지 궁금해진다.

여하튼 하버는 염소를 독가스로 개발하여 1915년 4월 22일 벨기에 이프르(Ypres) 전투에서 프랑스군을 상대로 첫 번째 대규모 염소가스 살포를 지휘하여 참호 속에 있던 연합군 약 1만5000명이 질식해 죽거나 다쳤다. 이프르 전선에서 베를린의 집으로 돌아온 하버는 다시 전선으로 떠나기 전날인 5월 2일, 자신의 새로운 화학전 무기를 축하하는 디너파티에 참석했다. 남편이 단지 하룻밤만 지내고 게다가 다음날 동부전선의 러시아 군대에 독가스 공격을 지휘하러 떠난다는 사실을 알게 된 클라라는 하버와 격렬한 싸움을 벌였다.

그날 새벽 45세의 클라라는 남편의 권총을 꺼내들고 정원으로 나가 자신의 가슴에 총을 쏘았다. 13살의 외아들 헤르만이 총소리를 듣고 아버지에게 알렸다. 그러나 하버는 클라라의 장례를 어린 아들에게 맡기고 그날 냉혹하게 동부전선으로 떠났다. 감수성이 예민한 나이에 끔찍한 일을 당한 헤르만은 고통스런 트라우마에서 벗어나지 못한 탓인가,

그도 어머니를 따라 1945년 자살로 생을 마감했다.

친구 사이인 하버와 아인슈타인은 남편으로서는 최악이었다.

그 후 1970년대에 들어 역사가들과 사회운동가들은 과학의 악용에 자살로 항거한 뛰어난 여성 클라라에 대해 조사를 시작하면서 그녀가 남긴 고귀한 정신이 대중에게 알려지게 되었다. 1991년 국제핵전쟁예방의사연맹 독일 지부에서는 그녀의 이름을 따서 가장 명망있는 '클라라 임머바르 상'을 제정했으며, 2000년 11월부터 도르트문트 대학(University of Dortmund)은 임머바르의 이름을 딴 여학생 멘토 프로젝트를 시작했다.

2015년은 클라라의 사망 100주년이 되는 해이다. 클라라는 비록 비극적인 짧은 삶을 살았지만 그녀의 죽음은 항상 진실하다는 의미의 자신의 이름 'Immerwahr'에 걸맞게 과학자가 지녀야 할 도덕과 윤리의 표상이 되었다.

part II

편견과 장벽에 맞선 여성 과학자들

14. 방사능 시대를 연 선구자
– 최초로 두 번의 노벨상 수상, 마리 퀴리

Marie Curie(1867~1934)

지난 2011년은 마리 퀴리가 방사성 원소인 라듐과 폴로늄을 발견한 공로로 노벨 화학상을 받은 지 100년이 되는 해로, 이를 기념하기 위해 '세계 화학의 해'로 지정된 해이기도 하다. 마리 퀴리(Marie Curie)는 최초로 노벨상을 수상한 여성일 뿐만 아니라 최초로 서로 다른 분야, 즉 물리와 화학에서 두 번이나 노벨상을 수상했고, 파리 대학 최초의 여성 교수였으며, 파리의 국가 영묘(靈廟) 판테온에 묻힌 최초의 여성이었다. 그녀는 방사능 과학의 문을 열고 이를 기초학문으로 정립했을 뿐만 아니라, 의학적인 연구와 치료에까지 활용함으로써 새로운 시대로 이끄는 역할도 했다. 모든 사회적 인습과 장벽을 넘어, 시대를 앞선 선구자이며 진정한 의미의 여성해방 운동가이기도 하다. 수많은 젊은이들의 삶의 방향에 영향을 주었고, 학문에 대한 불꽃 같은 열정을 불사른 마리 퀴리의 생애를 조명해 본다.

| 어린 시절 |

마리 퀴리(Marie Curie, 1867~1934)의 어릴 적 이름은 마냐 스쿼도프스카(Manya Skłodowska)로, 1867년 11월 7일 폴란드의 수도 바르샤바에서 아버지 블라디슬로프(Wladyslaw Skłodowska)와 어머니 브로니슬라브(Bronisława Skłodowska) 사이에서 1남 4녀 중 막내로 태어났다. 당시 폴란드는 세 나라에 의해서 분할되어 있었는데, 동쪽은 제정러시아(바르샤바 포함), 남쪽은 오스트리아 제국, 그리고 서쪽은 프러시아의 지배를 받았다.

마냐의 아버지는 남자 고등학교에서 수학·물리 수석 교사였고, 어머니 역시 명문 여학교 교장이었다. 그녀의 부모는 폴란드의 독립은 무력에 의해서가 아니라 끊임없는 교육과 지적 성장, 특히 과학을 통해서 가능하다고 믿고 있었다.

마냐가 태어날 무렵 제정러시아는 폴란드인의 민족적 정체성 말살 정책으로 폴란드 문화와 언어를 배우거나 사용하지 못하도록 박해를 했다. 공립학교에서는 폴란드에 적대적인 러시아 교사들이 전 과목을 러시아어로만 가르쳤고, 폴란드인이 세운 사립학교에서는 삼엄한 감시의 눈을 피해 모국어와 민족정신과 문화를 가르치려 했지만 그러나 이런 사립학교들은 법적으로 졸업장을 줄 수 없었다.

마냐가 6살 때 아버지가 친폴란드적이라는 이유로 학교에서 해고당하고 점점 한직으로 학교를 옮겨 다니자 집안 형편은 점차 악화되었다. 마냐가 12살 되던 해, 어머니는 결핵으로 5년의 투병 끝에 42살의 나이로 세상을 뜬다. 마냐는 어릴 때부터 총명하여 어려운 집안 상황에도 불구하고 학교에서 촉망받는 학생이었고, 고등학교를 최우등으로 졸업하여

금메달을 받았다.

그녀는 바르샤바에서 의학을 공부하고 있는 오빠 요제프(Josef)처럼 대학에 진학하고 싶었지만 당시 여자들에겐 대학 입학이 허용되지 않아, 언니 브로니슬라브(Bronislawa)와 함께 이동학교(Floating University)에 다녔다. 이동학교란 제정러시아 당국의 눈을 피해 이리저리 옮겨 다니며 가르치는 야간학교를 말한다. 아버지가 투자 실패로 그나마 있던 돈을 몽땅 날리게 되자 언니 브로니슬라브와 마냐는 더욱 힘겹게 투쟁하지 않을 수 없었다. 브로니슬라브가 파리로 가서 의과대학을 다니는 동안, 마냐는 돈을 벌어 언니를 도와주고 2년 후에는 교대해서 언니가 그녀를 도와주기로 약속을 한다. 마냐는 약속대로 언니를 돕기 위해 처음에는 변호사 집에서, 그 후에는 농장을 경영하는 아버지의 친척 조라프스키(Żorawski) 집에서 가정교사를 했다.

가정교사로 일하는 동안 마냐는 훗날 유명한 수학자가 되는 그 집의 장남 카지미에시(Kazimierz Żorawski)와 사랑에 빠지게 된다. 그러나 땡전 한푼 없는 가난한 집에 아들을 장가보내고 싶지 않은 그의 부모는 두 사람의 결혼을 극렬히 반대하고, 마냐는 가정교사 자리까지 잃게 된다. 그녀는 다른 집에서 가정교사 자리를 얻어 언니를 경제적으로 도우면서 한편으로는 유명한 러시아 화학자 멘델레예프 밑에서 조수로 일한 적이 있던 사촌 유제프 보구스키(Józef Boguski)가 관리하던 농공박물관 실험실에서 과학에 대한 실험 교육을 받았다.

1891년, 카지미에시에 대한 미련으로 바르샤바를 떠나지 못하고 있는 마냐에게 그의 편지가 날아왔다. 그녀와의 관계를 깨끗이 정리하겠다는 내용이었다. 카지미에시의 단호한 편지, 그리고 파리로 와서 공부하라는 언니의 끈질긴 설득에 마침내 마냐는 파리에 가서 공부하기로 결심하고 바르샤바를 떠났다.

그때 만일 부모의 반대를 무릅쓰고 두 사람의 사랑이 결실 맺었더라면 과학의 역사는 또 어떻게 바뀌었을까?

소르본 대학에 들어가자 그녀는 '마냐'라는 폴란드식 이름을 버리고 마리 스쿼도프스카(Marie Sklodowska)라는 프랑스식 이름을 사용한다. 약속대로 언니에게 경제적인 도움을 받았지만 낮에는 공부하고 저녁에는 가정교사로 일하면서 고단한 고학 생활을 이어갔다. 이러한 노력의 결실로 1893년에 물리학 석사학위를 받고, 이듬해 수학 석사학위를 취득하기 전 프랑스 공업진흥협회로부터 여러 종류의 강철의 화학적 조성과 자성과의 관계에 대한 연구를 의뢰받았다. 그러나 의뢰받은 연구를 하기에는 리프만(Lippman) 교수의 공업 실험실은 너무 비좁아서 새로운 실험실을 찾아야 했고 실험실 공간을 찾는 일은 예기치 않은 운명적인 만남으로 이끌어간다.

| 퀴리 부부의 사랑과 결혼 |

1894년 봄, 마리는 폴란드 물리학자인 지인에게 실험실 문제를 의논했다. 그는 자신의 동료인 피에르 퀴리(Pierre Curie)가 그녀를 도울 수 있을 거라는 생각에 두 사람을 소개하면서 8살 연상의 피에르가 그녀의 인생에 들어오게 된다. 당시 35세의 피에르 퀴리는 압전효과, 퀴리의 법칙, 퀴리온도 등 자성(磁性)에 대한 선구적인 연구로 촉망받던 물리학자로, 파리공업 물리화학 고등전문학교(ESPCI)에서 교편을 잡고 있었다. 그들의 만남은 두 사람의 인생뿐만 아니라 과학의 진로에도 큰 변화를 가져온다.

피에르 퀴리는 15년 전 가깝게 사귀었던 여성의 죽음 이후 연애에 대해 거의 포기한 상태였다. 그러나 예전의 연인은 과학에 전혀 흥미가 없었던 반면, 마리에게서는 자신과 버금갈 정도의 과학에 대한 열정을 발견하고는 그녀에게 사랑을 느끼게 된다. 1894년 여름, 마리는 수학 석사학위 최종시험에 합격하고 고향 바르샤바로 돌아가 휴가를 보내고 있었다. 그러면서 폴란드에서 가장 역사가 오랜 크라쿠프(Krakow) 대학에 취직하려고 지원했지만 거절당하고 말았다.

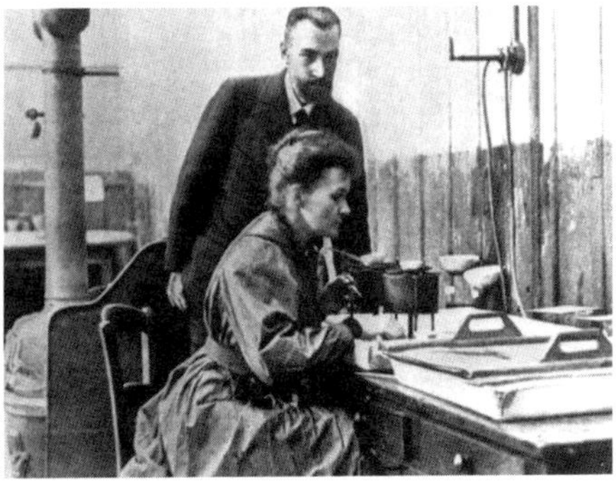
마리와 피에르 퀴리

실망에 빠져 있던 그녀에게 피에르는 편지를 보내 격려했다. 가슴을 울리는 피에르의 연애편지를 수차례 받고나자 마리는 파리에 가서 박사학위를 할 것을 결심한다. 그녀는 자신뿐만 아니라 피에르에게도 박사학위를 받을 것을 강력하게 권유했다. 피에르는 지난 15년 동안 물리의 여러 분야에서 중요한 과학적 연구 업적을 많이 쌓았지만 박사학위를 끝내지 못한 상태였다. 마리는 피에르에게 자성에 대한 연구를 학위논문 주제로 하라고 적극 권유했고, 압박을 받은 피에르는 마침내 1895년 3월 학위를 끝내고 학교에서도 전임강사에서 교수로 승진했다.

그해 7월 마리와 피에르는 시청에서 결혼식을 올렸는데, 결혼반지도 축하연도 없는 소박한 결혼식이었다. 여성이라면 누구나 선망하는 순백의 웨딩드레스 대신 결혼식이 끝나고 곧장 실험실로 가기 위해 검정색 옷을 입었다. 그녀는 일상적으로 때가 잘 타지 않는 검정색 옷을 즐겨 입었는데, 노벨상 시상식에 참석했을 때도 역시 검정색 옷차림이었다.

예식을 마친 후 두 사람은 자전거로 프랑스 시골을 누비는 색다른 신혼여행을 떠났다. 이제 마리 스쿼도프스카는 마리 퀴리가 되었다. 결혼 이후로 두 사람은 실험실을 떠난 적이 거의 없지만, 두 가지 취미(자전거 여행과 해외여행)를 공유하면서 서로에게 인생의 반려자이자 과학 연구의 믿음직한 학문적 동지가 된다. 퀴리 부부는 이렌(Irène)과 이브(Eve) 두 딸을 두었다.

| 새로운 방사성 원소 폴로늄과 라듐의 발견 |

1895년~1898년은 과학사에서 중요한 시기이다. 1895년 11월 8일에 뢴트겐(Wilhelm Roentgen)이 X선을 발견하여 과학계를 놀라게 했고, 그렇게 해서 방사능 시대가 탄생했다.

많은 과학자들이 X선을 철저히 이해하기 위해 연구에 뛰어들었는데, 그 중 한 사람이 프랑스 과학자 앙리 베크렐(Henri Becquerel)이다.

피치블렌드

1896년 2월 26일과 27일, 베크렐은 검은 천으로 싼 사진건판을 다시 알루미늄 박판으로 덮고 그 사이에 황산우라늄 칼륨을 놓았다. 실험실에 돌아온 일요일, 그는 염들이 어둠 속에서 사진건판에 광선을 방출한 것을 발견하게 된다. 예기치도 않은 방사선을 발견한 것이다! 이 현상이 무엇인지를 세상에 설명하고 새로운 방사성 원소를 발견하는 일은 후에 마리 퀴리의 몫이 된다.

마리와 피에르는 베크렐의 논문을 읽고 난 후, 베크렐이 발견한 현상을 그녀의 박사학위 논문의 주제로 삼아야겠다고 결정한다. 마리는 압전기계(piezo-electrometer)로 우라늄염으로부터 방출되는 것으로 알려진 전하량을 측정했다. 압전기계는 피에르와 그의 형 자크가 15년 전에 만든 것이었다. 마리는 수많은 실험을 통해, 그 강도는 우라늄 양의 절대량에 비례한다는 베크렐의 결론을 확인할 수 있었다. 그리고 한걸음 더 나아가 우라늄 화합물에서 나오는 방사선은 우라늄 원소의 원자구조 자체 속에 들어 있는 원자의 성질일 것이라는 결정적으로 중요한 가정을 한다.

그녀는 방사선을 방출하는 원소나 광물이 더 존재하는지를 찾아내기 위해 주기율표에 실린, 세상에 알려진 모든 원소들을 구해서 두 금속판 사이에 놓은 뒤 공기 중에 전류가 흐르는가를 측정했다. 철두철미하고 정밀한 실험을 반복한 끝에 마침내 1898년 4월, 전기적 활동을 나타내는 원소 토륨(Thorium)을 찾아냈다. 그녀는 우라늄과 토륨의 성질을 묘사하기 위해 광선(ray)이라는 의미의 라틴어 라디우스(radius)를 어원으로 방사능(radioactivity)이라는 새로운 단어를 만들었다.

마리의 실험 결과에 흥미를 느끼게 된 피에르는 본격적으로 마리의 연구에 합류했다. 그런데 우라늄의 원광인 피치블렌드(pitchblend)와 캘콜라이트(chalcolite)에서 검출되는 방사능이 정제된 우라늄에서 발생되는 방사능보다 더 강하다는 역설(逆說)에 직면하게 된다. 피치블렌드는 거의 30가지의 원소로 이루어져 있는데, 정체불명의 이 원소는 극히 미량만 있어도 강한 방사선을 방출하는 것이다. 마리는 이 두 광석에 우라늄이나 토륨이 아닌 어떤 새로운 원소가 존재하며, 그 원소는 아주

적은 양으로도 엄청나게 강한 방사선을 방출하는 것이 아닐까 하는 대담한 가설을 세운다. 마리와 피에르는 피치블렌드 안에 있는 여러 광물들을 화학적으로 반복해 분리하여, 1898년 7월과 12월 각각 새로운 원소 폴로늄(polonium)과 라듐(Radium)의 존재를 발견했다. 폴로늄은 마리의 조국 폴란드에서, 라듐은 광선이라는 의미의 라틴어 라디우스에서 따와서 지은 이름이다. 이 두 새로운 원소들은 화학적 성질이 완전히 다르지만 둘 다 매우 강한 방사능을 갖고 있다.

마리는 폴로늄·라듐 원소의 존재를 과학계에 확신시키기 위해, 비스무트(Bi)와 바륨(Ba)과 섞여 있는 이 원소들을 분리하는 일에 착수한다. 분별결정법으로 라듐염을 분리해내기 위해 3년의 힘들고 고된 작업을 거쳐, 1902년 마침내 1톤의 피치블렌드에서 0.1그램의 라듐염을 분리 정제해낼 수 있었다. 이윽고 시험관에서 푸른빛의 발광이 보이자 마리는 "요정 같은 빛"이라고 감격해 한다. 그녀의 거의 초인적인 집념이 결실을 본 순간이다. 마리는 베크렐의 지도 아래, 1903년 드디어 파리 대학에서 이학박사 학위를 받았다.

| 첫 번째 노벨 물리학상 수상과 피에르의 죽음 |

과학 분야에서 노벨상이라는 남성들만의 요새에 여성이 들어오는 것을 허락하지 않던 시절인 1902년, 프랑스 과학학술원은 노벨 물리학상 후보로 앙리 베크렐과 피에르 퀴리 두 사람을 지명한다. 피에르는 마리의 중요한 업적을 빼고 자신만 지명된다는 것은 부당하며 마리와 공동수상이 아니라면 자신도 노벨상을 거부하겠다는 청원서를 냈다. 다행히 여성 과학자들을 열렬히 지지했던 스웨덴의 노벨상 지명위원회 위원인 수학자 미타그레플레르(Magnus Gösta Mittag-Leffler)가 개입하여 마리 퀴리도 가까스로 후보자로 지명될 수 있었다.

1903년 12월, 스웨덴 왕립과학학술원은 앙리 베크렐, 피에르 퀴리와 마리 퀴리에게 노벨 물리학상을 수여하는데, 퀴리 부부의 업적 부분에서 "앙리 베크렐 교수가 발견한 방사선 현상에 대해 공동 연구로 이룬 특별한 업적을 인정하여"라고만 했을 뿐 폴로늄과 라듐, 두 원소의 발견에 대해서는 언급이 없었다. 그 이유는 퀴리 부부가 이 원소들의 발견으로 장차 노벨 화학상을 받을 수 있다는 노벨상 지명위원회의 한 화학자의 주장과, 또 분리된 양이 너무 적어 새로운 원소들에 대한 약간의 의구심이 여전히 남아 있기 때문이었다.

노벨상 수상으로 퀴리 부부는 하루아침에 유명인사가 되었다. 소르본 대학에서는 피에르에게 교수직을 제공하고 그의 연구실을 설립해 주었고, 마리는 그 연구실 책임자가 된다. 1905년 피에르는 이전에 입회가 거부되었던 프랑스 과학학술원 회원으로도 선출되었다.

그러나 탄탄대로가 열릴 것 같던 피에르에게 비극적 운명이 닥쳐왔다. 1906년 4월 19일, 폭우 속에서 길을 건너던 피에르는 6톤 무게의 군복을 싣고 가던 마차에 치여 그 자리에서 숨졌다. 그날 저녁때가 되어서야 소식을 들은 마리는 큰 충격에 빠졌다. 남편이자 동료이며 동반자인 피에르 없는 미래를 어떻게 살아가야 할지 앞날이 절망적이었다.

그러나 장례식을 치른 다음날, 마리 퀴리의 강인한 면모를 보여주는 두 가지 일화가 있다. 첫 번째는 피에르의 형 자크의 격려를 받은 마리는 연구를 계속하기 위해 실험실로 돌아갔다는 것, 두 번째는 프랑스 정부가 그녀와 아이들을 위해 유족연금을 주겠다고 제안했을 때 "나는 충분히 내 자신과 아이들을 돌볼 수 있다"며 단호하게 연금을 거부한 사실이다. 1906년 5월 13일, 소르본 대학은 피에르의 교수직을 마리에게 주겠다고 제안했고, 마리는 소르본 대학 최초의 여성 교수가 된다.

| 방사능과 의료분야에서의 라듐의 활용 |

1900년 독일의 의학자 발크호프(Otto Walkhoff)와 기젤(Friedrich Oskar Giesel)이 "방사선이 생체조직에 영향을 끼친다"고 발표했고, 피에르 퀴리는 라듐을 팔에 붙여 피부가 화상과 같은 손상을 입는 것을 확인했다. 즉, 라듐이 생물의 조직을 손상시킨다는 피에르의 연구 결과는 역으로 라듐이 피부질환이나 악성종양을 치료하는 데 쓰일 수 있다는 것을 의미한다.

라듐은 즉시 의료업계에서 활용되었다. 이것은 후에 라듐요법(또는 퀴리요법)으로 불리게 되었으며, 라듐은 대중들에게 신비의 명약이라고까지 알려지게 되었다. 당시에는 어느 누구도 방사선 피폭이 얼마나 위험한가를 인식하지 못하고 있었다. 퀴리 부부도 방사성 물질을 취급하면서 어떠한 안전 대책도 마련하지 않았고 이로 인해 그들의 건강이 어떤 대가를 치르고 있는지 그때는 전혀 알지 못했다.

프랑스의 기업가 아르메 드릴(Emile Armet De Lyle)은 퀴리와 협력하여 라듐을 산업적으로 생산하여 의료분야에 제공했는데, 당시 1그램당 7만 달러로(피치블렌드 속에는 라듐이 극히 미량밖에 없어서 생산비가 많이 든다) 라듐은 세계에서 가장 비싼 물질이 되었다. 그러나 퀴리 부부는 라듐정제법에 대해 특허를 취득하지 않고 공개해 버렸기 때문에 금전적으로 도움이 된 것은 전혀 없었다.

1906년, 마리 퀴리는 남편 피에르의 죽음으로 엄청난 충격과 비탄에 빠져 있었지만, 엄청난 양의 염화라듐(Radium Chloride)에서 순수한 라듐 금속을 분리하는 일을 계속하며 거의 5년 동안 지루하고 육체적으로 고된 시간을 보낸다.

그러나 그녀의 치열한 노력 덕분에 1910년 라듐을 분리하여 주기율표 속의 한 원소로 자리잡게 만들었다. 이 기간 동안 마리의 오랜 동료 드비에른(Andre Debierne)이 라듐보다 50배나 많은 방사능을 방출하는 폴로늄염을 분리해내는 데 성공한다. 그러나 마리는 반감기가 단지 138일인 폴로늄을 순수 금속으로 분리하지는 못했다.

1909년, 마리의 열렬한 지지자였던 파스퇴르 연구소장 에밀 루(Emile Roux)가 생물, 의학, 물리, 화학분야가 협력하여 라듐과 그 활용에 대해 연구하는 실험실을 만들자고 제안해 왔다. 이로써 1914년 마리의 평생 꿈이었던 라듐 연구소가 세워졌는데, 그 머릿돌에는 실험실이 아니라 '라듐 연구소, 파빌리온 퀴리(Institut du Radium, Pavillion Curie)'라는 글귀가 새겨졌다. 이 연구소는 처음에는 50명의 연구원들로 출발했지만 오늘날에는 1400명이 일하는 유명한 연구소로 성장했다.

1910년에는 마리의 든든한 지원자였던 시아버지(연구에 바쁜 며느리를 위해 두 아이들을 살뜰히 돌보아 주었다)가 죽자 마리와 아이들은 크게 상심했다. 같은 해 마리는 그때까지의 연구를 매듭짓는 《방사능 개론》을 출판하고 라듐 방사능의 국제기준 단위를 정하는 일로 바쁘게 보낸다. 1911년 퀴리 부부를 기념해 방사능 단위에 퀴리(Ci), 원자번호 96번 원소에 퀴륨(curium)이라는 명칭이 붙여졌다.

1910년 11월, 마리는 권위 있는 프랑스 과학학술원 회원이 되기 위해 물리 분야의 공석 한 자리에 입후보하는데, 그녀의 경쟁자는 66세의 브랑리(Edouard Branly)였다. 이 한 자리를 놓고 두 후보를 지지하는 진영이 양쪽으로 갈라지고, 여기에 매스컴까지 가세하여 치열한 공방전이 벌어졌다. 마리를 반대하는 보수 진영은 브랑리가 경건한 가톨릭 신자이고 프랑스인이며 남성이고, 마리는 자유주의자이고 폴란드인이며 게다가 여성이라고 서로 대비시켰다. 특히 엉뚱하게도 마리가 유대인이라는 등, 심지어 그녀의 업적이 남편 덕이라고까지 폄하하며 맹비난했다.

결국 대중의 지대한 관심을 모으며 1911년 1월 23일 치러진 학술원 회원 선출 투표에서 마리는 2표 차이로 패배했지만, 언제나 그랬던 것처럼 그녀는 연구에 몰두함으로써 이 사건을 무시해 버린다.

| 두 번째 노벨 화학상 수상과 영욕의 시간 |

스웨덴의 노벨상 위원회는 1911년 마리 퀴리에게 "라듐과 폴로늄 원소를 발견하고 이 원소들을 분리하여 그 화합물과 특성에 대한 연구로 화학의 발전을 가져온 업적을 인정하여" 노벨 화학상을 수여한다고 발표했다. 이로써 마리 퀴리는 물리와 화학에서 노벨상 2관왕이 되었다. 지금까지 각각 다른 분야에서 노벨상을 2번 받은 사람은 마리 퀴리가 첫 번째이고, 두 번째는 폴링(Linus Pauling)으로 화학과 평화 부문에서 수상했다.

그런데 피에르의 죽음 이후 혼자서 이뤄낸 영광스런 노벨상 수상 소식은 때맞춰 터져나온 랑제방과의 불륜 스캔들로 엉망이 되고 만다.

남편 피에르의 제자였던 랑제방(Paul Langevin)은 수중음파탐지기를 발명한 촉망받는 물리학자로 마리보다 5살 연하였다. 네 아이를 둔 가장인 랑제방의 부부 사이는 평탄치 못했다. 그의 아내는 가정생활보다 과학을 최우선시하는 남편을 이해하지 못했다.

5년 전 38살에 남편을 잃은 퀴리와 과학을 이해하지 못하는 아내를 둔 랑제방 사이에 사랑이 싹텄고 1910년부터 약 1년간 부적절한 관계가 지속되었다. 두 사람에 대한 소문이 퍼지면서 랑제방의 아내는 법적으로 별거 절차를 밟기 시작한다.

1911년 가을 '방사능의 발견으로 현대 물리학이 당면한 도전'이란 주제로 브뤼셀에서 열린 솔베이(Solvay) 국제회의에 마리 퀴리와 랑제방, 그리고 22명의 세계 최고의 물리학자들이 참석했다.

마리 퀴리가 두 번째 노벨상을 받기 3일 전, 랑제방의 아내는 두 사람 사이에 오고 간 편지를 신문사에 흘리면서 자신은 아이들의 양육권과 위자료를 원한다고 공개적으로 밝혔다. 프랑스 신문은 두 사람의 관계를 불륜이라고 대서특필했고, 공교롭게도 그날은 마리 퀴리의 노벨상 수상이 발표된 날이었다. 영광스런 두 번째 노벨상 수상 소식은 이 대형 스캔들의 폭발력에 완전히 묻혀버리고 말았다.

신문기사의 영향은 일파만파로 퍼져나가, 폴란드 여인이 프랑스 여인의 남편을 빼앗은 가정 파괴범으로, 또 피에르의 죽음도 사고가 아니라 아내의 불륜 때문에 자살한 것이라는 유언비어까지 더해져 마리 퀴리는 엄청난 지탄을 받게 되었다. 성난 군중들은 그녀의 집으로 몰려가 돌을 던져 유리창을 부수기도 했다.

브뤼셀에서의 학술회의 도중 노벨상 수상 소식과 자신의 불륜 기사를 동시에 접한 마리 퀴리는 급히 프랑스로 귀국했다. 퀴리는 소(Sceaux)에 있는 자신의 집 앞에 몰려든 성난 군중들과 공포에 떨고 있는 두 딸을 발견한다. 불륜 스캔들의 또 다른 주인공인 랑제방은 퀴리의 명예를 지키겠다는 생각에 불륜 기사를 신문에 낸 편집자들 중 한 사람인 테리(Gustave Tery)에게 결투를 신청했다. 두 남자는 권총으로 결투를 하려고 마주섰으나 정작 어느 쪽도 총을 쏘지는 않았다. 테리는 프랑스에서 가장 위대한 인물 중 한 사람을 국가로부터 빼앗을 수 없다는 이유로 총 쏘기를 거부했고, 랑제방은 자신은 암살자가 아니라고 선언하면서 총을 내려놓았다.

불륜 스캔들에 관한 한 둘째가라면 서러워 할 아인슈타인은 어찌 생각하면 매우 모욕적이기까지 한 이상한 추론을 내놓으면서 퀴리를 옹호하고 나섰다. "퀴리는 번뜩이는 지적 능력을 가졌습니다. 그러나 열정적인 천성에도 불구하고, 그녀는 결코 남에게 위협이 될 정도로 매력적이지는 않지요."

한편 스캔들의 절정에서 스웨덴 왕립학회는 마리에게 노벨상 수상식에 참석하지 말 것을 권고했다. 그러나 마리는 "개인적인 일과 공적인 일은 아무 관계가 없다"며 이번에도 역시 검은 드레스 차림으로 당당히 노벨상 수상식에 참석한다. 혹독한 시련을 치른 마리는 심각한 우울증과 건강 악화로 병원에 입원하고, 장기간 요양을 한 후 14개월 후에야 그녀가 평생을 바쳐 연구하던 실험실로 돌아올 수 있었다.

마리 퀴리와 랑제방의 연인 관계는 대중의 압력에 굴복했지만 두 사람은 라듐 연구소에서 평생 동안 함께 일하면서 학문적 동지로 지냈다. 그리고 오랜 시간이 지난 후 그들의 사랑은 후속편으로 이어지는데, 핵물리학자인 랑제방의 손자가 같은 핵물리학자인 마리의 손녀와 사랑에 빠져 결혼하는 것으로 결실을 맺는다.

| 제1차 세계대전과 마리 퀴리의 말년 |

시간이 지나자 마리 퀴리에 대한 프랑스 대중의 시선도 누그러졌다. 프랑스 정부의 재정적 지원에 힘입어 마리의 필생의 숙원 사업인 라듐 연구소가 문을 열던 해인 1914년 8월 제1차 세계대전이 일어나 젊은 남성 연구원들이 모두 군대로 소집되는 상황이 되었다.

퀴리는 몸 속에 박힌 총탄이나 파편 등을 수술 전에 확인할 수 있다면 부상자의 생존율이 높아질 거라고 생각해, X선 장치를 실은 구급차를 싣고 전쟁터로 나섰다. 그녀의 딸 이렌도 동참해 장비 다루는 일을 맡았는데, 이 이동 X선 차는 부상자 치료에 위력을 발휘해 이렌은 군대 내에서 '작은 퀴리'라는 별명으로 불리었다.

전쟁이 끝나자 마리 퀴리는 직접적인 연구보다는 연구소 재정을 마련하는 일에 힘을 쏟았다. 이제 그녀는 국내외로 존경을 받는 인물이 되었는데, 미국에 퀴리를 홍보한 사람은 여기자 메로니(William Brown Meroney)였다. 토머스 에디슨의 대저택을 방문한 적이 있었던 메로니는 검소한 마리 퀴리의 집을 보고 충격을 받았다. 1920년 인터뷰에서 메로니가 "당신이 원하는 것이 무엇인가요?"라고 질문하자, 이에 퀴리는 "실험실에서 쓸 1그램의 라듐"이라고 대답했다. 메로니 기자는 귀국 후, 당시 1그램 당 10만 달러나 하는 라듐의 구입 자금을 모금했고, 이듬해인 1921년 퀴리는 백악관에서 워런 하딩(Warren G. Harding)

이렌과 프레데릭 졸리오

대통령에게서 라듐 1그램을 선물 받는다.

마리 퀴리는 평생 연구에만 몰두하면서 아무런 안전장치도 없이 끊임없이 방사능에 노출된 탓에 백혈병이 발병해 1934년 7월 4일 세상을 떠났다. 1995년 4월 20일 퀴리 부부의 유해는 엄숙한 의식이 거행되는 가운데 프랑스의 국가적 위인들만이 묻힐 수 있는 판테온에 안장되었다. 마리 퀴리는 그녀 자신이 쌓은 업적으로 판테온에 묻히는 최초의 여성이 되었다.

큰딸 이렌(Irène Joliot-Curie)은 어머니의 조수였던 프레데릭 졸리오(Jean Frederic Joliot)와 1926년 결혼하고, 1935년 '인공 방사성 원소의 연구'로 남편과 함께 노벨 화학상을 수상했다. 한 가족이 모두 5개의 노벨상을 수상하는 대기록을 세운 것이다. 1936년 이렌은 어머니의 후임으로 파리 대학 교수에 취임하고, 레지옹 도뇌르 훈장을 받았다.

한편 마리 퀴리의 둘째 딸 이브는 작가로 어머니의 전기인 《마담 퀴리》를 1937년 출간했다.

15. 순수 수학은 논리적인 아이디어의 시(詩)

– 창조적인 천재 여성 수학자, 에미 뇌터

Amalie Emmy Noether(1882~1935)

"추상대수학과 이론물리학에 획기적인 기여를 하여 역사상 가장 주목할 만한 창조적인 천재 여성 수학자."

아인슈타인에게서 이 같은 극찬을 받은 아말리에 에미 뇌터(Amalie Emmy Noether, 1882~1935)는 독일 출신의 여성 수학자로 **환론**, **군론**, 대수학에 혁신을 가져왔고 현대물리학 발전에도 큰 영향을 준 인물이다. 그녀는 물리를 떠받치는 두 개의 핵심개념인 '자연의 대칭성'과 '보존의 법칙'을 간결하게 통합시킨 '뇌터의 정리'를 발표했는데, 이 뇌터의 정리는 아인슈타인의 상대성이론만큼이나 중요하다고들 말한다. 그럼에도 불구하고, 일반인들은 말할 것도 없고 과학계 사람들에게도 에미 뇌터라는 이름은 잘 알려져 있지 않다. 단지 여성이라는 이유로 대학교수직을 거부당하는 냉대와 차별에도 불구하고, 모든 장벽을 뛰어넘어 수학계에 우뚝 선 에미 뇌터의 생애를 살펴본다.

환론(環論)과 군론(群論)
환론은 대수학에서 환의 구조에 관한 연구 이론을 말하며, 군론은 군의 이론과 응용에 관해 연구하는 학문을 말한다.

| 에미 뇌터의 어린 시절 |

에미 뇌터는 아마도 태어날 때부터 위대한 수학자로 운명지어져 있었는지도 모른다. 아버지 막스 뇌터(Max Noether)는 에를랑겐(Erlangen) 대학의 저명한 수학 교수였고, 어머니 이다 아말리아 카우프만(Ida Amalia Kauffmann)은 쾰른(Cologne)의 부유한 상인 가문의 딸로 부모 모두 유대계 독일인이었다. 1882년 4남매 중 장녀로 태어난 그녀의 이름은 어머니와 할머니 이름을 따서 아말리에(Amalie)라고 지었지만, 어릴 때부터 중간 이름인 에미를 사용했다.

그녀의 세 남동생 중 2명도 과학자였는데 프리츠(Fritz Noether)는 유명한 이론물리학 교수였고, 첫째 동생 알프레드(Alfred Noether)는 1909년 에를랑겐 대학에서 화학 박사학위를 받은 뒤 9년 후에 사망했다. 뇌터 가족 중 에미가 가장 뛰어나, 막스 뇌터조차도 '에미 뇌터의 아버지'로 불렸을 정도이다.

에미 뇌터는 10대 때에는 음악과 춤에 많은 관심을 보이며, 여느 중상류층 소녀들처럼 독일어, 영어, 불어와 인문학을 배우고 피아노 레슨을 받으면서 평범한 어린 시절을 보낸다. 당시 여학생들은 대학 입학을 준비하는 대학예비학교에 들어갈 수 없어서 에미는 일반 고등학교를 마친 뒤, 1900년 바바리아(Bavaria) 주에서 시험을 치러 여학교에서 영어와 불어를 가르칠 수 있는 교사 자격증을 받았다.

그러나 에미는 가르치는 것보다는 대학에서 수학을 계속 공부하고 싶어 했고, 수천 명의 남학생들 중 단 2명뿐인 여학생의 하나로 에를랑겐 대학에서 1900년~1902년 수학을 청강한다. 1903년에는 괴팅겐 대학 청강생으로 입학시험에 합격하여 1904년까지 블루멘탈(Otto

Blumenthal), 힐베르트(David Hilbert), 클라인(Felix Klein)과 민코프스키(Hermann Minkowski) 교수의 강의를 들었다.

마침내 1904년 에를랑겐 대학이 여학생에게도 대학 입학을 허용하자 에미는 에를랑겐 대학으로 편입하여 1904년에 졸업하고, 1907년에는 고르단(Paul Gordan) 교수 밑에서 수학으로 박사학위를 받는다. 에를랑겐 대학의 수학과 교수인 아버지 막스 뇌터와 그의 동료 고르단은 초기에 에미 뇌터가 수학자로 성장하는 데 큰 영향을 주었다.

| 에른스트 피셔와의 만남 |

정상적으로 수학 박사학위를 받으면 독일에서는 심사를 거쳐 대학교수 자격(habilitation)이 주어지는데, 그러나 여성에게는 교수 자격이 허용되지 않았다. 에미는 에를랑겐 대학의 수학연구소에서 무보수에 직함도 없이 아버지를 도우며 1908년~1915년까지 7년 동안 일한다. 지도교수 고르단이 1910년 은퇴 후 2년 뒤에 작고하자 그 후임으로 피셔(Ernst Fischer)가 부임한다.

피셔는 특히 힐베르트의 연구를 에미 뇌터에게 소개해 줌으로써 그녀에게 큰 영향을 주었다. 피셔는 에미 뇌터가 형식과 공식을 중요시하는 고르단의 구성주의 스타일에서 벗어나 존재성 증명이 특징인 힐베르트의 공리적이고 추상적인 스타일로 바꾸는 데 영향을 주었다. 이 기간 동안 뇌터는 대수학자인 피셔와 함께 자신의 연구를 하면서 좀 더 일반적이고 이론적인 대수학 분야를 연구하여 훗날 이 분야에서 인정을 받게 된다.

에미 뇌터

에른스트 피셔

1915년, 뇌터는 힐베르트와 클라인으로부터 '수학의 메카' 괴팅겐 대학에서 같이 일하자는 초청을 받았다. 두 사람은 뇌터에게 교수 자리를 주려고 백방으로 애를 썼지만 "여성은 독일 대학의 객원강사가 될 수 없다"고 주장하는 교수들 때문에 임용되지 못했다. 어떤 교수는 "군인들이 전쟁터에서 대학으로 돌아왔을 때, 여성의 발밑에서 배워야 한다는 것을 알게 되면 어떻게 생각하겠는가?"라는 황당한 이유를 들어 반대했다. 이에 분개한 힐베르트는 "객원강사를 임용하는데 왜 후보자의 성별이 논쟁거리가 되는지 이해할 수 없다. 어쨌든 여기는 공중목욕탕이 아니라 대학이 아닌가?"라고 반박했다.

그러나 결국 여성이라는 이유로 임용이 무산되고 뇌터는 괴팅겐 대학의 수학연구소에서 무보수로 일을 하게 된다. 뇌터는 1915년 4월 말에 괴팅겐으로 갔는데 2주 후 갑자기 에를랑겐에서 어머니가 세상을 뜨고, 거의 같은 시기에 아버지도 은퇴를 하며, 남동생은 제1차 세계대전에 참전하는 등 집안이 어수선해졌다. 그녀가 쇠약해진 아버지를 돌보기 위해 몇 주 동안을 에를랑겐에서 보내고 다시 괴팅겐으로 돌아왔을 때는 힐베르트 이름으로 된 강의를 그의 조수 자격으로 가르치는 것만 허용되었다. 그러나 강의는 점차 유명해져서 전 유럽에서 수학자들이 강의를 듣기 위해 몰려들었다. 하지만 뇌터는 처음 1년간 공식적인 직함도 없어 무보수로 일했기 때문에, 가족들에게 생활비를 타서 쓰며 연구를 해야 했다.

그녀가 막 괴팅겐에 도착한 후인 1915년 6~7월경 아인슈타인(Albert Einstein)이 괴팅겐 대학에서 일반상대성이론에 대해 6차례 강의를 했다. 당시 아인슈타인은 상대성이론을 완성한 상태가 아니어서 완전한 장(場)이론(Field theory)을 찾아야만 했다. 그러나 아인슈타인의 아이디어가 너무도 흥미로워서 청중들은 이 강의에 완전 매료되었다. 강의를 마치고 난 후 아인슈타인은 "힐베르트와 클라인에게 확신을 주는 데 성공하여 매우 기쁘다"라고 말했다고 한다.

아인슈타인은 1905년부터 특수상대성이론에 중력장을 포함시켜 일반상대성원리를 얻으려고 연구하고 있었는데 1907년에 중력 질량과 관성 질량이 동등하다는 일반상대성이론의 핵심이라고 할 수 있는 등가의 원리(equivalence principle)를 발견했다. 그러나 아인슈타인은 다시 8년이라는 세월을 보내고, 1915년 11월에야 유명한 〈일반상대성원리〉 논문을 제출한다. 그런데 놀랍게도, 같은 달 힐베르트가 제출한 논문에서도 변분원리(variational principle)로 같은 '장 방정식(場方程式, Field Equation)'이 발표되었는데, 힐베르트와 아인슈타인이 각각 독립적으로 거의 같은 시기에 일반상대성원리를 위한 '장 방정식'을 얻은 것이다. 괴팅겐 대학에서는 힐베르트, 클라인 등이 최근 완성된 일반상대성원리에 큰 흥미를 느끼고 있었지만, 국지적으로 에너지가 보존이 되지 않아 에너지 보존의 법칙이 여전히 풀리지 않는 이슈가 되었다.

| 괴팅겐 대학에서 추상대수학의 황금기를 주도하다 |

힐베르트와 클라인이 주고받은 편지에 의하면, 힐베르트는 이 문제를 명확하게 해결하기 위해 뇌터에게 도움을 요청했다는 내용이 있는 것으로 보아, 아마도 이때부터 그녀는 일반상대성원리에 대해 연구하기 시작한 것 같다.

뇌터는 1918년 일반상대성원리와 입자물리 양쪽에 기본이 되는 중요한 두 가지 정리를 발표하는데, 그 중 하나가 '뇌터의 정리'이다. 뇌터의 정리는 "미분 가능한 계의 작용에 연속적인 대칭성이 있으면 거기에 대응하는 보존량이 존재한다"는 것으로, 대칭성과 보존법칙 사이의 일대일 대응관계를 나타낸다. 대칭은 자연계에 내재된 근본적인 규칙성을 표현하며, 회전과 같은 연속적인 대칭은 시간, 공간 그리고 물질의 본질과 밀접한 관련이 있으며, 이것들은 고립계가 에너지를 얻지도 잃지도 않는다는 에너지 보존법칙을 암시하는 정리였다. 또한 뇌터의 정리는 20세기의 위대한 게이지장(gauge field)의 대칭성을 발견하는 도구가 되었다.

이 논문은 1918년에 괴팅겐에서 열린 학술대회에서 클라인에 의해 발표되었는데, 여성이어서 학술단체의 회원이 되지 못한 뇌터가 그 논문이 발표될 때 그곳에 있었는지는 알려져 있지 않다.

제1차 세계대전이 끝난 후인 1918년~1919년 사이 독일 혁명은 사회적으로 큰 변화를 가져왔다. 그 중 하나가 여성에게도 투표권이 주어진 것이다. 1919년 힐베르트와 아인슈타인이 뇌터를 위해 청원을 했고, 괴팅겐 대학은 그녀가 교수 자격시험에 지원하도록 허용했다.

뇌터는 5월말에 치러진 대학교수 임용 구두시험과 6월의 공개강의를 모두 성공적으로 마쳐 강의를 할 수 있도록 허용되긴 했지만 여전히 무보수였다. 3년 후인 1922년 그녀는 마침내 괴팅겐 대학교의 종신 재직권이 없는 부교수가 되어 얼마간의 보수를 받게 되며, 힐베르트, 바일 등과 함께 19세기 수학에서 현대 수학으로 가는 과도기적인 추상대수학을 개발하여 괴팅겐 대학교의 황금시대를 연다.

에미 뇌터는 1918년에 발표한 '가환환(可換環, commutative ring)의 이데아론(論)'으로 아이디얼들이 오름사슬 조건(ascending chain condition)을 만족하는 환, 이른바 뇌터환(Noetherian ring)을 정식화했다. 또한 데데킨트환(Dedekind ring)의 분석(1926), 판별식 정리(判別式定理)를 연구했으며, 비가환대수(非可換代數) 연구로 다원수론(多元數論)을 전개하여 접합적(接合積)·갈루아 이론·국소유체론(局所類體論)과 추상대수학의 핵심 과제를 거의 포괄하는 업적을 남김으로써, 1920년대에 군론·환론·그룹 표현·정수론 분야의 연구로 추상대수학의 토대를 마련했다.

다비드 힐베르트

펠릭스 클라인

뇌터의 수학은 당시에는 논란이 많았지만 물리학자는 물론 결정학자에게도 매우 유용했다. 수학이 보다 개념적이고 추상적이어야 하는가, 또는 좀 더 물리적인 것에 기반을 두어 응용적이어야 하는가 하는 논쟁이 있었지만, 그러나 뇌터의 대수학에 대한 추상적인 접근이 대수학, 기하학, 선형대수학, 위상학 그리고 논리학을 통일하는 원리체계를 만들었다.

| 에미 뇌터의 말년 |

뇌터는 1932년 취리히에서 열린 국제 수학대회에서 기조 강연을 해

달라는 요청을 받았고, 같은 해 수학 분야의 영예인 아커만-토이프너(Ackermann-Teubner) 기념상을 받는다. 그러나 유대계 독일인인 그녀는 나치 정부의 등장으로 더 이상 대학에서 강의할 수 없게 되었다. 뇌터는 독일에 남아 있는 것에 위험을 느끼고, 1933년 9월 미국의 브린마워(Bryn Mawr) 대학에서 초빙교수직을 받고 미국으로 건너가 프린스턴의 고등과학연구소에서도 강의를 했다. 브린마워 대학에서의 초빙교수직은 연장되었지만 뇌터는 1935년 4월 자궁암 수술을 받은 후 감염증으로 세상을 떠났다.

뇌터는 수학에 대한 천재성과 위대한 업적에도 불구하고, 여성인 데다 유대인이었기 때문에 겪어야 했던 험난한 학자의 길을 일생 동안 헌신적인 열정으로 걸었다. 1935년 5월 5일자 〈뉴욕 타임즈〉는 에미 뇌터를 추모하는 아인슈타인의 글을 실었다.

"가장 재능 있는 수학자들이 수세기 동안 열심히 일해 온 대수학 영역에서, 그녀는 엄청나게 중요한 공식을 발견해냈다. 순수 수학 그 자체는 논리적인 아이디어의 시(詩)라고 할 수 있다. 논리적인 아름다움을 향한 이러한 노력을 통하여, 자연의 법칙에 좀 더 깊은 통찰력을 갖기 위한 영적인 공식들이 발견되는 것이다."

16. 옥수수 색깔의 비밀을 밝히다

– 전이성 유전자의 발견, 매클린톡

Barbara McClintock(1902~1992)

바버라 매클린톡은 '옥수수에서 전이성 유전인자의 발견'이라는 업적으로 1983년 노벨 생리·의학상을 단독으로 수상한 최초의 여성 과학자이며, 가장 뛰어난 세포유전학자 중 한 사람이다. 그녀가 활동하던 시대는 여성들에게 가장 좋은 직업은 가정주부라는 생각이 지배적이어서 그녀의 어머니는 딸의 대학 진학을 반대했다고 한다. 대학에 다니면 결혼에 적합하지 못한 여성이 될까봐서였다. 그러한 시대에 더구나 여성으로서 남성의 영역인 과학 분야에서 연구 활동을 하면서 얼마나 큰 어려움을 겪었을지는 충분히 짐작이 간다.

요즘에는 이공계에도 많은 여학생들이 공부하고 있어, 그녀들의 롤모델이 될 수 있는 매클린톡과 인디언 옥수수 색깔의 비밀에 대해 알아본다. 매클린톡의 전이성 유전인자, 일명 '도약 유전자(jumping gene)'의 발견은 멘델의 유전법칙만큼이나 중요한 의미를 가지고 있어, 생물과학의 모든 분야(분자생물학, 세포와 발달생물학, 의학, 농업)와 최근의 핫 토픽 연구 분야인 유전공학의 중요한 뿌리가 되고 있다.

| 어린 시절과 대학생활 |

바바라 매클린톡(Barbara McClintock, 1902~1992)은 미국 코네티컷주 하트퍼드(Hartford)에서 4남매 중 셋째로 태어났다. 아버지는 군의관이었고 어머니는 피아노 선생님이었다. 그녀는 어릴 때부터 독립적이고 매우 활동적이어서 여러 가지 스포츠를 좋아했다. 어머니는 결혼에 걸림돌이 된다며 딸들의 대학 진학을 반대했는데, 아버지가 개입하여 매클린톡은 1919년 코넬 대학교 농과대학에 진학하여 식물학을 전공한다.

1921년 매클린톡은 처음 유전학 강의를 듣고는 강한 흥미를 느꼈다. 강의를 담당한 사람은 식물육종가이자 유전학자인 허친슨(C.B. Hutchinson) 교수인데, 그는 흥미롭게 강의를 듣는 매클린톡에게서 강한 인상을 받았다. 이듬해 허친슨은 매클린톡에게 전화를 걸어 코넬대 대학원에서 유전학을 공부하라고 권유한다. 허친슨의 권유에 따라 매클린톡은 졸업 후 대학원에 진학해 유전학을 전공하는데, 훗날 그녀는 허치슨 교수의 전화가 자신의 미래에 주사위를 던지는 계기가 되었다고 말한다. 옥수수 세포유전학 분야의 선두주자였던 매클린톡은 옥수수가 번식하는 동안 염색체가 어떻게 변화하는지를 연구했는데, 여성에게는 유전학으로 학위를 주지 않아 1927년 식물학으로 박사학위를 받는다.

대학원생 시절과 식물학 강사로서 박사후 과정 동안 그녀의 연구는 매우 획기적이어서, 세포학적 기술을 개발하여 옥수수 염색체를 가시화하고 특성을 분석하는 데 성공했다. 이 분야에서의 매클린톡의 연구는 대부분의 교과서에 실려 대대로 학생들에게 영향을 주었다. 또한 기본적인 유전학의 놀랄 만한 아이디어를 현미경 분석으로 보여주었는데, 이 연구들은 각각의 염색체와 옥수수의 연결군의 식별, 유전적 교차의 세포학적 입증, 염색분체의 교차에 대한 증거를 포함하고 있다. 매클린톡은 처음으로 물리적 특성과 염색체의 영역을 연결해 주는 옥수수의 유전자 지도를 만들었으며 유전자 정보의 보전에 중요한 염색체의 영역들, 말단소립(telomere)과 동원체(centromere)의 역할을 입증했다.

1931년 미국 국립연구위원회로부터 펠로십을 받은 매클린톡은 미주리 대학과 코넬 대학에서 시간을 쪼개어 연구를 한다. 그녀는 옥수수 염색체에 대한 X선의 영향에 관해 연구하면서, 옥수수에서의 자리바꿈(translocation), 역위(inversion), 삭제(deletion) 그리고 고리 염색체를 발견하게 된다.

1936년 그녀는 마침내 미주리 대학의 조교수로 임명되어 5년간 재직하는데, 그곳에서 옥수수 세포유전학에 미치는 X선의 영향에 대한 연구를 확장했다. 즉 X선을 쪼인 옥수수 세포의 끊어짐과 결합을 관찰했으며, 어떤 식물에서는 배젖(endosperm)의 세포 안에서 자연스러운 염색체의 끊어짐이 일어나는 것을 관찰할 수 있었다. 그녀는 때로는 초기 끊어짐에 의해서 유발된 염색체의 거동의 반복적인 패턴, 즉 '끊어짐(breakage)-결합(fusion)-가교(bridge)'라는 사이클을 발견한다. 이 b-f-b 사이클은 체세포 유전학 발견의 중요한 열쇠가 된다. 그녀는 염색체의 재결합은 우연한 사건이 아니며, 이 사이클이 커다란 돌연변이의 근본 원인임을 입증했다. 이러한 이유로 이 연구는 오늘날 암 연구의 흥미 있는 한 분야가 되고 있다.

미주리 대학에서의 연구는 잘 진행되고 있었지만, 개성 강하고 독립적인 매클린톡은 학교 당국과는 관계가 원만하지 못했다. 그녀는 교수회의에서도 자신이 배제된 것을 알고 나서는, 종신 재직권을 받지 못할 것이라 생각하여 1941년 워싱턴의 카네기연구소 유전학 부서인 콜드 스프링 하버(Cold Spring Harbor) 실험실 연구원으로 옮겨간다. 그곳에서 매우 생산적인 연구 활동을 했는데, 일부 b-f-b 사이클에서 약간 비정상적인 유전적 거동을 발견한다. 즉 어떤 돌연변이의 유전자는 한 세포에서 다른 세포로 옮겨 다니는 것으로 나타났다. 1944년 매클린톡은 인디언 옥수수의 색깔의 다양성에 대한 해답을 찾고 있었는데 여기서 이동하는 유전자(점핑 유전자)를 발견한다.

| 전이 유전인자 |

전이 유전인자(transposon)란 한 세포의 게놈에서 다른 자리로 옮겨 다니는 DNA의 한 부분을 말한다. 이 과정에서 전이 유전인자들은 돌연변이를 일으키거나 게놈에서의 DNA의 양을 증가시키거나 감소시킨다. 이 DNA의 이동성 부분을 '도약 유전자'라고 부르기도 한다.

옥수수 알갱이는 다양한 색깔과 무늬를 갖고 있다.

인디안 옥수수의 알갱이들은 보라색, 노란색, 흰색을 갖고 있고, 더러는 각 알갱이는 기다란 흰줄을 가진 보라색이나 보라색 얼룩점을 갖고 있다. 이러한 얼룩점은 멘델의 기본적인 유전법칙을 따르지 않는다. 전이 유전인자의 움직임은 색깔을 나타내게 하거나 나타나지 않게 하는 것인데, 얼룩덜룩한 색깔의 옥수수 알갱이는 전통적인 멘델의 유전법칙에 들어맞지 않는다.

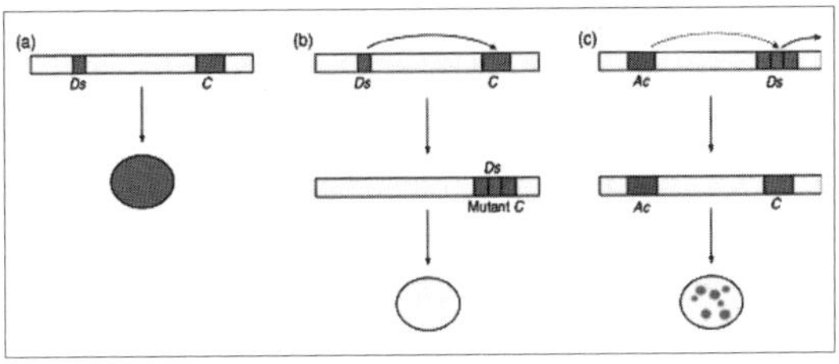

전이 유전자 메커니즘

1944년 여름, 콜드 스프링 하버 실험실에서 매클린톡은 옥수수 알갱이의 얼룩점 무늬가 나타나는 메커니즘과 이 얼룩점 현상의 불안정한 유전에 대해 체계적인 연구를 한다.

그해 여름, 매클린톡은 우성이며 서로 상호작용하는 2개의 새로운 유전자 자리를 발견하고 '분리자(Dissociator: Ds)'와 '활성자(Activator: As)'라고 이름지었다. 분리자는 염색체를 분리하거나 끊어지게 할 뿐만 아니라 활성자가 존재할 때 이웃하고 있는 유전자에게 다양한 영향을 준다. 1948년 초, 그녀는 분리자와 활성자 양쪽 다 염색체에서 위치를 전이할 수 있다는 것을 발견한다.

즉 이 유전자들은 염색체 안에서 한 위치에서 다른 위치로 점프하여 돌아다니면서 자신들을 다른 영역에 삽입하여 DNA를 바꾸고, 가까이 있는 유전자의 정상적인 기능을 활성화하거나 비활성화하는, 즉 다른 말로 표현하면 스위치를 켰다 껐다 하는 역할을 했다. 매클린톡은 이들이 색소를 드러내는 유전자의 활동을 제어하기 때문에 '조절 유전자(controlling genes)'라고 불렀다.

예를 들면 옥수수 알갱이에서 보라색 색소를 내는 유전자 코드를 C(Color)라고 이름 지었는데, C는 염색체 9에 위치했다. 만일 Ds가 돌아다니다가 염색체를 끊어지게 하면 옥수수 알갱이 색깔이 변한다. 만일 Ds가 보라색 색소 유전자 C 옆에 위치한다면 옥수수 알갱이는 색깔이 없게 되고, Ds가 옆에 없으면 보라색이 된다.

매클린톡은 또한 활성자 유전자 Ac가 돌아다니는 Ds를 활성화하는 역할을 한다는 것을 알아냈다. 즉 Ds는 옆에 Ac가 있을 때 스위치가 켜진 활성화 상태가 되며, Ds는 인접한 C의 자리에서 뛰쳐나올 수 있게 된다. 그렇게 되면 색소를 만들어내는 유전자 C는 다시 발현되어 색소를 가진 세포의 영역이 보이게 되는데, 이것이 옥수수 알갱이의 얼룩점을 만드는 것이다.

옥수수 알갱이가 성장하는 과정에서 점핑 유전자 Ds가 얼마나 오랫동안 색소 유전자 C 옆에 머물러 있었는가 하는 정도에 따라 얼룩점이나 줄무늬의 크기나 양이 달라진다. 즉, 알갱이 성장과정에서 Ds가 초기에 제거되면 큰 얼룩점이 만들어지고, 늦게 제거되면 작은 얼룩점이 만들어진다. 1950년 매클린톡은 Ac/Ds와 유전자의 조절에 관한 논문 〈옥수수에서 변이를 일으킬 수 있는 유전자 자리의 거동과 근원〉을 발표했다.

1951년 그녀는 콜드 스프링 하버 학술토론회에서 전이하는 유전인자에 대해 공개 발표를 했다. 많은 사람들로부터 인정받을 수 있으리라 기대했지만 결과는 침묵과 비웃음에 가까운 반응이었다. 그녀는 과학의 주류를 화나게 만드는 위험스러운 일을 했다고 생각하여, 1953년부터는 조절 인자(controlling element)에 대한 연구를 중단했다. 그 후 다른 과학자들이 그녀의 발견의 중요성을 알아보기까지는 거의 35년이라는 세월이 걸렸다.

| 매클린톡의 연구 업적 |

매클린톡의 연구는 상당히 오랫동안 외면당했는데, 당시 사람들이 전이 유전인자의 중요성을 이해하지 못한 면도 있지만 그녀가 남성들의 전유물(?)인 과학 분야에 뛰어든 여성이라는 이유도 있었다. 예를 들어 매클린톡이 "옥수수의 유전학은 멘델의 법칙을 따르지 않는다"라고 말하자, 라이트(Sewall Wright)는 "그녀는 단순히 수학을 이해하지 못할 뿐"이라고 무시해버렸다. 매클린톡은 아무도 따라오지 않는 사막을 혼자 걸어가는 기분이라고 토로했다.

그렇다면 분리자/활성자 요소는 어디에서 오는 것일까? 매클린톡은 염색체의 b-f-b 사이클이 생겨난 과정은 **이질염색질**(異質染色質)로 묻혀 있던 휴식기간에서부터 조절 인자를 방출한 게놈의 재배열을 통해 생성되었다고 보았다. 매클린톡 연구의 중요한 성과는 첫째, 하나의 유전자가 다른 유전자를 조절한다는 이론, 즉 조절유전자의 기초와 개념을 정립한 것이고, 둘째, 유전자가 돌아다닐 수 있다는 전이 유전인자의 개념을 제공했고, 교차는 염색체의 끊어짐과 결합이라는 염색체이론을 입증한 것이다.

이질염색질
생리적 작용이 있는 유전자를 전혀 갖지 않았거나 조건에 따라 유전적으로 불활성화된 염색질.

바버라 매클린톡

매클린톡은 어려운 여건 속에서도 독창적인 연구 업적을 인정받아 43세에 미국 과학학술원 회원에 선출되었고, 다음해에는 여성으로서는 최초로 미국 유전학회장에 선출되었다. 또한 전이하는 유전인자의 발견으로 1983년 단독으로 노벨 생리·의학상을 수상하는 첫 번째 여성이 되었다. 매클린톡은 멘델처럼 유전학에 평생을 바쳐 그녀의 어머니가 염려했던 것처럼 90세까지 독신으로 지내다 생을 마쳤다.

매클린톡이 동료들보다 유전학의 신비를 더 깊이, 더 넓게 이해할 수 있었던 것은 어디에서 온 것일까? 여기에 매클린톡의 말을 그대로 옮겨 본다.

"여러분은 식물 하나하나에게 특별한 감정을 가져야 합니다. 어떠한 두 식물도 정확히 똑같지가 않지요. 그들은 모두 다르며 여러분은 그 다른 점을 알고 있어야 합니다. 나는 묘목에서 시작하여 그들을 곁에서 지켜보며 커가는 것을 보기 때문에 들판에 있는 모든 식물들을 친밀하게 잘 알고 있고, 또 그들을 아는 것이 나의 기쁨입니다."

한 문장으로 축약하면 '생명체에 대한 감정'이라고 표현할 수 있는데, 어떤 분야든 연구 대상에 대해 이 같은 마음과 태도를 가진다면 누구나 성공적인 과학자가 되지 않을까 싶다. 〈어린 왕자〉나 김춘수의 시에 나오는 말처럼 '너는 나에게, 나는 너에게 하나의 의미'가 되고 싶은 그런 절절한 느낌을 갖는다면 말이다.

17. '양파 마돈나'라는 별명의 여성 물리학자

– 원자핵 껍질 모형 개발, 마리아 메이어

Maria Goeppert-Mayer(1906~1972)

원자는 원자핵과 이것을 둘러싸고 일정한 궤도로 운동하고 있는 전자(궤도전자)로 구성되어 있다는 것은 많이 알고 있지만, 핵 자체도 전자궤도와 비슷한 껍질구조로 되어 있다는 것을 아는 사람은 많지 않다. 더구나 원자핵 구조의 껍질 모형을 개발한 사람이 이론물리학자이자 수학자인 마리아 괴퍼트 메이어라는 것을 아는 사람은 드물다. 그녀는 평생 동안 물리학자로서 제대로 인정받지 못하다가 원자핵 구조의 껍질 모형 이론으로 마리 퀴리 이후로 두 번째 여성 노벨 물리학상 수상자, 그리고 여성 이론물리학자로는 최초의 수상자가 되었다. 유명한 입자물리학자 볼프강 파울리(Wolfgang Pauli)는 껍질 모형으로 일약 유명해진 마리아 메이어에게 '양파 마돈나'라는 별명을 붙여주었다.

마리아 괴퍼트 메이어는 사람들로부터 "왜 여자가 과학을 공부하느냐?"는 질문을 자주 받았다. 그때마다 그녀는 "여자들이 글을 배우는 이유가 그저 요리책을 읽기 위해서인가요?"라고 되물었다고 한다. 무보수로 일하면서도 끝내 물리학을 포기하지 않았던 집념의 여성 과학자 마리아 괴퍼트 메이어의 생애에 대해 살펴본다.

| 마리아 괴퍼트 메이어의 어린 시절 |

마리아 괴퍼트 메이어(Maria Goeppert-Mayer, 1906~1972)는 독일의 카토비체(Katowice, 현재는 폴란드 땅)에서 6대째 대학교수인 학자 집안의 외동딸로 태어났다. 소아과 의사인 그녀의 아버지 프리드리히(Friedrich)는 아들이나 딸이나 동등한 기회를 가져야 한다는 매우 진취적인 사고를 가진 사람이었다. 마리아가 4살 때, 괴팅겐 대학의 의과대학 교수로 부임하는 아버지를 따라 온 가족이 괴팅겐으로 이사를 한다. 마리아는 아버지로부터는 과학적인 재능을, 어머니로부터는 음악에 대한 열정과 사교성을 물려받았다.

여학생이 드물던 시절인 1924년, 마리아는 수학을 전공하기 위해 괴팅겐 대학에 입학했다. 1920년대에 힐베르트(David Hilbert), 보른(Max Born) 그리고 프랑크(James Franck)와 같은 저명한 수학자와 물리학자를 자랑하고 있던 괴팅겐 대학은 세계적으로 유명한 물리학의 중심지로 세계 최고의 대학들 중 하나였다. 1927년에 마리아는 보른의 세미나를 듣고 난 후 수학에서 이론물리학으로 전공을 바꾼다. 그녀는 하인젠베르크(Werner Heisenberg)와 보른이 개발하고 있던 새로운 원자물리와 양자역학에 흥미를 느껴 보른의 지도하에 그 분야를 공부한다. 1928년 그녀는 영국의 케임브리지 대학에서 한 학기를 보내면서 유명한 실험물리학자인 러더포드(Ernest Rutherford)의 강의를 들었다.

마리아는 양자역학의 대가 보른 밑에서 원자의 핵 주위를 돌고 있는 전자가 한 궤도에서 인접한 다른 궤도로 점프할 때 두 개의 광자를 방출할 확률을 계산한 논문을 써서 1930년 박사학위를 마친다. 그녀의 대담한 가설은 30년 뒤에 실험적으로 확인되었다.

마리아가 대학원생일 때 아버지가 돌아가시고 어머니는 생활을 위해 하숙생들을 받았는데, 그 중 한 명이 조지프 메이어(Joseph Edward Mayer)라는 미국인 물리화학자였다. 메이어는 버클리 대학에서 루이스(Gilbert Newton Lewis)의 지도 아래 박사학위를 받은 후 록펠러 국제교육재단의 펠로십을 받아 1929년~1930년 괴팅겐에 와서 실험을 하고 있었다. 조지프는 "애교라곤 전혀 없지만 사랑스럽고 귀여운 여성"이라고 평했던 마리아와 곧 사랑에 빠졌다.

| 결혼과 연구 |

마리아가 박사학위를 마치던 해 두 사람은 결혼을 하는데, 남편 조지프는 마리아의 영향을 받아 이론물리 특히 양자역학과 통계역학을 화학에 응용하는 연구에 몰두했다.

남편 조지프가 고국인 볼티모어의 존스홉킨스 대학에서 화학과 조교수 자리를 얻자 젊은 부부는 미국으로 이사한다. 당시는 대공황 때였고, 게다가 같은 대학에서 부부를 동시에 채용하는 것을 금기시하는 분위기 때문에 마리아는 존스홉킨스 대학에서 봉급을 받는 학문적인 일자리를 구할 수 없었다. 독일 학자와 교류하고 있던 교수를 도와주면서 받는 보수가 수입의 전부였지만, 그녀는 순수물리에 대한 열정 때문에 무

마리아와 조지프 메이어 부부

보수로 물리 연구를 계속했다.

그녀는 존스홉킨스 대학에 있는 9년 동안 한 번도 정규 일자리를 구하지 못했음에도 가끔씩 화학과에서 시간강사를 하면서 이론물리화학자 헤르츠펠트(Karl F. Herzfeld)와 남편과 함께 화학물리(chemical physics)와 물리화학 분야에서 공동 연구를 했다. 존스홉킨스 대학에서의 마지막 해인 1940년 마리아는 남편과 함께 공동으로 집필하던 통계역학 교과서를 출판했다. 이 책은 통계역학의 고전이 되어 1963년까지 10판을 거듭하여 출판되었다.

조지프는 존스홉킨스 대학에서 종신 교수직을 받지 못하게 되자 1938년 콜럼비아 대학의 부교수로 자리를 옮겼는데, 콜럼비아 대학에서도 마리아는 여전히 정규직을 구하지 못하고 화학과 유리(Harold Urey) 교수의 요청으로 강의를 맡아 가르쳤다.

1941년 맨해튼 프로젝트가 시작되자, 물리과에서 페르미(Fermi)의 강의를 대신 해달라고 하루 전에 통고를 받는다. 제2차 세계대전에 미국이 참전하고 맨해튼 프로젝트가 본격적으로 진행되자, 마리아는 콜럼비아 대학의 유리 교수 팀에 합류하게 되면서 과학자로서 처음으로 봉급을 받는 정규직 일자리를 갖게 되었다.

그녀가 맡은 일은 원자탄의 재료가 될 방사성 동위원소 우라늄 235를 우라늄 238로부터 분리해내는 일이었다. 유리 교수는 기체 확산법에 의한 분리방법을 대체할 여러 가지 방법을 생각하고 있었는데, 마리아가 맡은 첫 번째 방법은 우라늄을 광화학적 방법으로 분리하는 것에 대한 연구였다. 그러나 전망이 없어 그만두고, 다음으로는 화학적 방법으로 분리하는 방법을 연구한다. 바이겔리슨(Jacob Bigeleisen)과 함께 분배함수의 비와 연관해서 두 우라늄 화합물의 분리를 나타내는 함수를 발견했으나, 분석 결과 우라늄에 대해서는 효율적이지 못하다는 결론을 얻었다. 그러나 마리아는 바이겔리슨이 찍은 라만 스펙트럼을 가지고 육플루오르화우라늄(UF_6)의 구조를 분석하여 가장 성공적인 방법, 즉 기체확산법에 의한 분리에 기여하는데, 이 연구는 그녀의 경력에 전환점이 되었다.

한편 남편 조지프는 전쟁 기간 대부분을 메릴랜드 주 애버딘(Aberdeen)에 있는 해군 군수품 연구소에서 일하느라 뉴욕 집에는 일주일에 하루 정도 귀가했다. 마리아는 비록 다른 사람들의 연구를 위한 것이지만 생애 처음으로 책임 있는 일을 맡아 남편의 격려 없이 일을 시작했다. 훗날 마리아는 이 기간이 독립적인 전문직 과학자로서 그녀의 경력이 시작된 시기였다고 말한다.

1946년 2월 조지프와 마리아는 시카고로 이사해, 조지프는 시카고 대학 화학과와 신설된 핵 연구소 교수직을 겸하게 되었다. 마리아는 이번에도 같은 학교에 가족이 함께 일할 수 없다는 규정 때문에 정규적인 자리를 갖지 못하고 연구소에서 물리학 분야의 '무급 봉사 부교수'라는 직함을 갖게 되었다. 그러나 때마침 그해에 새로 생긴 아르곤 국립연구소에서 시간제 물리학 연구원으로 일할 수 있게 된다.

그 무렵 페르미가 시카고 대학으로 오면서 페르미, 프랑크, 유리, 텔러(Edward Teller), 리비(Willard Libby), 메이어 부부, 그 외 유명 과학자 등이 모여들어 시카고 대학은 핵물리와 핵화학 연구의 세계적인 중심지가 되었다.

당시 마리아 메이어는 핵물리에 대해 아는 것이 별로 없었다. 그나마도 연구를 통해서가 아니라 동료들과 함께 당면 문제에 대한 토론을 통해 이 분야의 지식을 알고 있는 정도였다. 그러나 핵물리 분야에서 전통적으로 내려오는 믿음들에 대한 그런 생소함이 오히려 편견 없이 문제를 바라볼 수 있는 유리한 점으로 작용했다.

| 핵 껍질 구조 |

마리아는 텔러와 함께 화학원소의 기원에 대한 우주론적 모형에 관해 협력하면서 처음으로 핵 껍질 구조(nuclear shell structure)에 대해 관심을 갖게 되었다. 이 프로젝트는 원소의 동위원소와 동위원소의 존재 비율에 대한 자료를 모으는 일이었는데, 마리아는 중성자를 50개 또는 82개 갖는 핵들이 특별히 자연에 풍부하게 존재한다는 것을 발견했다. 이러한 현상은 덴마크의 노벨 물리학상 수상자인 닐스 보어가 1933년에 주장한 액체방울모형(liquid-drop model)으로는 설명이 되지 않았다. 액체방울모형이란 원자핵 전체를 하나의 물방울처럼 생각하여 결합에너지, 원자핵의 집단운동, 핵반응, 핵분열 등의 과정을 정성적(定性的)으로 설명할 수 있도록 한 모형이다.

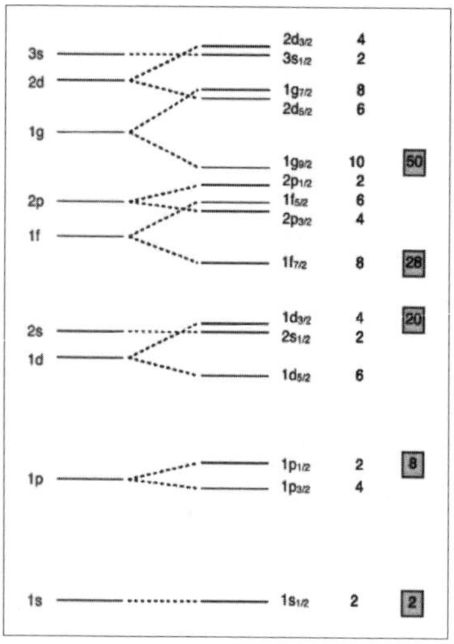

마법의 수

마리아는 자연에 풍부하게 존재하는 동위원소들에 대해 좀 더 자세히 조사했고 그러자 뚜렷한 경향이 나타났다. 즉, 원자핵 내의 중성자 또는 양성자들의 수가 2, 8, 20, 28, 50, 82, 126개라는 특별한 수를 가질 때 핵이 안정하다는 것을 발견한 것이다. 마리아는 이를 '마법의 수(magic number)'라고 불렀는데, 이것은 위그너(Eugene Wigner)가 전체적인 발상이 매력적인 넌센스라고 생각하여 붙인 단어에서 따온 것이다. 이런 수를 갖는 핵들이 상대적으로 더 많이 존재하고 또 더 안정하다는 것은 분명 이에 해당하는 주기적 구조가 핵에 존재함을 암시하는 것이다. 마리아는 핵 내에는 평균장이 있어 핵자(核子, Nucleon: 양성자와 중성자의 총칭)는 그 속을 다른 핵자와는 독립적으로 자유롭게 회전한다는 껍질 모형(shell model)과의 유사성을 깨닫는다. 하지만 평균장이 단순한 중력장이라고 한다면 2, 8, 20 이외의 마법의 수에 대해서는 설명이 되지 않는다.

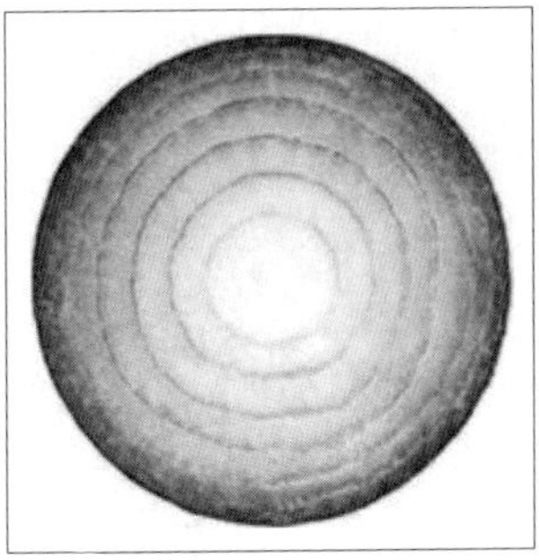

마리아 메이어는 핵 껍질 모형 개발로 '양파 마돈나'라는 별명을 얻었다.

그런데 1949년 초 어느 날, 마리아는 페르미와 토론하다가 이 문제에 대해 질문을 했다. 이에 페르미는 "거기에 스핀-궤도 결합(spin-orbit coupling) 같은 것이 있느냐?"라는 결정적인 질문을 던졌고, 그녀는 즉시 스핀-궤도 결합이 있음을 알아차린다. 즉 스핀-궤도 결합을 고려하니, 핵자의 전체 각 운동량은 J=L+S, 즉 스핀과 궤도 각 운동량 벡터의 합이 된다. 따라서 이 두 벡터가 이루는 각에 따라 다른 상호작용 에너지를 받아 원자 미세구조의 주 원인이 되어 에너지준위 분리가 정확히 마법의 수에서 일어났다.

1950년 마리아 메이어와 옌센(J. Hans D. Jensen)은 각각 독립적으로 평균장에 스핀-궤도력을 더함으로써, 모든 마법의 수를 제대로 설명할

마리아 메이어가 스웨덴 왕 구스타프 6세와 함께 노벨상 수상식장으로 들어가고 있다.

수 있는 핵 껍질 모형을 발표했다. '파울리의 배타원리'로 잘 알려진 파울리는 메이어의 핵 껍질 모형 발표 이후 그녀에게 '양파 마돈나(The Onion Madonna)'라는 별명을 붙여주었다.

핵 껍질 모형의 발표 이후 마리아는 시카고 대학과 아르곤 국립연구소에 5년간 더 근무했고, 1956년에는 과학학술원 회원으로 선출되었다. 하지만 남편의 그늘에 가려 평생 동안 여성이라는 이유로 제대로 평가 받지 못했다. 그러다가 1959년 캘리포니아 대학에서 새로운 대학원 프로그램을 시작하면서 메이어 부부 모두에게 정교수 자리를 제의해 왔다. 그제야 시카고 대학에서도 마리아에게 봉급을 주겠다고 제의했지만 부부는 캘리포니아 대학 샌디에이고 캠퍼스로 옮긴다.

한때 마리아의 '마법의 수'에 대해 회의적이었던 이론물리학자 위그너(Eugene Paul Wigner)와 마리아 메이어, 그리고 옌센 세 사람은 1963년 노벨 물리학상을 공동 수상했다. 샌디에이고 신문은 노벨 물리학상이 발표되던 날 1면 톱에 '샌디에이고의 어머니 노벨상 수상(S. D. Mother Wins Nobel Prize)'이라는 제목을 달아 그녀의 업적을 기렸다.

마리아 메이어의 껍질 모형에 의해 원자핵의 스핀, 자기(磁氣) 모멘트, β붕괴, γ붕괴가 제대로 규명되어 오늘날에는 껍질 모형이 원자핵 구조이론의 기초가 되었다.

부부가 샌디에이고에 도착한 지 한달 후 마리아는 뇌졸중으로 쓰러졌다. 계속해서 일은 했지만 예전과 같은 건강 상태로 완전히 회복되지 못하고, 마리아는 1972년 66세로 생을 마감했다.

그런데 흥미로운 것은 과학부문 역대 여성 노벨 수상자의 사생활을 들여다보면 대부분 미혼이거나 아니면 결혼 후에도 자신의 일을 계속할 수 있도록 이해해준 배우자를 두었다는 사실인데, 마리아 괴퍼트 메이어도 후자에 속한다고 하겠다.

18. 사이버 바다의 여성 제독
– 컴퓨터 시대의 개척자 그레이스 호퍼

Grace Hopper(1906~1992)

그레이스 호퍼는 여성에 대한 차별과 편견으로 가득했던 시절, 시대를 앞선 예지력과 통찰력으로 '세계 최초'라는 수식어를 달고 다닌 선구자적인 여성이다.

호퍼는 세계 최초로 컴퓨터 컴파일러 언어인 플로매틱(Flow-Matic)을 개발했고, 이를 발전시켜 비즈니스 프로그래밍 언어인 코볼(COBOL)을 만들었으며. 세계 최초로 버그(bug)와 디버그(debug) 라는 컴퓨터 용어를 사용했다. 또한 미 해군 최초의 여성 제독이며, 미 해군 역사상 미사일 장착 구축함에 이름이 붙여진 최초의 여성이며, 또한 기술자로서 최고 영예인 '국가기술훈장'을 최초로 받은 인물이다.

IT 분야에서는 호퍼의 이름을 한번쯤은 들어보았을 정도로 전설적인 여성인데, 공학의 다른 어떤 분야보다도 컴퓨터 분야에서 상대적으로 여성에 대한 차별이 적은 것도 호퍼의 눈부신 역할 덕분이라고 할 수 있다. 미국 공과대학에서 여교수 채용 비율이 가장 높은 분야가 컴퓨터 분야인 것이 단적인 예가 되겠다. 호퍼는 가장 위험한 말은 "우리는 지금까지 늘 이렇게 해왔어"라고 했다.

| 그레이스 호퍼의 생애 |

어린 시절

그레이스 호퍼(Grace Hopper, 1906~1992)의 어릴 적 이름은 그레이스 브루스터 머레이(Grace Brewster Murray)로 3남매 중 장녀로 뉴욕에서 태어났다. 아버지 월터 머레이(Walter Murray)는 보험설계사였고, 어머니 메리 반 혼(Mary Van Horne)은 수학을 무척 좋아했는데 그레이스가 그런 면을 어머니로부터 물려받았다. 그레이스의 부모는 두 딸들도 아들처럼 똑같은 교육을 받아야 한다고 생각했다. 그레이스는 어릴 때부터 기계에 흠뻑 빠져 있었는데, 한 번은 자명종이 어떻게 작동하는지 알아내려고 해체해 보았지만 자명종을 다시 원상태로 조립하지 못했다. 그녀는 어머니가 무슨 일이 일어나고 있는지 알아채기 전에 집 안에 있는 자명종 7개를 모두 해체해 버렸다고 한다. 그때 그레이스 나이 7살 때였다.

교육과 커리어

그레이스는 뉴욕의 바사(Vassar) 대학에 입학해 수학과 물리를 전공하고 1928년에 졸업한다. 그 후 예일대학 수학과에 들어가 1930년 석사학위를 마치고 그동안 사귀었던 뉴욕 대학 영문과 교수 빈센트 호퍼(Vincent Hopper)와 결혼한다. 그레이스 호퍼는 유럽에서의 신혼여행에서 돌아온 뒤 바사 대학 수학과 교수로 임용되었고, 한편으로는 자신의 공부도 계속하여 1934년 예일 대학에서 수학 박사학위를 받고 바사 대학에서 1941년 부교수가 된다.

그레이스 호퍼는 미국 해군 준장을 지낸 증조부 러셀(Alexander Russel)을 영웅으로 삼고 항상 존경했다. 미국이 제2차 세계대전에 참전하게 되자 그녀도 해군에 입대하기를 원했다. 그러나 당시 해군은 여성들을 받아들이지 않아 처음에는 실현되지 못했다. 그러다가 1943년에 접어들어 복무 가능한 남성이 부족하게 되자, 비상시 여성 예비 부대인 WAVES(Women Accepted for Voluntary Emergency Service)에서 여성을 받아들이기 시작했다. 여군을 모집하는 포스터에는 'WAVES에 입대하라. 남성들이 바다에서 싸울 수 있도록'이라고 적혀 있었다.

호퍼는 진정으로 입대를 희망했으나, 36세로 나이가 많고 게다가 키 168센티, 몸무게 47킬로그램으로 해군의 최저 체중 54킬로그램보다 7킬로그램이나 적게 나가, 모병국에서는 장차 군인이나 선원을 교육하는 곳에서 그녀가 필요할지도 모른다며 불합격시킨다. 그러자 호퍼는 바사 대학을 휴직하고 다시 모병국을 찾아가 설득한 끝에 마침내 1943년 장교 후보생으로 입대하여 훈련을 받기 시작했다. 1944년 장교 후보생 학교를 1등으로 졸업한 호퍼는 중위로 임관된 후 곧바로 하버드 대학의 병기국 계산팀에 배속되었다.

호퍼는 하버드 대학 연구팀 교수이며 해군 예비역 대위인 에이킨(Howard Aiken) 박사의 지도 아래 컴퓨터와 관련된 일을 하게 되었다. 에이킨은 IBM과 합작하여 컴퓨터의 시초가 되는 마크-I(MARK-I)을 만든 사람이다. 처음에는 '자동순차제어계산기(Automatic Sequence Controlled Calculator: ASCC)'로도 불렸던 마크-I은 5년간의 작업 끝에 1944년 완성되었다. 높이 2.4미터, 길이 15미터의 이 거대한 계산기는 전기를 동력으로 쓰지만 기계식 원리로 천공된 종이테이프를 사용해 작업을 수행했다.

에이킨은 호퍼에게 마크-I이란 컴퓨터를 보여주면서(당시 호퍼는 마크-I이 무엇인지도 몰랐다고 한다) 그것을 사용해 함포의 탄도 계산표를 만들라고 지시했다. 그녀는 탄도 계산을 위한 수학 공식표를 받아, 컴퓨터가 따라가도록 일련의 명령어를 써서 컴퓨터가 이해할 수 있는 2진법 부호(binary code)로 바꾸었다. 비록 이 작업 자체는 번거로운 일이지만 컴퓨터가 한번 프로그래밍되기만 하면 똑같은 계산을 몇 번이고 반복해서 신속하게 계산할 수 있어 장기적으로 보면 시간을 절약하게 된다. 1946년 그레이스 호퍼는《자동순차제어계산기의 작동을 위한 매뉴얼》을 출판한다.

1945년 그레이스는 남편 빈센트 호퍼와 이혼을 하는데 둘 사이에 아이는 없었고, 이혼 후에도 그레이스는 처녀 때 성 머레이(Murray)로 바꾸지 않고 계속 남편의 성 '호퍼'를 썼다.

버그와 디버그

제2차 세계대전이 끝나고 1946년 전역한 호퍼는 하버드에서 계속 일하기 위해 바사 대학에 사표를 내고 하버드 대학의 엔지니어링 사이언스와 응용물리학과의 계산연구실에서 마크-II(후에는 마크-III)를 이용해 연구원으로 일했다. 그러던 어느 날 동료가 마크-II의 고장 원인을 조사하던 중 계전기(relay) 사이에 나방(bug) 한 마리가 끼어 있는 것을 발견했다. 그레이스는 나방으로 인해 접촉 불량으로 컴퓨터가 작동하지 않은 것을 보고, 시스템이 작동하도록 디버깅(debugging)한다는 말을 했다. 이후 컴퓨터 프로그래밍이 제대로 작동하지 않는다는 의미의 '버그',

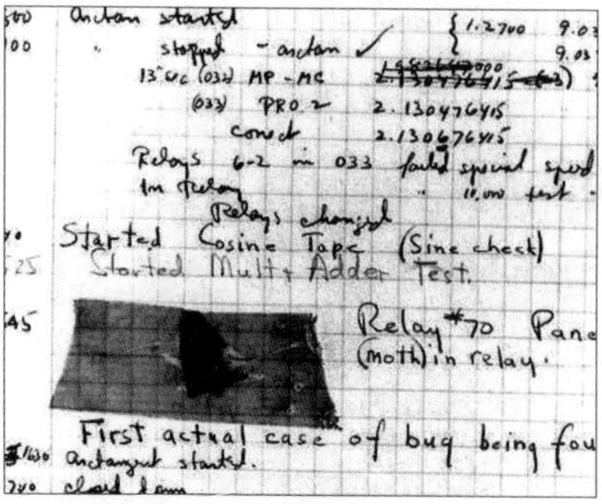

컴퓨터 고장을 일으켰던 나방과 보고서

오류 수정이라는 의미의 '디버깅'이라는 용어가 전 세계적으로 통용되게 되었다.

당시 컴퓨터의 작동을 멈추게 한 나방의 실물과 고장 보고서가 미국 스미소니언 박물관에 보관, 전시되어 있다고 한다.

컴파일러 개발

1949년 그레이스 호퍼는 에커트-모클리(Eckert-Mauchly) 컴퓨터회사에 선임 수학연구원으로 참여하여 그곳에서 유니박(UNIVAC) 컴퓨터로 일을 한다. 1950년 에커트-모클리 사는 레밍턴 랜드(Remington RAND) 사에 인수되고, 호퍼는 유니박 사업부의 시스템 엔지니어로 자동프로그래밍 개발부에서 일하게 되었다. 그곳에서 호퍼는 유니박을 사용하는 프로그래머들의 작업을 효율적으로 하기 위해, 프로그램의 공통된 부분을 수집하여 같이 쓰도록 하는 또 다른 선구적인 일을 한다. 그녀는 고성능 계산기에 불과하던 컴퓨터에 '두뇌'를 넣어 명령어를 인식하여 분석하는 지능형 기계로 태어나도록 프로그래밍 언어 개발에 열정을 쏟았다.

1952년, 호퍼는 컴퓨터가 실행 가능한 이진법 코드로 바뀔 수 있는 연상기호(mnemonics)를 프로그램에 포함시키는데, 이것이 바로 컴퓨터의 프로그램 작성을 보다 간단하게 하기 위한 소프트웨어인 최초의 A-O 시리즈 **컴파일러**(compiler)이다.

컴파일러(compiler)
고급언어로 쓰인 프로그램을 같은 의미로 컴퓨터에서 즉시 실행할 수 있는 형태의 목적 프로그램으로 바꾸어 주는 번역 프로그램.

호퍼는 사용자가 쉽게 사용할 수 없는 이 기계를 과학이 아닌 비즈니스에 응용하는 데 있어서 가장 큰 장애는 프로그래머의 정보 부족이라고 생각했다. 그녀는 컴퓨팅의 새로운 지평을 여는 열쇠는 수학자나 컴퓨터 전문가가 아닌 일반 사람들이 이해하고 쓸 수 있는 프로그래밍 언어의 개발이라는 것을 잘 알고 있었다. 컴퓨터 프로그램이 영어로 쓰여질 수 있다는 믿음을 실현시키기 위해 호퍼는 나중에 플로매틱(FLOW-MATIC)으로 알려진 유니박의 B-O 컴파일러를 개발한다. 이것은 자동 청구서나 급여 지급과 같은 전형적인 회계 업무에 쓸 수 있도록 언어를 번역할 수 있게 고안되었다. 그녀는 플로매틱을 사용해 유니박-I과 유니박-II가 영어로 된 20개의 작업 명령을 이해할 수 있도록 만들었고, 1952년 최초의 컴파일러 논문을 출판한다.

코볼(COBOL)의 개발

호퍼가 영어를 사용해 프로그래밍 언어를 개발하자고 건의했을 때 랜드 사 경영진은 컴퓨터는 영어를 이해할 수 없기 때문에 그 아이디어는 실현 불가능하다고 생각했다. 그 아이디어가 받아들여진 것은 그로부터 3년이 지난 후였다. 1954년 호퍼는 자동프로그래밍 부서의 첫 책임자로 임명되고 그녀의 부서는 컴파일러를 기반으로 한 최초의 프로그래밍 언어(ARITH-MATIC, MATH-MATIC, FLOW-MATIC-I)를 내놓는다. 플로매

호퍼는 '코볼의 어머니'라고 불린다.

틱 컴파일러가 공개적으로 이용 가능하게 된 것은 1958년 초이고 실질적으로는 1959년에 완성되었다. 호퍼의 통찰력 덕분에 비로소 기계어가 아닌 영어로 프로그래밍을 할 수 있는 시대가 열리게 된 것이다. 그 뒤 호퍼는 플로매틱을 발전시켜 고급 프로그래밍 언어인 코볼(COBOL: common business oriented language)의 개발에 참여하여 '코볼의 어머니'라고 불린다.

호퍼의 또 다른 중요한 업적은 컴파일러의 표준화이다. 그녀의 지휘 아래 해군은 코볼 컴파일러를 인증하는 절차와 프로그램을 개발했는데, 이러한 인증개념은 다른 프로그래밍 언어나 단체에도 상당한 충격을 주어서 대부분의 프로그래밍 언어에 대한 국가 및 국제 표준이 되었다.

| 어메이징 그레이스, 호퍼의 만년 |

호퍼는 학계나 산업계에서 일하는 동안에도 미 해군 예비역으로서 자문도 하고 강사로도 활동했다. 예비역으로는 20년밖에 근무할 수 없다는 규정 때문에 1966년 말, 호퍼는 60세에 중령으로 퇴역한다. 그런데 퇴역 7개월 후인 1967년 해군 자료자동화사령부의 책임자로 복귀하여 6개월간 근무를 요청받은 것이 무기한으로 연장된다. 1971년 또 다시 퇴역했으나 이듬에 다시 복귀 요청을 받아 일하게 되고 1973년 대령으로 진급한다.

중요한 과제가 있을 때마다 입대·제대를 반복하여 그녀는 3번 입대, 3번 퇴역이라는 진기록을 세운다. 1985년 레이건 대통령에 의해 준장으로 진급하고, 1986년 해군에서 최고령 장성으로 퇴역할 때 그녀의 나이

80세였다.

호퍼는 1991년 부시 대통령으로부터 기술자로서의 최고 영예에 해당하는 국가기술훈장을 받았는데, 개인으로는 호퍼가 최초의 수훈자였다. 호퍼는 1992년 86세로 세상을 뜰 때까지 디지털 장비회사에서 컨설턴트로 일했다. 장례식은 해군 의전으로 성대하게 치러지고 호퍼는 알링턴 국립묘지에 묻혔다.

호퍼는 80세에 해군에서 퇴역했다.

호퍼는 죽은 후에도 온갖 영예를 수여받아 그 이름은 거리, 메달, 기념관 그리고 구축함 등 곳곳에 남아 있다. 그 중 가장 눈길을 끄는 것이 미 해군이 미사일 장착 구축함에 호퍼의 이름을 붙여 'USS 호퍼'로 명명한 것인데, 그녀가 미 해군으로부터 얼마나 존경받았는지 알 수 있는 대목이다. 미국 사람들이 그녀를 '어메이징 그레이스'(많은 가수들이 부른 성가곡 '놀라운 은총'과 같다)라는 애칭으로 부르는 것도 그런 존경심의 표현이 아닐까 싶다.

흔히들 나이는 숫자에 불과하다고 말한다. 20대의 나이에도 새로운 것에 도전하기를 싫어하고 편안하고 쉬운 길만 가려고 하며, 더구나 부모의 그늘에서 떠나려 하지 않는다면 그들의 정신 연령은 이미 노인과 다름없다. 그런 의미에서 죽는 순간까지 일한 그레이스 호퍼는 우리에게 나이란 진정 자신의 마음에 의해 결정되는 것임을 다시 한 번 일깨워준다.

세계 어느 곳에서건 여성과 과학자들에게 영감을 주었던 그레이스 호퍼 제독의 죽음은 큰 손실이지만, 그녀가 남긴 유명한 어록들은 아직도

USS 호퍼 호

우리에게 많은 가르침을 주고 있어 그 중 몇 개를 인용해 본다.

"만일 그것이 좋은 아이디어라면 밀고 나가라. 허락을 받는 일보다는 나중에 사과하는 것이 훨씬 쉽다.(If it's a good idea, go ahead and do it. It's much easier to apologize than it is to get permission)"

— 경영진이 자신의 아이디어를 3년 동안이나 묵혀 두었을 때 한 말.

"배는 항구에 정박해 있을 때가 가장 안전하다. 그러나 누구도 배를 항구에 정박시키기 위해 만들지는 않는다. 바다로 출항하여 새로운 일들을 하라.(A ship in port is safe, but that is not what ships are for. Sail out to sea and do new things)"

"사람들은 변화에 알러지가 있어서, '우리는 늘 이런 식으로 해왔어'라는 말을 즐겨 쓴다. 나는 그런 말과 싸우려고 노력한다. 그것이 바로 내가 거꾸로 도는 벽시계를 걸어 놓은 이유이다.(Humans are allergic to change. They love to say, 'We've always done it this way.' I try to fight that. That's why I have a clock on my wall that runs counter-clockwise)"

19. 실현 불가능한 길을 선택하다
– 단백질 결정학의 창시자, 도로시 호지킨

Dorothy Crowfoot Hodgkin(1910~1994)

단백질 결정학의 창시자로 알려진 도로시 호지킨은 X선 회절법을 이용해 여러 개의 중요한 큰 생화학분자들의 구조를 밝혀낸 공로로 1964년 노벨 화학상을 수상한 영국의 화학자이다.

1934년 펩신을 시작으로 콜레스테롤, 담배모자이크병 바이러스, 페니실린, 비타민 B-12와 인슐린의 구조를 밝혀냈고, X선 세기의 측정 과정과 방법도 개발했다. 그녀는 과학에 대한 탁월한 능력과 한 가지 일에 몰입하는 외곬의 열정과 끈기로 177개의 원자들로 이루어진 인슐린의 구조를 34년에 걸친 노력 끝에 밝혀냈다. 그것은 모두가 불가능하다고 생각한 일이었다.

도로시 호지킨은 과학적 연구뿐만 아니라 세 자녀의 어머니였고, 과학 정책·국제평화·빈곤 퇴치·인도주의적 가치를 위한 정치적 활동 등 다양한 역할을 통해 좀 더 나은 세상을 만들기 위해 치열한 삶을 살았다.

| 화학을 좋아하던 아이 |

도로시 크로풋 호지킨(Dorothy Crowfoot Hodgkin, 1910~1994)은 이집트 카이로의 교육성에 근무하던 고고학자인 아버지 존 크로풋(John Crowfoot)과 이집트 콥트직물 전문가로 뛰어난 예술가인 어머니 그레이스 후드(Grace Hood)의 네 딸 중 장녀로 태어났다. 출생 후 4년간은 1년에 몇 달씩 영국을 방문하면서 소아시아의 영국인 거주 지역에서 살았으나 제1차 세계대전 동안에는 부모와 떨어져 친척의 돌봄을 받으며 줄곧 영국에서 지냈다. 전쟁이 끝난 후 어머니는 아이들 교육을 위해 영국에서 함께 살게 되는데, 그녀는 훗날 그때가 생애에서 가장 행복한 때였다고 회고한다. 도로시는 카이로와 수단의 하르툼(Khartoum)에 있는 부모를 방문하러 자주 여행하면서 부모의 청교도적인 윤리와 봉사정신, 휴머니즘에 큰 영향을 받았다. 그런 영향으로 도로시는 일생 동안 반전운동과 인도주의적 사회활동에 적극적으로 참여했다.

어머니는 딸이 과학에 흥미를 갖도록 이끌어주어 도로시는 어렸을 때부터 화학에 흥미를 갖게 되었다. 도로시가 부모를 방문해 수단에 머무는 동안 부모의 오랜 친구인 조지프(A. F. Joseph) 박사는 화학약품을 주고 타이타늄철석(ilmenite)을 분석하도록 도와주어, 열 살의 도로시는 화학과 결정학(結晶學)에 흥미를 갖게 되었다.

도로시가 15살 때 어머니는 X선결정학의 선구자로 유명한 영국의 물리학자 브래그(William Henry Bragg)가 쓴 책《사물의 본성에 대하여(Concerning the Nature of Things)》를 선물했다. 책의 내용은 X선을 사용해 어떻게 원자와 분자들을 볼 수 있는가에 대한 것이었다. 그녀는 이 책을 읽으며 X선을 사용해 물질들의 화학구조를 어떻게 풀 수 있는

지 입문하게 되었고, 18살에 옥스퍼드 대학 소머빌칼리지(Somerville College) 화학과에 입학한다. 옥스퍼드 대학에서 화학 1부 정규과정은 학업 기간이 3년이지만, 2부 심화과정은 1년의 연구 프로젝트를 더 수행하여 총 학업기간이 4년인 이른바 '영예 프로그램(honor program)'이다. 도로시는 심화과정을 택하여 파웰(H. M Powell)의 지도 아래 '탈륨 다이알킬 할라이드(thallium dialkyl halide)'에 관한 졸업논문을 쓰고 1932년에 옥스퍼드를 졸업했다.

| 학문적 경력: 버날 교수와의 만남 |

도로시 호지킨은 졸업 후 1932년 10월 케임브리지 대학 물리학과(광물학과에서 분리되어 나옴)에서 버날(J. D. Bernal)을 지도교수로 박사과정을 시작한다. 그녀가 옥스퍼드를 떠나 버날 교수가 있는 케임브리지로 가게 된 데는 우연한 일이 계기가 되었다. 부모의 오랜 친구인 조지프가 기차에서 우연히 케임브리지 대학 물리화학 교수인 로우리(T. Martin Lowry)를 만나 대화를 하다가 연결된 것으로 이 우연이 도로시의 인생에 큰 행운을 가져오게 된다.

수학, 물리, 화학의 융합이라고 할 수 있는 결정학은 도로시가 시작할 때는 신생 분야였지만, 지도교수 버날은 이미 이 분야에서 상당히 이름이 알려져 있었다.

결정학의 토대를 마련해준 인물로는 막스 폰 라우에(Max von Laue), 윌리엄 헨리 브래그(William Henry Bragg)와 그의 아들 로렌스 브래그(William Lawrence Bragg)로, 그들은 X선 회절을 이용해 결정구조를 밝히는 방법을 발견한 공로로 1914년에는 라우에가, 그리고 1915년에는 브래그 부자가 노벨 물리학상을 받았다. 아버지와 아들이 같은 업적으로 동시에 노벨상을 받은 사례는 브래그 부자가 유일하다.

도로시에게 큰 영향을 준 버날 교수는 여러 분야에서 백과사전적 지식을 두루 갖춘 인물로, 특히 자연과 사회현상에 대한 깊은 통찰력을 갖고 있어 제자와 동료들은 그를 '과학의 현인'이라고 불렀다. 버날은 X선결정학으로 단백질 결정학의 기초를 세우는 데 중요한 업적을 남겼을 뿐 아니라 1920년대 초 케임브리지에서 마르크스주의 이념을 전파하는 데 적극적이었고 《과학의 사회적 기능(The Social Function of Science)》과 《역사 속의 과학(Science in History)》을 출판하여 영국과 소련의 정통 마르크스주의 과학 개념에 중요한 영향을 끼쳤다. 그는 무엇보다도 뛰어난 통찰력과 아이디어로 많은 제자들에게 상상력과 영감을 불어넣어준 위대한 스승이었다. 제자들 중엔 도로시 호지킨 외에도 로절린드 프랭클린(Rosalind Franklin), 아론 클루그(Aaron Klug)와 막스 페루츠(Max Perutz)가 있는데, DNA 구조 발견의 숨은 공로자인 X선결정학자 프랭클린을 제외한 나머지 사람들은 모두 자신의 분야에서 개척적인 기여를 한 공로로 노벨상을 수상했다. 그러나 정작 버날 자신은 노벨상을 수상하지 못했는데 공산주의자였기 때문이라는 설(대신 레닌상을 수상했다)이 있다. 남녀 차별이 극심했던 당시 과학계에서 버날이 두 명의 위대한 여성 결정학자를 배출했다는 것만으로도 그의 인품을 엿볼 수 있는 대목이다.

도로시 호지킨이 케임브리지 대학에서 박사학위를 시작한 1932년에는 버날 교수가 스테롤(sterol)에 관심을 갖고 있을 때여서 그녀의 박사논문 주제도 스테롤과 연관된 탄화수소의 X선 회절분석으로 정해졌다.

호지킨은 버날 교수의 지도 아래 케임브리지에서 행복한 2년을 보내면서 단백질 구조 결정에 있어서 X선결정학의 잠재력을 알게 되었다. 케임브리지에서의 마지막 몇 달 동안 그녀는 앞으로의 경력에 큰 영향을 주는 중요한 과제를 수행하게 된다.

1934년 4월 버날은 스웨덴의 웁살라(Uppsala) 대학 스베드베리(Theodor Svedberg)의 연구실에서 펩신 효소의 결정을 소량 얻게 되었는데, 다행스럽게도 펩신은 모액(母液: 결정이 생긴 포화용액)과 함께 왔다. 1930년대 초의 X선 장비로는 이러한 단백질 결정 연구가 상당히 어렵고 지루한 작업이었지만, 호지킨은 버날과 함께 처음으로 구상(球狀) 단백질의 X선 회절 패턴을 얻을 수 있었다. 처음에는 공기로 건조시킨 펩신의 결정을 X선으로 찍으니 전체적으로 어두운 영상뿐이었다. 반복되는 실패 끝에 실험 방법을 바꿔보기로 했다. 결정을 매달아 모액에 담그자 구상 단백질 내 원자들의 규칙적 배열에 대한 첫 번째 증거인 아주 작은 격자간 거리에 해당하는 점들을 포함한 뚜렷한 회절 패턴이 나타난 것이다!

최초로 펩신 결정이 분석된 역사적인 순간에 호지킨은 류머티즘 관절염 증상으로 의사를 만나러 가고 그 자리에 없었다. 24살 무렵 시작된 류머티즘 관절염은 점점 악화되어 평생 동안 그녀를 괴롭혔다. 호지킨은 나중에는 손과 발을 잘 쓸 수 없는 상태까지 이르러 주로 휠체어에 앉아 지내게 되지만 연구를 계속하는 끈질긴 집념을 보였다.

병원에서 돌아온 호지킨은 펩신의 추가 분석에 참여했고, 이 연구의 결과는 버날과 공저로 〈펩신 결정의 X선 사진〉이란 논문으로 〈네이처〉지에 발표된다. 그들은 이 연구를 통해 단백질 결정에 대해 연구할 때는 당시의 표준관행이었던 공기로 건조시킨 단백질 결정 대신 모액과 같이 있는 결정을 사용해야 한다는 것을 밝혀냈다. 뿐만 아니라 이 연구는 현재 구조생물학에서 가장 핵심적인 고분자 결정학의 원조가 되어, 이 연구를 시작으로 인슐린, 헤모글로빈, 바이러스에 대한 연구들이 이어지게 된다. 그 무렵 호지킨은 스테롤에 대한 연구를 시작하며 옥스퍼드로 돌아가 그곳에서 콜레스테롤 요오드화물의 분자구조와 100개가 넘는 스테로이드의 상세한 X선 분석을 완성했다. 이 연구는 삼차원적인 계산에 근거한 최초의 분석으로 결정학의 돌파구를 마련했으며 스테로이드 내 각 탄소원자의 입체화학을 수립했다.

| 옥스퍼드 시절: 인슐린 구조 분석에 성공하다 |

호지킨은 지성과 자유가 넘치는 케임브리지의 분위기를 좋아하여 버날 교수 곁을 떠나고 싶지 않았지만, 경제적 어려움 때문에 1934년 서머빌칼리지에서 튜터(tutor: 지도 교사) 자리를 얻어 다시 옥스퍼드로 돌아갔다. 당시 옥스퍼드 대학의 화학 클럽에는 여성의 입회가 허용되지 않아 사실상 그녀는 동료들과 지식 경험을 공유하는 길이 막혀 있는 상황이었다. 하지만 호지킨은 남들과 다른 길을 갔다. 그녀는 연구 생활 동안 언제나 당시에는 실현 불가능하다고 여겨지는 프로젝트를 선택했다.

1934년 호지킨은 옥스퍼드에서 인슐린을 결정화하고 X선 회절 패턴을 찍는다. 단순한 분자의 결정구조 분석조차 엄청난 도전이었던 시절 그녀는 177개의 원자들로 이루어진 인슐린 연구에 착수하는데, 이후 장장 35년간의 끈질긴 노력 끝에 1969년 인슐린의 구조분석에 성공했다. 그녀의 연구 결과는 분자생물학의 지형을 바꾸어 놓는다.

도로시 호지킨은 1937년 〈스테롤의 X선결정학과 화학(X-ray crystallography and the chemistry of the sterols)〉이란 논문으로 케임브리지 대학에서 박사학위를 받았다. 같은 해 그녀는 한때 영국 공산당원이었고 사회주의적 이상을 공유했던 역사학자 토머스 호지킨(Thomas L. Hodgkin)과 결혼한다. 그 후 1936년부터 1977년 은퇴할 때까지 일생을 옥스퍼드의 여학생을 위한 서머빌칼리지에서 연구하며 학생들을 가르쳤는데, 1940년대 그녀가 가르친 제자 중 하나가 나중에 영국 총리가 되는 마거릿 대처이다. 대처는 비록 호지킨과 정치적 이념은 다르지만 자신의 총리 집무실에 호지킨의 초상화를 걸어 놓았다.

인슐린 구조

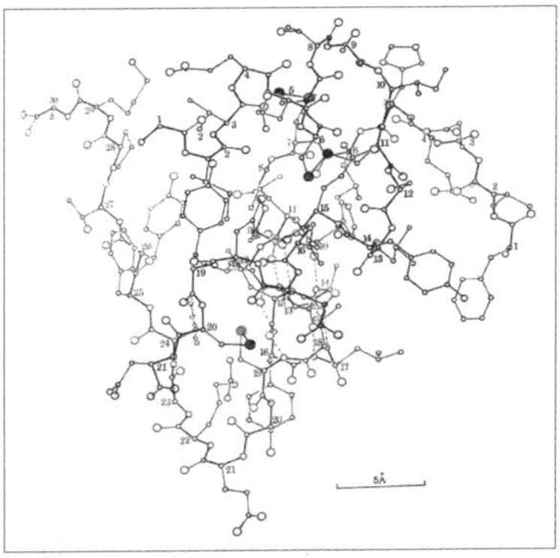

비타민 B12 구조

1942년에 호지킨은 자신의 경력에 중요한 변화를 가져오는 페니실린 분자구조에 관한 연구에 착수한다. 페니실린은 제2차 세계대전 중 획기적인 치료 효과를 가진 유일한 항생제로 군사적으로도 매우 중요했다. 그래서 영국과 미국 최고의 화학자들이 페니실린의 화학적 구조를 분석하려고 경쟁적으로 연구하고 있었다. 만일 페니실린의 구조를 알아낸다면 화학적 합성 방법을 찾아낼 수 있고, 따라서 싼값에 대량공급이 가능해져 수많은 생명을 구할 수 있다.

1949년, 호지킨은 7년간의 연구 끝에 페니실린 구조가 베타 락탐 고리를 가지고 있는 것을 화학적 방법이 아닌 X선 분석을 통해 밝혀내 모두를 놀라게 했다. 그녀는 또한 최초로 IBM 컴퓨터를 사용하여 X선 분석을 했는데, 이는 컴퓨터가 생화학 문제에 응용된 최초의 사례가 되었다.

호지킨은 페니실린이 적어도 4개의 다른 형태와 서로 다른 방법으로 결정화되는 특이한 고리 구조를 갖고 있다는 것을 밝혀냄으로써 그토록 많은 생명을 구한 페니실린의 화학적 합성의 출발점을 제시했다. 여성이란 이유로 옥스퍼드 대학에서 오랫동안 튜터라는 하위직에 머물던 호지킨은 마침내 뛰어난 과학적 업적을 인정받아 1946년 전임강사가 되고, 1947년에는 페니실린 연구로 영국 왕립학회 회원으로 선출된다.

1948년 호지킨은 그녀의 연구 생활에서 두 번째로 중요한 연구를 시작하는데, 비타민 B12의 구조를 밝히는 일이었다. 악성빈혈을 막아주는 비타민 B12는 총 181개의 원자들 중 수소원자를 빼고도 93개의 원자들로 이루어져 있어 대부분의 화학자들은 그 구조를 알아내는 일은 불가능하다고 여기고 있었다. 호지킨과 학생들은 이번에도 구조를 알아내기 위해 6년 이상 연구에 혼신의 노력을 쏟아, 마침내 1956년 비타민 B12의 입체구조를 발표한다. 이것은 그때까지의 생애에서 최고의 성과를 이룬 것이었다. 그녀의 세 번째 중요한 연구업적은 34년간의 연구 끝에 이뤄낸 인슐린의 구조를 밝힌 것이다.

그녀는 X선 세기를 수학 처리하고 색인하는 방법을 개발했을 뿐만 아니라 콜레스테롤, 락토글로불린(lactoglobulin), 페리틴(ferritin), 담배모자이크병 바이러스, 페니실린, 비타민 B12 그리고 인슐린의 분자 구조를 X선 기법으로 밝혀냄으로써 단백질 결정학의 창시자로 불린다. 호지킨은 페니실린과 비타민 B12의 X선 분석에 대한 업적으로 1964년 노벨 화학상을 수상하는데, 여성으로는 마리 퀴리와 마리 퀴리의 딸 이렌 졸리오 퀴리에 이어 세 번째였다.

| 세 자녀의 어머니이자 사회운동가 |

호지킨의 스승이자 멘토인 버날은 그녀의 인생에 과학적·정치적으로 큰 영향을 주었다. 과학계에서 높은 평판을 받고 있던 버날은 영국 공산당 당원이었는데 소련이 헝가리를 침공하기 전까지는 소련 정권의 충성스런 지지자이기도 했다. 한편 도로시의 남편 토머스 호지킨은 가나(Ghana) 대학 아프리카 연구소 소장이었고, 몇 권의 아프리카에 관한 책을 쓰기도 했다. 옥스퍼드 대학의 유명 강사였던 그도 한때 영국의 공산당원이었다.

토머스는 가나 대통령 콰메 은크루마(Kwame Nkrumah)의 고문으로 오랜 기간 가나에 머물러 있어서 도로시는 자주 남편을 방문하곤 했다.

호지킨 가족은 세계 평화를 위해 30년 이상 공공분야에서 일하면서 혁혁한 업적을 쌓았다. 도로시는 과학 연구뿐만 아니라 과학정책분야, 국제평화, 특히 1960년~1970년 냉전체제 기간 동안 미국과 영국에 의해 적국이라고 규정된 국가들(예를 들면 소련, 중국, 베트남)에서 살고 있는 과학자나 일반 시민들의 복지에 관심을 갖고 인도주의적 활동을 적극적으로 수행했다. 또한 1976년

도로시 호지킨과 세 자녀

~1988년 동안 그녀는 퍼그워시회의(Pugwash Conference) 의장을 맡기도 했는데, 아인슈타인과 철학자 러셀(Bertrand Russel)이 핵전쟁의 위험에서 인류를 지키기 위해 1955년 핵무기 감축운동으로 시작한 이 퍼그워시회의는 1995년 노벨 평화상을 수상했다.

도로시 호지킨은 그녀의 정치적 성향과 남편의 공산당과의 연관성 때문에 냉전체제가 지속되던 1990년까지 미국 방문이 허용되지 않았다. 그녀가 80세가 되던 1990년에서야 미 국무성은 도로시에게 비자를 발급해 주었다. 도로시는 1977년 공식적으로 은퇴했지만 80세가 넘은 고령에 관절염으로 거동이 몹시 불편했음에도 미국의 연구기관들을 방문하여 인슐린 및 결정학의 역사와 장래에 대해 강의하는 등 1994년 6월 30일 세상을 뜰 때까지 활발한 사회활동을 계속했다.

세 자녀의 어머니로서 학문에 대한 지치지 않는 열정과 끈질긴 집념, 모두들 불가능하다고 말하는 문제에 대한 도전정신, 거기다가 국제평화, 빈곤퇴치 같은 사회활동까지 이 모든 것을 불편한 몸으로 이루어낸 그녀의 강철 같은 의지와 치열한 삶에 저절로 머리가 숙여진다.

20. 과학으로 수많은 생명을 구하다
– 1988년 노벨 의학상 수상자, 거트루드 엘리언

Gertrude B. Elion(1918~1999)

역사를 들춰보면 영국의 빅토리아 여왕, 엘리자베스 1세, 스페인의 이사벨라 1세, 중국의 측천무후, 러시아의 에카테리나 여제, 오스트리아의 마리아 테레사 여왕, 비잔틴제국의 테오도라 여제 등 세계사에 영향을 끼친 강력하고 유능한 여성 통치자들이 많이 있다. 그리고 근래 국제정세에 영향력을 행사한 여성 정치가로는 소위 영국병을 고친 마거릿 대처 총리, 거대한 EU를 사실상 이끌고 있는 독일 최초의 여성 총리 메르켈, 그리고 미국의 힐러리 클린턴 전 국무장관이 있다.

그런데 흥미로운 것은 마거릿 대처는 옥스퍼드 대학교 화학과 출신이고, 메르켈 독일 총리는 라이프치히 대학에서 물리학 박사학위를 받았다는 사실이다. 두 총리 모두 강한 뚝심으로 인기에 영합하지 않고 과대포장에 능숙하지도 않으며, 원칙을 지키는 합리적인 판단을 기본으로 병든 국가 경제를 살려냈는데, 이것이 자연의 법칙을 공부하는 과학자들이 가진 특성이 아닌가 생각해 본다.

그런 의미에서 인류의 수많은 생명을 구한 여성 과학자 거트루드 엘리언의 생애와 업적을 눈여겨볼 만하다. 미국의 생화학자이자 약리학자인 엘리언은 1988년 노벨 생리·의학상을 수상했고, 미국 발명가 명예의 전당에 들어간 최초의 여성이기도 하다.

| 나는 왜 화학자가 되고 싶은가 |

거트루드 엘리언(Gertrude B. Elion)은 1918년 뉴욕에서 태어났다. 그녀의 아버지는 12살에 리투아니아에서 미국으로 이민 와서 치과의사가 되었고, 어머니는 폴란드에서 미국으로 왔다. 엘리언은 어렸을 때부터 책 읽기를 좋아했고, 두 학년이나 월반해 15살에 고등학교를 수석 졸업할 정도로 똑똑했는데 특히 모든 과학 분야를 좋아했다. 엘리언의 아버지는 주식에 큰돈을 투자했다가 1929년 증권시장의 대폭락으로 파산하고 만다. 다행히도 그녀는 뛰어난 학교 성적 덕분에 1933년 뉴욕의 헌터 대학(Hunter College)에 장학생으로 입학해 화학을 전공했다. 장학금이 아니었으면 대학 진학은 꿈도 꾸지 못할 형편이었다.

엘리언은 과학을 다 좋아하여 특별히 선호하는 과목이 따로 없었지만 화학을 전공하게 되는데, 그런 결정에는 계기가 있었다. 그녀가 15살 때 사랑하는 할아버지가 위암으로 고통받다가 세상을 뜨는 것을 보고, 이 끔찍한 병을 치료하기 위해 자신이 무엇인가를 해야겠다는 결심을 하게 된 것이다. 1937년 헌터 대학에서 수석으로 학사학위를 받은 후, 대학원에 진학하고 싶었으나 여학생에게는 화학으로 장학금을 주지 않아 취업을 선택한다. 그러한 쓰라린 경험 때문에 훗날 엘리언은 화학과

대학원 여학생들을 위한 장학기금을 만들었다.

엘리언은 그때의 심정을 토로하며 "아무도 나를 진지하게 생각해 주지 않았다. 그들은 내가 왜 어느 여자도 하지 않는 일, 즉 화학자가 되고 싶어 하는지 이상하게만 생각했다. 세상은 나를 기다려 주지 않았다"라고 말했다.

그녀는 병원에서 일하거나 고등학교에서 가르치다가 화학자로서 일하고 싶은 마음에 무보수 아르바이트 자리를 얻어 중요한 경험을 쌓게 된다. 1년 반이 지나자 주급 20달러를 받게 되었고, 그 돈을 모아 뉴욕 대학 대학원에 등록했다. 화학과 대학원생들 중 유일한 여학생인 그녀는 처음엔 병원의 접수 담당자로, 나중엔 고등학교 화학·물리 대리교사로 일하며 밤과 주말에 논문을 써서 마침내 1941년 석사학위를 받는다. 이 기간 동안 그녀의 약혼자가 병으로 죽자 엘리언은 평생 결혼하지 않고 독신으로 살았다.

| 화학자로서의 커리어 |

미국이 제2차 세계대전에 참가하게 되면서 산업계 전반에 남성 인력이 심하게 부족하게 되고 마침내 엘리언에게도 중요한 기회가 찾아왔다. 그녀는 식품회사의 품질관리 담당 분석화학자로 고용되어 1년 반 동안 일하면서 기기분석에 관해 많은 것을 배운다. 그러나 일이 단순반복적이고 더 이상 배울 것이 없다는 생각이 들자 그만두고, 1944년 6월 버로스웰컴(Burroughs Wellcome: 훗날 '글락소스미스클라인'에 합병된다) 제약회사의 히칭스(George Hitchings) 박사의 조수로 취직을 한다.

거트루드 엘리언

엘리언은 히칭스의 연구 과제에 흥미를 느꼈고 히칭스는 엘리언의 열정과 지적 총명함에 깊은 인상을 받았다. 당시 두 사람의 만남에 대해 엘리언은 다음과 같이 회고했다.

"나중에 미국 학술원 회원이 되는 생화학자 히칭스 박사는 정상세포와 암세포의 핵산대사가 서로 다르므로 핵산의 유도체에 대한 억제제(antagonist)를 만들려고 시도하고 있었어요. 그는 그때까지 내가 한 번도 들어본 적이 없는 퓨린(purines)과 피리미딘(pyrimidines)에 관한 얘기를 했는데, DNA 합성에 끼어들어 차단함으로써 정상세포는 해치지 않고 많은 종류의 병을 공격할 수 있다는 내용이었지요. 무척 흥미진진한 이야기였어요."

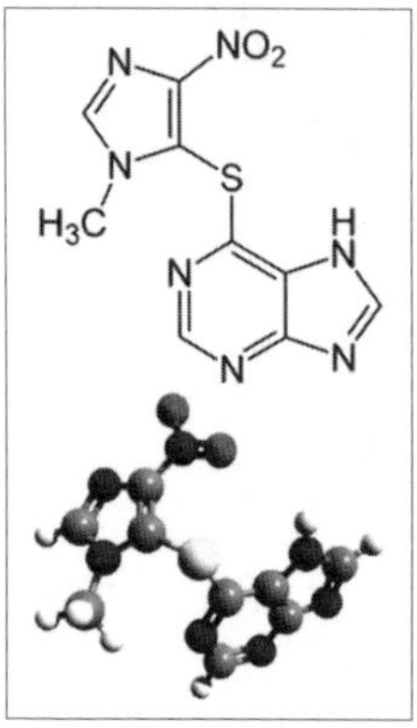

메르캅토퓨린

이때부터 40년 동안 히칭스와 엘리언의 동반자적 관계가 이어져 의미있고 생산적인 공동 연구가 시작된다. 버로스웰컴 제약회사에서 새로운 일을 시작한 직후 엘리언은 브루클린 공과대학에서 박사학위를 시작했다. 박사과정 2년차에 대학 측에서는 그녀에게 학위과정을 정규과정으로 다니든지 아니면 그만두라고 요구한다.

엘리언은 매력 있는 자신의 직업을 그만두고 싶지 않아 결국 박사학위를 중도에 포기하고 말았다. 그러나 배움에 대한 갈증으로 실험실에서 더욱 중요한 일에 매진했고, 히칭스 박사는 그녀가 가능한 한 빨리 배울 수 있도록 도와주고, 그녀가 준비되었다 싶으면 더 큰 책임을 맡겼다. 엘리언은 실험실의 유일한 유기화학자여서 그녀가 합성한 화합물의 생물학적 작용과 미생물학에 주로 열중하게 되었다. 하지만 꼭 화학에만 국한하지 않고 생화학, 약리학, 면역학과 나중에는 바이러스학까지 분야를 넓혀갔다.

버로스웰컴 사에서 엘리언과 히칭스는 신약 개발을 위해 정상세포와 빠르게 분열하는 병원성 세포(암, 박테리아, 바이러스 등) 간의 생화학적 차이를 활용하였다. 좀 더 자세히 말하면 퓨린 화합물들과 그들의 유도체들은 특정한 핵산의 합성을 차단함으로써 비정상 세포의 성장을 억제하는 데 사용되었다.

몇 년 동안의 힘든 연구 끝에 엘리언은 마침내 백혈병 세포들이 복제되는 것을 막는 화합물을 개발했다. 비록 이 물질이 효과를 보기에는 독성이 너무 컸지만, 어쨌든 그녀가 올바른 방향으로 나아가고 있다는 것은 틀림없었다. 그녀는 100가지가 넘는 퓨린 화합물들을 만들고 시험하는 일을 계속한다.

마침내 1950년 엘리언은 6-메르캅토퓨린(6-mercaptopurine: 6-MP)을 합성하여 소아 백혈병을 치료할 수 있었다. 그러나 병이 재발하는 문제점이 있어, 연구를 더욱 진전시켜 6-MP를 다른 약과 함께 쓰면 소아 백혈병 환자의 80퍼센트를 치료할 수 있게 되었다. 6-MP 이전에는 백혈병 어린이 환자의 절반이 수개월 안에 목숨을 잃었다.

1958년 영국의 젊은 외과 의사가 개에게 이식된 신장의 거부반응을 6-MP로 일시적으로 막을 수 있었다는 얘기를 듣고 엘리언은 몹시 기뻐하며 좀 더 효과가 있기를 기대하며 몇 가지 비슷한 화합물들을 외과 의사에게 제공했다. 이듬해 그 외과 의사는 엘리언의 약들 중 아자티오프린(Azathioprine, 약품명 '이뮤란'으로 알려짐)을 사용하여 개에게 신장 이식을 하는 데 성공했다. 1961년 의사들은 이뮤란(Imuran)을 사용해

친족이 아닌 사람들 사이의 신장 이식에 처음으로 성공한다. 오늘날에는 엘리언이 개발한 약 덕분에 장기 이식이 일상적으로 이루어지고 있다.

엘리언은 6-MP를 비롯해 그 밖에도 45개의 신약 특허를 받았는데, 그 중 유명한 몇 가지 약을 적어보면 다음과 같다.

- 아자티오프린(Azathioprine): 장기 이식 거부반응이나 자가면역질환 치료제로서, 화학적으로 퓨린의 유사체에 속한다.
- 알로퓨리놀(allopurinol): 통풍 치료제
- 피리메타민(pyrimethamine): 말라리아 치료제
- 트리메소프림(trimethoprim): 뇌수막염, 패혈증 및 호흡기와 비뇨관의 세균성 감염증 치료제

1977년 엘리언은 바이러스 세포 감염의 DNA 합성을 저해하는 항바이러스제 트리메소프림을 개발하는데, 이 약은 헤르페스(herpes) 바이러스 감염에 효과가 있어 대상포진, 성기 헤르페스증, 신생아 헤르페스 등에 사용되고 있다. 엘리언은 1974년 한국의 중앙대학교에서 임상약리학 교수로 재직했으며, 이후 파키스탄·이란·인도·남아프리카공화국의 각 대학에서 교수로 활동했다.

엘리언의 은퇴 이후, 1984년 그녀의 실험실은 엘리언과 히칭스가 개발한 혁신적인 방법을 기반으로 해서 미국에서 허가 받은 유일한 에이즈 치료약 아지도티미딘(azidothymidin: AZT)을 개발했다. 1988년 엘리언은 기존의 약물 치료가 약품의 화학적 합성에 주안점을 둔 것과는 달리 생화학·생리학적 측면까지 고려하여 약물치료의 중요한 원리를 개발한 공로로 영국의 블랙 경(Sir James Black), 히칭스 박사와 함께 노벨 생

리·의학상을 공동 수상했다. 의사도 아니고 박사학위도 없는 여성이 노벨상을 수상한 것은 아주 특별한 경우이다. 엘리언은 의학부문의 다섯 번째 여성 노벨상 수상자이고, 과학부문 전체로서는 9번째 여성 수상자였다

1988년 노벨 생리의학상 수상자들. 블랙(왼쪽), 엘리언, 히칭스

그녀는 여러 대학에서 25개의 명예박사 학위를 받아 이제 합법적으로(!) 엘리언 박사라고 불리게 되었다. 1991년 엘리언은 미국 국가 과학상을 수상했고, 미국 발명가 명예의 전당에 들어간 최초의 여성이 되었으며, 그녀가 개발한 신약들은 마더 테레사가 인류를 위해 한 일 이상의 수많은 생명들을 구했다.

노벨 생리의학상 메달 뒷면

노벨 의학상 메달에는 의술의 여신이 무릎에는 책을 펼쳐든 채, 아픈 소녀의 갈증을 해소시키기 위해, 바위로부터 샘솟는 물을 받고 있는 모습이 새겨져 있다.

메달에는 고대 로마의 시인 베르길리우스(Vergilius)의 서사시 〈아이네이드(Aeneid)〉에서 따온 다음과 같은 글이 적혀 있다.

"Inventas vitam juvat excoluisse per artes."

(발명은 삶을 윤택하게 하고, 예술은 삶을 아름답게 만든다.)

엘리언은 노벨 의학상 메달에 새겨져 있는 말과 그대로 일치하는 말을 우리에게 들려준다.

"사람들은 자주 나에게 '노벨상을 수상하는 것이 당신 인생의 목표였습니까?'라고 묻는다. 아무도 노벨상을 생의 목표로 삼지는 않으며, 만일 그렇다면 그것은 미친 짓이다. 왜냐하면 노벨상을 받지 못한다면 당신의 인생은 헛된 것이 되니까! 우리가 인생의 목표로 삼는 것은 사람들을 병에서 낫게 하는 것이며 거기서 오는 만족감은 당신이 받을 수 있는 그 어떠한 상보다도 더 크다."

part III

광기의 역사, 그 이면의 희생자들

21. 중세 유럽의 마녀사냥과 군중의 광기
– 여성 혐오증의 뿌리인가

Burning Times(1450~1750)

1997년에 첫 출간된 조앤 K. 롤링의 해리포터 시리즈는 《마법사의 돌》을 시작으로 7번째 마지막 책 《죽음의 성물》로 2007년 완간되었다. 그동안 해리포터 시리즈는 67개의 언어로 번역되어 약 4억5000만 부 이상 팔렸다고 한다. 그야말로 전 세계가 책으로 영화로 어린 해리포터의 마법에 걸려 열광 속에 빠졌다고 할 수 있겠다.

'$9\frac{3}{4}$번 승강장'에서 '호그와트행 급행열차'를 타고 고색창연한 호그와트 마법학교에 입학하는 장면, 부엉이 우편배달부, 마법 막대기, 변신술, 마법의 약 제조, 퀴디치 게임, 투명 망토 그리고 악마의 제왕 볼트모트와의 한판 승부 같은 이야기들은 어린이들뿐 아니라 어른들도 판타지의 블래홀 속으로 빨려 들어가게 만들었다. 그런데 해리포터가 전 세계적으로 선풍적인 인기를 끌자, 몇몇 기독교 계통 학교나 교회에서는 마법과 마법사가 등장한다는 이유로 이 책을 아이들이 읽지 못하도록 금지시켜야 한다는 부정적인 입장을 표명했다고 한다.

사실 마법을 믿거나 또는 마법을 행하는 것은 인류 문화의 시작부터 있어 왔고, 오늘날에도 여전히 많은 문화권에서 중요한 종교적·의술적 역할을 담당하고 있다. 인류에게 있어서 마법의 개념이나 주술 행위는 질병이나 재앙으로부터의 보호와 행운을 보장(?)받기 위한 의식에서 시작되었다.

그러나 악령의 힘을 빌려 남에게 해악을 주기 위한 마법(Sorcery)에 대한 처벌은 기원전 1772년경 고대 바빌로니아 함무라비 법전에서도 다루고 있으며 다음과 같이 규정하고 있다.

"만일 한 사람이 다른 사람에게 주술을 걸었고 아직 정당성을 입증하지 못했다면, 마법에 걸린 사람은 '신성한 강(holy river)'으로 가서 그곳에 뛰어들어야 한다. 신성한 강이 그가 죄가 있다고 판단한다면 그는 익사할 것이고, 주술을 건 사람이 그 사람의 집을 갖는다. 그러나 만일 신성한 강이 그 사람에게 죄가 없다고 판단한다면 그는 살아날 것이다. 그렇다면 주술을 건 사람은 사형에 처하고, 강에 뛰어들었던 사람은 주술을 건 사람의 집을 갖는다."

강물이 재판관이 되는 그야말로 황당하기 짝이 없는 법조문이다.

서기 1000년에 이르면 기독교와 사제들, 그리고 사회 구성원들은 마법을 고대의 토속신앙으로 여기며 반기독교적 이단으로 생각했다. 그러나 마법에 대해 비교적 관용적이었던 분위기는 중세 말인 14세기에 이르러서 바뀌기 시작한다. 백년전쟁(1337~1453), 흑사병(1347~17세기 중반), 루터의 종교개혁(1517)과 30년전쟁(1618~1648) 등으로 사회적, 경제적, 종교적 급변기를 맞게 되면서 1450년~1750년 300년 동안 중세 유럽에서는 마녀사냥의 광풍이 불었다. 마녀사냥의 역사적 배경과 현대에서의 마녀사냥과 군중들의 광기를 들여다본다.

| 마녀사냥의 역사적 배경 |

14세기 초 유럽의 기독교 체제는 사회적, 경제적, 종교적 변화에 직면했다. 1347년 인류 최악의 전염병인 페스트균에 의한 흑사병(Black Death)이 발생하여 6년 동안 유럽 인구의 약 30~65퍼센트가 사라졌고 유럽 인구가 예전으로 회복되는 데는 150년이 걸렸다. 당시 유럽에서는 흑사병의 발생 원인을 몰랐고, 그 때문에 사악한 음모들(마녀, 유대인, 무슬림, 나환자 등)이 기독교 국가와 유럽을 파괴하기 위해 마법과 독약으로 대역병을 퍼뜨렸다는 유언비어가 나돌기 시작했다. 게다가 역병으로 인한 인구 감소로 장원(莊園)이라는 봉건제도가 몰락하고 중상주의, 제국주의로의 엄청난 사회적, 경제적 변화가 일어났다. 마녀 열풍은 종교개혁, 사회·경제적 변화, 질병에 대한 집단히스테리를 해소시켜주지 못한 과학의 모호성과 사법의 실패 등이 중요한 원인이었다.

중세에는 교회나 종교재판에서 옛 전통신앙을 믿거나 약초나 부적을 이용하는 사람들을 대체로 용인하는 분위기였다. 그러나 흑사병이라는 대재앙이 발생하면서 상황이 바뀌었다. 특히 마녀에게 혐의가 씌워지면서 전염병 전파자라는 루머와 함께 공포가 들불처럼 퍼져갔고, 14~15세기에 걸쳐 마녀들에 대한 재판이 점차 증가했다. 집단적으로 마녀재판이 처음 일어난 것은 15세기이지만 16세기 초 종교개혁의 충격파가 유럽 사회를 강타하자 마녀재판의 사례가 갑자기 줄어들었다. 종교개혁을 맞아 유럽 전체가 종교적, 정치적으로 재편되기 시작하면서, 교회 지배자나 정부 당국이 기독교 내에서 더 큰 이슈들로 투쟁해야 했기에 마녀 문제는 잠시 미뤄진 것이다.

종교개혁의 열기가 퍼져나가면서 성모마리아를 경배하는 기독교의 여

불타는 시대

성적 측면도 의심받게 되었다. 중세시대에는 성모마리아의 권능이 악마의 영향을 감소시킬 수 있다고 믿어 왔지만, 이제 신교는 성모마리아 숭배를 완전히 떨쳐버렸으며 개혁된 가톨릭에서도 성모마리아의 중요성이 약화되었다.

비교적 짧은 기간 동안 소강상태에 있던 종교적 박해가 1550년경부터 다시 급격히 증가한다. 소위 '불타는 시대(Burning Times)'라고 부르는 광기(대규모의 마녀 광풍, 집단히스테리, 공포)의 시대가 1550년~1650년까지 1세기 동안 지속되면서, 특히 유럽 중심부에서의 마녀사냥은 재판, 고문, 처형으로 이어졌다.

1427년 스위스에서 처음 심각한 마녀사냥이 발생해 1428년 스위스 남부 발레(Valais)에서 100명의 마녀들이 집단 화형에 처해졌다. 1486년에는 도미니코 수도회 수도사이며 가톨릭교회 종교 심판관인 스프렌거(Jakob Sprenger)와 크라머(Heinrich Kramer)가 쓴 악명 높은 《마녀사냥(Malleus Maleficarum)》이라는 지침서가 출판되었다. 그 내용은 마녀를 구별하는 법, 그리고 행정 당국이 어떻게 체포, 심문, 증인심문, 판결을 해야 하는가 하는 여러 절차를 설명하고 있다. 이 책은 구텐베르크가 발명한 금속 활자 인쇄술이라는 최신 기술 덕분에 대량으로 인쇄되어 20쇄를 찍을 정도로 인기리에 팔려나갔고 이는 마녀사냥을 가속화시켰다.

종교개혁으로 구체제 가톨릭과 신교(프로테스탄트) 사이에 충돌이 일어나면서 안정된 세계관의 붕괴를 가져왔고, 이는 결국 가톨릭이나 신교 양쪽 모두에게 과도한 공포나 의심을 촉발시켰다. 종교개혁은 교회의 존망과 정통성을 위협하는 최초의 대형 사건이며, 마녀사냥은 권위나 권력의 공백이 발생했을 때 폭발할 수 있는 종교적 광기를 드러내는 사건이다. 가톨릭이나 신교나 둘 다 똑같이 위협을 느꼈는데, 신교는 가톨릭과 거의 같은 수준이거나 혹은 그 이상으로 마녀들을 박해했다. 가령 독일, 프랑스, 스위스 같은 가톨릭교회가 약했던 국가들에서 마녀사냥이 대유행을 했다. 반면 스페인, 이탈리아, 포르투갈, 러시아 같은 가톨릭 강세 국가들에서는 거의 마녀사냥이 일어나지 않았다. 한 가지 주목할 점은 30년전쟁 후 종교 다원주의가 공식적으로 인정되고 합법화된 후로는 마녀사냥의 동력이 거의 상실되었다는 사실이다.

그런데 1650년 이후 마녀 대사냥은 들불처럼 일어났던 것처럼 갑자기 급격하게 줄어든다. 과학혁명으로 인한 이성의 시대가 도래함에 따라 18세기에는 마녀재판이 금지되고 18세기 말에는 완전히 사라진다. 마녀의 법적 처형은 1782년 스위스의 글라루스(Glarus)에서 마지막으로 발생했으며 마지막 '마녀 화형'은 1793년 폴란드에서 일어났다. 폴란드에서는 이미 1782년에 마녀재판이 폐지되었기 때문에 이 사건은 불법행위였다.

| 마녀사냥: 특정 성(性)에 대한 대학살 |

13,4세기 이전에는 마술(witchcraft)이란 주문(呪文)이나 약물을 통한 치료와 초자연적인 힘(신, 여신, 신령, 마신, 천사 등 다양한 이름으로 불렸다)을 통해 미래를 예측하는 술법을 의미했다. 여자 주술사(wise women)

〈마녀〉, 고야 그림

혹은 '선한 마녀(white witches)'가 갖고 있는 다양한 식물들과 약초 치료에 대한 지식은 대대로 전승되어왔고 그녀들은 고통 받는 주민들을 돕는 지역사회의 유용한 일원이었다. 여기서 '선한 마녀'는 타인에게 신체적·실질적으로 해를 끼치려는 목적으로 은밀한 중세 주술을 행하는 '악한 마녀(black witch)'와는 분명히 구분된다. 그러나 중세 마녀사냥 광기의 시대를 지나는 동안 이러한 구별이 없어지고 말았다. 즉 마녀와 중세 마술에 대한 공포가 확산되면서 가톨릭교회는 마술에 대해 "명시적이든 암시적이든 악마와의 협약을 통해 약초를 써서 치료를 하는 사람"이라고 정의함으로써 약초 지식을 가진 모든 사람을 마녀에 포함시켰다. 따라서 중세 마술에 대한 혐오증과 마녀들의 처형은 당시 모든 종류의 질병들에 대한 치료법과 의학적 지식에 큰 손실을 가져온다. 스페인 화가 고야의 〈마녀〉라는 그로테스크한 작품에서는 마녀에 대한 사회적 편견이 잘 드러나 있다.

마녀사냥은 백년전쟁(1337~1453)이 끝난 뒤 본격화되기 시작하는데, 영국과의 백년전쟁에서 프랑스를 구한 잔 다르크(Jeanne d'Arc)도 재판을 받고 마녀라고 낙인찍혀 화형 당했다. 중세 후기부터 르네상스 동안 일어났던 잔혹한 마녀사냥을 '불타는 시대'라고 하는데, 19세기 미국 작가 게이지(Matilda Gage)는 '불타는 시대' 동안 900만 명의 유럽 여성들이 화형에 처해졌다고 말한다. 그러나 많은 학자들은 이 숫자는 과도하게 부풀려져 있다며 처형된 여성이나 마법사의 숫자를 최대 10만 명에서 6만 명 정도라고 추정하고 있다. 그러나 문제는 공식기록에 남아 있지 않고 처형된 숫자를 정확히 알 길이 없어 사람에 따라서는 그 숫자가 공식기록의 20배쯤 될 것이라고 추측할 뿐이다.

그런데 주목할 만한 사실은 마법사로 처형된 사람들의 대략 80퍼센트가 여성(마녀)이어서 마법사 처형은 실상 유대인 홀로코스트처럼 '여성 홀로코스트' 또는 여성에 대한 대학살이라는 점이다. 이렇게 끔찍한 잔학 행위에 수많은 성인 유럽 여성이 선택적으로 목표가 되었던 적은 일찍이 없었다.

그렇다면 똑같은 마법사인데, 왜 유독 마녀가 그렇게 희생양으로 집중적인 타깃이 되었을까?

중세에 여성을 보는 시각과 중세 유대인이 여성을 보는 시각에는 공통점이 있었다. 양쪽 다 여성들이 자신의 목적을 위해 남성을 조종하고 강압하는 능력을 갖고 있다는 기이한 공포심을 갖고 여성들에게 마녀라는 의심을 씌웠다. 이러한 생각들은 이브(Eve)와 남성에게 도전한 밤의 여왕 릴리트(Lilith)에 대한 신학적인 전통과도 연결되어 있다.

〈릴리트〉, 존 콜리어 그림

유대 신화에서 신은 릴리트를 아담과 똑같이 (아담의 갈비뼈가 아니라) 흙으로 빚었는데, 그녀는 아담의 첫 번째 부인이자 인류 최초의 여성이다. 그러나 아담과 릴리트는 항상 싸우기만 했다. 릴리트는 하나님께서 자신을 아담과 똑같은 방식으로 흙으로 만들었기 때문에 둘은 대등한 관계라면서 아담에게 복종하기를 거부했다. 특히 성행위를 할 때, 아담은 자신이 우월하다고 정상체위를 주장했고 릴리트는 이를 거부하여 잠자리에서도 합의를 보지 못한다. 신은 그녀가 아담에게 순종하지 않았다는 죄를 물어 악마로 변하게 한 후 에덴동산에서 쫓아낸다. 신은 아담에게 두 번째 부인 이브(Eve)를 주는데, 이번에는 반드시 아담에게 복종하도록 아담의 갈비뼈로 그녀를 만들었다. 구약성서 창세기에 나오는 나머지 이야기에서 이브는 릴리트처럼 남녀 평등을 부르짖으며 싸우는 대신, 아담에게 선악과를 따먹게 하여 원죄를 짓고 에덴동산에서 쫓겨나게 만드는 팜므파탈로 나온다. 따라서 여성은 창세기부터 남성에게 극도의 부정적이고 파괴적인 힘을 발휘하는 전형적인 악녀로 인식되었다.

마녀에 관한 지식을 집대성한 책 《마녀사냥》에서 도미니코 수도사이며 마녀 심판관인 저자들은 여성에 대해 다음과 같이 말한다.

"세상의 모든 사악함도 여자의 사악함에 비하면 아무것도 아니다. 여자한테서 아름다운 모습으로 포장된 악한 천성, 우정의 적, 피할 수 없는 형벌, 필요악, 타고난 유혹, 섹시한 재앙, 가정의 위험, 그리고 치명적인 해악 등을 빼놓으면 도대체 무엇이 남는단 말인가? 여자는 천성적으로 사탄의 도구이며 정욕의 화신이고 천지창조에 뿌리를 둔 구조적 결함이다."

이쯤 되면 저자들의 극도의 여성 혐오증은 여성을 악의 화신으로 몰고가 신·구교의 세력 싸움에서 상대방을 타락하고 부패했다고 공격하기 위해 마녀라는 희생양을 만들어낼 충분한 이유가 된다고 할 수 있겠다.

| 마녀 유형과 판정법 |

그렇다면 어떤 여성들이 지역사회에서 마녀라고 낙인찍힐까? 어떤 여성이건 남의 시선을 끌 만한(그것이 아름다운 용모이건, 또는 눈에 띄는 기형이나 이상하게 생긴 모습에서건) 여성들은 마녀로 의심 받기 쉽지만, 가장 일반적인 희생자는 50살이 넘고 가난하고 자식이 없어 쓸모없어진 여성들, 지역사회에서 미움을 받거나 지역민들이 이해하지 못하는 일을 하는 사람들, 특히 병을 고치는 늙은 여성들이 마녀사냥의 표적이 되었다. 많은 학자들은 가부장적 규범에서 가장 독립적인 여성들, 다시 말하면 특히 가부장적 가족의 범위 밖에서 혼자 사는 나이 많은 여성들이 마녀 혐의로 고발당하기 가장 쉬운 유형이라고 주장한다.

그렇다면 마녀라고 고발하는 사람들은 대체로 여성 혐오증에 걸린 남성들이었을까?

지역사회에서 전염병, 흉작, 가뭄, 재난, 한 가정의 불행 등의 원인, 심지어는 교회에 열심히 나가지 않는다는 등의 백만 가지 이유로 마녀라고 낙인찍히는데 이는 남성들보다 실상은 같은 여성들에 의한 고발이 더 많았다. 마찬가지로 남성이 마술사로 학살되는 경우도 같은 남성에 의해서 압도적으로 더 많이 일어났다.

마녀사냥은 여성들 사이의 강한 적대감에서 한 여성을 마녀라고 낙인찍는 것에서 시작된다. 소문은 천천히 지역 전체로 퍼지게 되고 마침내 지역을 지배하는 당국의 귀에 들어가는 순서로 진행되는데, 좀 더 정확히 표현하면 마녀사냥은 지역사회에서 여성과 남성들의 협력 체계에서 일어난다고 볼 수 있다.

그렇다면 마녀의 판정 기준에는 어떤 것이 있을까?

마녀 판정법은 다양하지만 가장 흔한 방법은 우선 고발된 여성을 발가벗긴 후 악마가 남겨놓은 표시인 검은 점, 사마귀, 주근깨, 반점이 있는지 면밀히 조사하기 위해 여성의 체모를 모두 깎는다. 만일 어떤 표시도 발견할 수 없다면 고발된 여성의 몸에 작게 돋은 점에 바늘을 찔러 피가 나오지 않으면 마녀라는 죄가 확인이 된다. 또 다른 방법은 여성의 몸을 밧줄로 묶은 후 강에 던져서 익사하면 마녀가 아니고, 살아서 물에 뜨면 마녀라고 판정을 내리는데, 일단 마녀의 혐의를 쓴 여성은 이래저래 절망적 상황에 처하게 되는 것이다.

한편 교회는 마녀재판을 통해 수익을 창출해낼 수 있었다. 범죄에 주술을 더 갖다붙이면 종교재판으로 돈을 벌 수 있는 새로운 집단이 생기게 된다. 종교재판의 희생자들에게는 그들을 묶은 밧줄값과 화형에 처할 나무값도 부과되었다. 각종 잔혹한 고문의 각 단계마다 요금(!)이 매겨졌으며 고문을 못 이겨 마녀라고 자백할 수밖에 없어 유죄로 선고받은 마녀는 화형대로 보내졌다. 부유한 마녀가 처형당하면 그 재산을 몰수했다.

| 세일럼 마녀재판(Salem Witch Trial) |

유럽에서의 마녀사냥은 종교의 자유를 찾아 떠난 영국의 청교도들이 정착한 식민지 미국에도 불어닥쳤다. 1692년 뉴잉글랜드의 세일럼(Salem)과 다른 마을에서 일어난 마녀사냥은 미국 역사의 수치스러운 한 단면으로, 군중의 집단광기가 어떤 결과를 가져오는지 보여주는 좋은 예이다.

15세기 유럽에서의 마녀, 사탄, 마법에 대한 개념은 미국에 그대로 전파되어 17세기 식민지 미국에서도 초자연적 현상을 일상생활의 한 부분으로 믿는 경향이 있었다. 뉴잉글랜드에서도 마녀와 마법에 대한 믿음이 상당히 널리 퍼져 있었는데, 1692년 당시 뉴잉글랜드에는 천연두 발생, 세력가들 간의 알력, 원주민 인디언들의 공격 위험 등 모든 복합적인 요인들로 인해 세일럼 마을에 상당히 긴장된 분위기가 감돌고 있었다. 보스턴의 올드노스 교회(Old North Church) 목사 코튼 매더(Cotton Mather)는 마녀와 마법을 철저하게 믿는 사람이었다. 그는 1688년 보스턴에서 일어난 마녀 처형 그로버(Grover) 사건을 1689년 자신의 책《마법과 귀신들림에 관한 기억해야 할 신의 섭리(Memorable Providences Relating to Witchcraft and Possession)》에서 자세히 묘사했는데, 이 책은 곧 뉴잉글랜드 전역에 퍼져서 마녀에 대한 지침서가 되었다.

세일럼 마녀 처형

한편 세일럼에서 몇몇 어린 소녀들에게서 발작, 고통스런 경련, 책상 밑에 숨는다든가 열이 나는 등의 증상들이 동시에 나타나면서 1692년 1월 광기의 서막이 올랐다. 매더 목사는 세일럼에 악마가 준동하고 있으며 마녀들은 곧 가장 가혹한 처벌에 직면할 것이라고 선언했다. 매더 목사의 설교와 책들이 세일럼의 마녀 집단 광기에 부채질을 했다.

발작으로 고통 받던 어린 소녀들은 세 명의 여인(카리브해 출신 노예, 집 없는 거지, 가난에 찌든 노파)을 자신들을 마법으로 괴롭히는 마녀라고 지목했고 불쌍한 세 명의 여인들은 곧 붙잡혀서 심문을 받게 되었다. 그 중 한 명이 진짜 마녀는 다른 데에 있다면서 자신이 알던 다른 여자 두 명을 끌어들였다. 지목된 여자들은 또 다른 여자들을 마녀라고 고발하는 등 사태는 걷잡을 수 없이 연쇄반응을 일으켰다. 무려 200명이 넘는 사람들이 주술사 혐의로 체포되고 이들을 재판하기 위한 특별재판소가 설치되었다.

재판 결과 20명이 공개 교수형을 당했는데, 그 중에는 세일럼 마을의 전직 목사 버로우(George Burroughs)도 포함되어 있었다. 버로우는 교수형 당하기 직전 군중을 바라보며 마녀나 마술사는 암송할 수 없다는 주기도문을 완벽히 암송했다. 그의 극적인 기도와 자신은 결백하다는 마지막 말에 구경꾼들은 혹시 잘못된 것이 아닌가 하는 의구심을 갖고 눈물을 흘렸다. 이 집단 광기는 반년 이상을 끌다가, 마을의 가장 저명하고 존경받는 인사들까지 마녀사냥에 연루되는 지경에 이르러서야 사람들은 무엇인가 잘못되었다는 것을 깨닫기 시작했고 1692년 여름에야 겨우 진정되었다.

| 오늘날의 마녀사냥 |

오늘날에도 사하라 사막 이남의 아프리카, 특히 남아프리카공화국에서 마녀사냥이 자행되어 매년 수천 명이 목숨을 빼앗기고 있다. 정확한 통계는 알려지지 않았지만, 마녀 화형으로 인한 죽음은 매년 수백 명에 달하며 증가하는 추세에 있다. 유럽의 전철을 밟아서 남아공에서의 마녀사냥은 미신뿐만 아니라 사회·경제적인 압력, 자연재해, 개인적 질투와 관련이 있다. 찢어지게 가난하고 교육을 받지 못한 지역에서는 마을 사람들은 어떠한 불운이 닥치면 재빨리 흑마술(black magic) 탓으로 돌린다. 남아공에서는 2004년~2008년 사이에 2만 명이 마녀사냥으로 죽임을 당했다고 추정되고 있다.

개발도상국에서 여전히 일어나고 있는 현대판 마녀사냥은 여성 억압, 추방, 불평등과 매우 밀접하게 관련되어 있다. 유엔에서는 세계적으로 매년 약 5000명의 여성들이 가문에 오점을 남겼다며 소위 명예살해(honor killing)를 당한다고 추산하고 있다.

현대적 의미의 '마녀사냥'은 죄 없는 사람을 여론몰이를 하여 범죄자로 만드는 일이다. 대표적 사례로는 프랑스의 **드레퓌스 사건**이나 미국의 **매카시즘**, 그리고 미국 남부의 KKK단(인종차별주의자들의 모임)을 들 수 있다.

드레퓌스 사건
1894년 프랑스에서 유대인 포병 대위 드레퓌스가 독일측 간첩 혐의로 종신형을 선고받자, 군의 부정을 탄핵하는 작가 졸라를 비롯한 인권 옹호파와 군부, 우익이 심하게 대립하여 심각한 정치적 파장을 가져온 사건. 드레퓌스는 1906년 무죄가 확정되어 군에 복직했다.

매카시즘
1950년대 초 미국에 공산주의가 팽창하는 움직임에 위협을 느끼던 사회 분위기를 이용하여 상원의원 매카시가 행한 선동 정치. 반대파를 공산주의자로 몰아 처벌하는 경향이나 태도.

요즘 같은 정보화 시대에는 여론몰이가 SNS나 온라인을 통해 빛의 속도로 진행되기 때문에 온라인 마녀사냥 또는 인터넷 마녀사냥은 역사상 다른 어느 때보다 더 큰 파괴력을 갖는다. 가령 몇 년 전의 온라인 마녀사냥으로는 가수 타블로의 해명에도 불구하고 학위가 가짜라면서 집요하게 여론몰이를 하며 기나긴 시간 타블로를 괴롭히는 '타진요(타블로에게 진실을 요구한다)'의 경우가 인터넷 마녀사냥의 한 예가 되겠다.

타진요뿐만 아니라 그동안 연예인들이 인터넷 사냥의 먹잇감이 되어 인격살인에 해당할 만한 사이버 폭력을 당하는 것을 수차례 보아왔다. 그럼에도 불구하고 우리 모두가 아무런 죄의식 없이 SNS를 통해 열심히 왜곡된 정보들을 퍼 날라 사이버 폭력에 가담하고 있다.

어디 그뿐인가? 고위 공직자에 대한 청문회에서 도덕성과 능력 검증이라는 본래의 취지와는 달리 검증 대상 인물을 반드시 떨어뜨리고 말겠다는 이상한 각오(!) 아래 흠집 내기에 열중하는 국회의원들, 이에 덩달아 사실을 왜곡, 과장하여 군중들의 히스테리를 부채질하는 언론들과 TV의 논객들이 넘쳐난다. 이런 사람들은 자신들이 소위 '여론의 법정'에 서서 자신의 인생을 짓밟는 가혹한 인격적 린치를 당해 보아야 다른 사람의 심정을 이해할 수 있을지 모르겠다. 많은 유능한 인물들이 이런 식의 여론재판 때문에 인사 청문회 대상인 고위직에 가는 것을 거부한다고 하니 이것이 과연 건강한 사회라고 할 수 있을까?

22. 신대륙 원주민들의 인종대학살 400년의 역사

– 콜럼버스는 탐험가인가, 학살자인가?

Christopher Columbus(1451~1506)

우리는 어린 시절 크리스토퍼 콜럼버스의 전설적인 항해에 대해 듣고 자란 까닭에 그에 대한 환상을 갖고 있다. 당대의 미신을 거부하고, 모든 난관에도 불구하고 폭풍이 몰아치는 대서양을 횡단하는 콜럼버스는 얼마나 담대하고 예지력 있는 영웅인가! 또한 아메리카 대륙(북미, 중미, 남미)의 발견으로 근대 역사에 지대한 영향을 끼쳤으며, 오늘날의 미국을 있게 한 멋진 대탐험가의 모습으로 말이다. 미국과 중앙아메리카 일부에서는 콜럼버스가 카리브해의 히스파니올라(아이티 섬)에 도착한 1492년 10월 12일을 '콜럼버스의 날'로 지정하여 기념하고 있다.

그러나 콜럼버스가 신세계를 발견했다는 것도 순전히 유럽인의 편향된 시각에서 본 것이다. 그들이 말하는 '신세계'란 이미 약 3만 년 전에 아시아에서 베링해협을 건너가 정착한 아메리카 원주민과 인디언들이 조상 대대로 거주해온 땅인데, 아메리카 원주민들로서는 그런 주장이 황당하기 짝이 없는 것이다.

뿐만 아니라, 1492년 10월 12일 이후 그들의 삶은 이전과는 완전히 바뀌어 길고 긴 박해와 대학살의 험난한 길의 시작이었다. 콜럼버스의 기독교 원정군은 아메리카 대륙에 유럽 문명의 전초기지를 세워 그 후로 400년에 걸친 착취와 정복의 시대를 열었으며 현대 역사의 항로를 완전히 바꾸어 놓았다.

유럽인들이 아메리카 신대륙에 도착한 사건을 계기로 두 대륙 간의 동식물, 사람, 여러 가지 유럽의 질병, 아이디어의 글로벌한 교환에 대해 1960년대 후반 과학사학자 알프레드 크로스비(Alfred W. Crosby)는 '콜럼버스의 교환(The Columbian Exchange)'이라는 용어로 정의했다. 콜럼버스의 교환은 유럽, 아메리카, 아프리카에 큰 영향을 가져왔는데, 긍정적인 면은 아메리카의 옥수수가 아프리카로, 담배·감자·콩·땅콩·호박·토마토 등이 유럽으로 건너갔으며, 소·말·닭·돼지·커피·밀·쌀이 신대륙으로 전해졌다.

그러나 유럽과 아메리카 교류에는 어두운 면도 있었다. 콜럼버스는 원주민 인디언들에 대해 학살과 노예정책을 시행함으로써 뒤에 올 유럽인들에게 나쁜 선례를 만들었고, 결과적으로 아메리카 원주민들이 거의 몰살되는, 인류 역사상 가장 오랫동안 진행된 넓은 의미의 제노사이드(Genocide, 민족말살)가 시작되었다. 설상가상으로 유럽인들이 신대륙에 옮겨온 홍역, 장티푸스, 천연두, 결핵 같은 여러 가지 전염병들에 인디언들은 무방비로 노출되었다. 자연발생적으로 때로는 고의에 의해 전염병이 발생하여 아메리카 대륙을 휩쓸고 지나가면서 이러한 질병에 면역력을 갖고 있지 않던 수많은 인디언 원주민들이 죽어갔다.

| 콜럼버스와 인디언 원주민들과의 치명적인 만남 |

이탈리아 제노바에서 태어난 콜럼버스(1451~1506)는 13세기 이탈리아 상인이자 탐험가인 마르코 폴로의 《동방견문록》을 읽고 각종 향신료, 금과 보물에 대한 이야기에 매료되어 인도에 가리라 결심했다. 인도에 가기 위해서는 지구는 둥글기 때문에 대서양의 서쪽을 도는 것이 빠르다고 확신했다.

콜럼버스는 당시 해양 진출에 적극적이던 포르투갈, 영국, 프랑스 왕들에게 자신의 계획을 설명하고 재정적인 지원과 탐험으로 얻는 각종 이권을 요구했으나 모두 거절당했다. 그러다 마침내 1492년 콜럼버스의 개인적 야망과 스페인의 팽창 정책이 서로 일치하여, 이사벨라 여왕과 콜럼버스는 '산타페 협약'을 맺고 재정적인 지원을 주고받게 된다. 이 협약에서 스페인 왕실은 콜럼버스에게 앞으로 발견되는 지역의 대제독과 식민지 총독·부왕(副王)의 칭호를 부여하고, 그의 자손들에게 직위가 영구히 상속되며 그곳에서 얻는 모든 수입의 10분의 1을 콜럼버스가 소유한다는 등의 내용을 명시했다.

콜럼버스의 신대륙 발견

콜럼버스가 3척의 배를 이끌고 항해를 떠나 1492년 10월 12일 인도라고 믿고 도착한 곳은 사실은 카리브해의 히스파니올라(지금의 아이티와 도미니카공화국)였다. 카리브해는 남아메리카 대륙 북쪽 해안과 중앙아메리카 동해안과 멕시코 일부에 접하는 대서양의 내해로 약 7천 개의 섬들로 이루어져 있다. 그 때문에 지금도 카리브해에 떠 있는 섬들을 '서인도제도'라고 하고, 아메리카 원주민을 인디언이라 부르는 것이다. 이후 콜럼버스는 네 번에 걸친 탐험 끝에 쿠바, 아이티, 자메이카, 도미니카 및 중남미 일부를 발견한다. 그러나 그는 죽을 때까지 자신이 발견한 신대륙(아메리카)을 인도의 일부로 믿고 있었다.

아메리카라는 이름은 훗날 이탈리아의 탐험가 아메리고 베스푸치(1454~1512)가 그곳이 인도가 아니고 새로운 땅임을 밝혀냄으로써 그의 이름을 따서 이 신대륙을 '아메리카'라고 부르게 된 것이다.

콜럼버스가 1492년에 히스파니올라에 도착했을 때는 이미 신세계에 1억 명의 원주민들이 살고 있었던 것으로 추정된다. 즉, 페루에는 잉카, 멕시코에는 아즈텍, 그리고 중앙아메리카에는 마야문명이 번성해 있어서 도시를 세우고 교역을 하며 정확한 천체 관측을 하고 있었다.

콜럼버스는 첫 번째 항해를 무사히 마치고 돌아가 스페인의 영웅이 되어 이사벨 여왕과 페르난도 왕으로부터 열렬한 환영을 받았다. 1493년 9월, 반드시 금광을 찾을 생각으로 제2차 항해에 나선 콜럼버스는 17척의 배에 군대를 나누어 싣고 히스파니올라 섬으로 돌아왔다. 스페인 국왕은 콜럼버스의 요청에 따라 그를 카리브해의 여러 섬들과 아메리카 본토의 총독 겸 주지사로 임명했다.

콜럼버스는 식민지 행정관으로서 아메리카 본토에 이사벨라 시(市)를 건설하고, 토지를 스페인 경영자에게 분할해 주고 인디언들에게는 공납(貢納)과 부역을 명령했다. 총독 콜럼버스는 신속하게 노예정책을 도입하고, 옥수수와 면화를 세금으로 징수하는 한편 금광 채굴 등의 강제노동을 시켰다. 나머지 인디언들은 금을 가져오게 했는데 정해진 할당량을 채우지 못하면 손과 발을 잘랐다. 실제로 갖다 바칠 금이 그리 많지 않아서 많은 원주민들이 도망을 갔고, 스페인 식민지 개척자들은 이들을 동물 사냥하듯 죽이는 등, 원주민 타이노(Taino)족에 대한 조직적인 몰살정책을 펼쳤다. 콜럼버스의 가혹한 통치로 처음 약 800만 명으로 추정되던 타이노족 인구가 1496년에는 300만 명으로 감소되었고, 그가 총독의 자리를 떠나는 1500년경에는 겨우 10만 명 정도만 살아남았다.

콜럼버스는 투자자들에게 배를 황금으로 채워주겠다는 약속을 한 터라 재정적인 압박을 받고 있었다. 이사벨라 여왕이 노예무역을 금지했음에도 콜럼버스는 노예무역에 뛰어들어 그의 이름은 '신대륙 발견' 다음으로 신세계에서 노예무역을 시작한 '노예상인'으로 유명해진다.

제3차 항해(1498~1500)에서 콜럼버스는 6척의 배를 이끌고 아시아 본토를 찾기 위해 떠났으나 대신 베네수엘라 해안에 도착했다. 그가 히스파니올라에 돌아왔을 때 식민지 개척자들에게 땅을 나누어 주고 타이노 원주민을 노예로 쓰도록 허가해 줌으로써 원주민의 반란이 일어나고 그 소식이 스페인에까지 전해졌다.

스페인 왕은 진상 조사를 위해 행정관을 파견했다. 식민지 상황을 목격하고 충격을 받은 행정관은 콜럼버스와 그의 일당들을 체포하여 스페인으로 송환해 재판에 넘겼다. 그들은 스페인 왕과 여왕에 의해 석방되기는 했으나 히스파니올라 총독 자리는 박탈당했다. 당대의 역사가 라스 카사스(Bartolomé de Las Casas)는 스페인 식민지 개척자들이 원주민에게 저지른 참혹한 행위에 대해 기록했는데, 원주민들을 집단 교수형에 처하고 쇠꼬챙이에 끼워 불에 태웠으며, 원주민 아이들을 개의 사료로 쓰려고 조각조각 난도질 하는 등 경악스런 사실들로 가득했다.

| 개기월식이 콜럼버스를 구하다 |

1502년 콜럼버스는 아들 페르디난도(Ferdinando)와 함께 아시아 본토를 찾기 위해 그의 마지막 탐험길에 오른다. 온두라스, 니카라과, 코스타리카, 파나마 해안을 따라 항해하다가 두 척의 배가 자메이카 북쪽 해안에 좌초되면서 선원들은 꼼짝 없이 섬에 갇힌 상태가 되었다. 선원들이 구조선에 구조되어 본국으로 돌아간 것은 거의 1년이나 지난 후였다.

섬에 살고 있던 원주민들은 처음에는 콜럼버스 일행을 따뜻하게 맞아주고 먹을 것을 주었으나, 장기간 머물게 되면서 선원들은 원주민들을 속이고 물건을 훔쳤다. 6개월이 지나자 콜럼버스 선원들 중 절반이 반란을 일으키고, 몇몇은 강도짓에 원주민을 살해하는 일까지 저지르자 원주민들은 식량 공급을 끊었다. 선원들은 마을을 습격하자고 했지만 콜럼버스는 과학을 이용해 난관을 타개하기로 한다.

콜럼버스가 타고 온 배에는 레기오몬타누스(Regiomontanus)가 저술한 《천체력(ephemeris)》이 있었다. 레기오몬타누스는 독일의 유명한 수학자·천문학자로 프톨레마이오스 저술의 번역가이기도 한데, 그는 죽기 전에 1475년~1506년의 천문학 역표가 들어 있는 천체력을 출판했다. 이 역표는 항해 중에 없어서는 안 될 중요한 별자리뿐만 아니라 태양, 달, 위성들에 대한 정보를 제공했다. 책이 출판된 후 모든 탐험가나 선원들은 아는 길이든 또는 미지의 바다에 도전하든 항상 이 천체력을 배에 비치해두고 참고했다.

콜럼버스는 천체력 역표를 들여다보다가 1504년 2월 29일 목요일 저녁에 개기월식이 일어난다는 것을 발견했다. 그는 원주민들의 추장을 불러 자신과 그의 부하들이 부당하게 취급받아 기독교신이 매우 격노하여 3일 후 떠오르는 보름달을 붉게 물들여 없애 버릴 것이며 이것은 곧 원주민 모두에게 재앙이 닥칠 징조라고 겁을 주었다.

지정된 날 저녁, 해가 지고 동쪽 수평선 너머로 달이 떠오르기 시작했다. 달의 모양이 전부 드러나자 원주민들은 무언가 몹시 잘못된 것을 직감했다. 달의 아래쪽 경계 부분이 사라지기 시작하더니 한 시간 후에는 깜깜한 어둠의 장막이 내렸다. 달은 괴기하게 붉은 피에 물든 모양을 드러냈다.

달이 붉은색을 띠는 것은 달에 도달한 햇빛이 반사되어 지구의 두터운 대기층을 통과할 때 산란이 일어나기 때문이다. 짧은 파장은 공기나 작은 입자들에 의해 산란이 더 잘 일어나 빛이 대기층을 통과할 때쯤엔 긴 파장의 빛, 즉 붉은색이 많이 남아 있기 때문이며 일출이나 일몰 때 하늘이 붉은색으로 물드는 것도 같은 원리이다.

밝게 빛나는 보름달 대신 동쪽 하늘에 희미한 붉은 달이 걸려 있는 것을 본 원주민 추장은 공포에 질려 콜럼버스에게 무엇이든 협조할 테니 달을 원상태로 복구시켜 달라고 애원했다. 콜럼버스는 자신의 기독교 신과 조용히 의논해 보겠다고 말하고 레기오몬타누스 천체력에서 달의 여러 모양을 살펴본 뒤 개기월식이 끝나기 직전에 다시 나타났다. 그는 자신의 신이 원주민들을 용서했고 달이 점차 원래 모습으로 돌아올 것이라고 선언한다. 콜럼버스의 말이 끝나자 곧 달은 제 모습을 드러내기 시작하여 그의 일행은 과학 덕분에 목숨을 구하게 되었다.

콜럼버스는 당시의 극히 제한적인 항해 장비나 도구만 가지고 있었지만 항해술뿐만 아니라 무역풍, 자기 나침반, 별, 달, 위성 등 천문학과 지리에 대한 과학적 지식을 잘 갖추고 있어, 이를 이용해 험난한 바다와 미지 세계의 탐험을 성공적으로 끝낼 수 있었다. 그런데 이 일화는 이후 마크 트웨인을 비롯한 여러 작가들의 소설이나 만화에서 자주 활용된다.

| 중남미·북미 원주민 인디언들의 수난의 역사 |

콜럼버스의 정책은 그가 신대륙을 떠난 후에도 지속되었다. 개척자들은 기독교 전파(Gospel), 왕의 영광(Glory), 황금 약탈(Gold) 등 3G 정책을 표방하여 많은 인디언들을 죽였다. 스페인이 1514년에 실시한 식민지 섬들에 대한 인구 조사에는 겨우 2만2000명의 인디언들만이 생존했고, 1542년에는 단지 200명의 인디언들만이 살아 남았다고 기록되었다. 콜럼버스가 인디언들과 처음 만났을 때, 카리브해 연안에 살고 있던 1500만 명쯤 되는 인디언들의 총 인구가 1542년 이후에는 거의 소멸된 것으로 알려졌다.

그러나 콜럼버스가 섬을 떠난 것으로 대학살이 끝난 것은 아니었다. 콜럼버스가 세운 정복과 식민지화의 집단학살 본보기는 뒤에 오는 유럽의 식민지 지배자들과 미국에 의해 그대로 답습되었다. 두 대륙의 비극적 만남 이후로도 400년 동안 영국, 프랑스, 포르투갈 등 8개국 정도의 식민지 정부 또는 미국 연방정부에 의해 아메리카 원주민들의 인구 감소가 지속적으로 자행되었다.

인디언 대학살

16세기 중상주의(重商主義)는

유럽인들의 탐험과 제국주의 확장에 기름을 부었다. 1519년 스페인의 야심찬 정복자 에르난 코르테스(Hernán Cortés)는 황금을 찾기 위해 스페인 사람들을 이끌고 멕시코 계곡으로 들어갔다. 이러한 행위는 스페인과 아즈텍 토착민 사이에 폭력적인 동서 문명의 충돌을 일으켰다. 코르테스는 아즈텍 제국에 대해 초토화 캠페인을 벌여 강력한 저항을 누르고 닥치는 대로 약탈했다. 그 결과 멕시코 중·북부 아즈텍 제국의 붕괴와 토착 원주민들의 실질적인 인종청소를 초래했다. 또 다른 스페인의 식민지 정복자 프란시스코 피사로(Francisco Pizarro)는 아즈텍 정복자 에르난 코르테스에게 조언을 받아 페루의 잉카제국을 멸망시키고 비슷한 몰살 정책을 자행했다.

피쿼트족 대학살

그 무렵 똑같은 패턴을 이어가려는 목적으로 1513년 스페인의 폰세 데 레온(Ponce de Leon), 1540년 데 코로나도(Francisco Vázquez de Coronado), 그리고 같은 해에 데 소토(Hernando de Soto)의 원정대는 북아메리카 대륙에서 원정을 시작했다.

한편 영국은 북미에서 1607년 로아노크(Roanoke)를 시작으로 1620년에는 플리머스(Plymouth)에서 스페인의 선례를 그대로 따랐고, 어떤 면에선 스페인보다 더 악랄했다. 북미 대서양 연안에서 자행된 영국의 식민화 과정은 원주민 인디언들의 지속적이고 무자비한 대학살로 이어졌다. 수백 건의 사례들 중에서 가장 유명한 것은 17세기 피쿼트(Pequot)족 대학살 사건이다. 1637년 5월 27일 밤, 지금의 코네티컷 주미스틱(Mystic) 강변에서 피쿼트족 800여 명이 영국 식민지 개척자들에 의해 학살당했고, 그 결과 남부 뉴잉글랜드에서 독자 생존이 가능한 정치적 조직으로서의 피쿼트족은 멸종되었다.

17세기 후반, 영국은 북미에서 프랑스와 식민지 쟁탈전을 벌였다. 영국은 네 차례에 걸친 '프랑스-인디언' 연합과의 전쟁에서 서쪽으로는 오하이오 강 계곡에 이르기까지 원주민들의 학살을 가속화했다. 1763년에 끝난 마지막 네 번째 전쟁에서는 프랑스와 연합한 폰티악(Pontiac) 추장이 이끈 강력한 알곤킨(Algonkian)족 연맹에 대해 역사상 최초의 세균전을 감행한 것으로 기록되어 있다.

영국군 사령관 제프리 애머스트(Jeffery Amherst)경은 부하 부케(Bouquet)에게 편지를 보내어 인디언 부족들에게 천연두를 퍼뜨릴 것을 지시했다. 부케는 답장에서 "제 자신은 천연두에 걸리지 않도록 조심하면서, 천연두 균으로 오염된 담요들을 인디언에게 건네주어 그들을 감염시키겠습니다"라고 말한다. 그러자 애머스트는 "자네는 담요를 가지고 인디언들을 천연두에 감염시키거나, 이 혐오스런 종족을 제거하기 위해 모든 방법을 다 동원하라"고 답장을 보냈다. 6월 24일, 영국 보병 62연대의 에쿠어(Ecuyer) 대령은 "천연두 환자가 있는 병원에서 담요 두 장과 손수건을 가져다가 인디언들에게 주었다. 우리가 바라던 효과를 얻었으면 좋겠다"라고 일기에 적고 있다.

그들이 바라던 대로 효과가 나타났다. 이후 몇 달 안에 밍고(Mingo), 델라웨어(Delaware), 쇼니(Shawnee)족과 다른 오하이오 강 유역 부족들 사이에 삽시간에 천연두가 퍼져 대략 10만 명이 사망했다. 이 같은 애머스트의 행위를 볼 때, 유럽 사람들이 옮겨온 전염병 때문에 인디언들이 죽은 것이 고의가 아니라거나 불가피했다는 주장은 설득력을 잃었다. 이전에도 질병이 고의적으로 원주민들 사이에 퍼뜨려졌다고 추측케 하는 몇 가지 사례가 있었다. 예를 들면 17세기 뉴잉글랜드 지방의 영국계 식민지 개척자들과 인디언 사이에 벌어진 가장 치열한 전쟁(1675~1676)인 소위 '필립왕의 전쟁(인디언식 명칭은 메타콤)'도 영국인 상인들이 인디언 마을에 고의적으로 천연두를 퍼뜨렸다고 믿었던 왐파노아그(Wampanoag)족과 나라간세트(Narragansett)족에 의해 일어났다.

| 미국의 메니페스트 데스티니(Manifest Destiny) |

이러한 전략은 미국 독립혁명 이후 미국에서도 계속된다. 미시시피 강 상류의 클라크(Clark) 요새에서 미국 군대가 만단(Mandan)족에게 천연두 균이 묻은 담요를 선물로 나누어 주었는데, 이 담요들은 천연두에 감염된 군인들이 격리 수용되어 있던 세인트루이스의 군병원에서 수집된 것이었다. 만단족이 천연두 감염 증세를 나타냈을 때, 군의관들은 감염자들을 격리수용하기는커녕 오히려 사방으로 흩어지게 함으로써 대평원의 인디언 부족들 사이에서 천연두가 들불처럼 빠르게 퍼져나가게 만들었다. 그 결과 최소 12만5000명이 죽었으며, 실제 사상자 수는 그 몇 배에 달할 것으로 추측된다.

원주민 인디언들의 대학살 방법에는 세균전, 군대에 의한 부족민들의 대량살육, 인디언 머릿가죽에 대한 포상금 지급뿐만 아니라 '강제이주'도 포함된다. 1830년에 발효된 '인디언 이주법(The Indian Removal Act)'은 앵글로색슨계 백인 개척자들이 정착하기 위해 미시시피 강 동쪽의 인디언 부족들을 서쪽으로 대규모로 강제이주시킨 정책이다. 총

눈물의 길

칼 앞에서 새로운 거주지까지 고난의 행군이 강요되었고 그 결과는 높은 사망률로 이어졌다. 1600킬로미터가 넘는 거리를 미시시피 강 서쪽을 향해 문명화된 다섯 인디언 부족들—촉토족(Choctaws), 크리크족(Creeks), 치카소족(Chickasaws), 체로키족(Cherokees), 세미놀족(Seminoles)—이 부족한 식량, 형편없는 의료상태와 마땅히 머물 곳도 없이 장기간 행군을 강요당하니 많은 희생자가 나올 수밖에 없었다. 총칼에 억눌려 체로키족들이 유명한 '눈물의 길(The Trail of Tears)'을 따라 강제 이주를 하는 동안 55%가 사망한 것으로 알려졌으며 크리크족과 세미놀족도 절반이 사망했다.

1850년까지 미국의 정책 입안자들은 미시시피 강의 서쪽을 포함한 인디언들 소유의 모든 것을 자신들이 차지할 수 있도록 "신으로부터 정당한 권리를 부여받았다"라는 소위 '메니페스트 데스티니(Manifest Destiny, 명백한 사명)'라고 부르는 매우 그럴듯한 철학을 채택했다. '메니페스트 데스티니'란 1840년대 미국의 영토 확장주의를 정당화한 말로, 일반 대중으로 하여금 인디언 원주민들의 몰살을 납득할 수 있도록 대중들의 감성을 길들여 가기 위한 '몰살의 레토릭(修辭學)'이다. 이러한 이중적 표현의 결과로 나타난 것이 미국 군대가 인디언들에게 저지른 일련의 학살이다.

19세기 미국의 인디언들에 대한 강제이주 정책은 1930~1940년대에 와서 히틀러의 열등 인종 청소 및 독일 민족 정착을 내건 '생활권 정책(Lebensraumpolitik)'의 제정과 시행을 위한 실제적인 모델이 되었다. 콜로라도 대학의 민족학과 처칠(Ward Churchill) 교수는 이러한 일련의 원주민 학살정책으로 인해 1500년 1200만 명으로 추산되던 아메리카 인디언이 1900년에는 23만7000명으로 감소되었다고 말한다.

미국의 역사학자이자 하와이 대학 교수인 스태나드(David E. Stannard)는 1992년 출판한《아메리카 인종청소: 콜럼버스와 신세계 정복(American Holocaust: Columbus and the Conquest of the New World)》에서 아메리카 대륙 인디언들의 대학살을 자세히 묘사하고 있다. 그는 1490년대에 히스파니올라 섬의 아라와크(Arawak)족에 대한 스페인의 첫 공격에서부터 1890년 미국 기병대에 의한 운디드 니(Wounded Knee)에서의 수우(Sioux)족 대학살에 이르기까지, 인류 역사상 유래 없는 400년에 걸친 아메리카 대륙 인디언들에게 자행된 대학살로 1억 명의 인구가 감소했다고 말한다. 즉 유럽인이건 미국인이건 그들이 들어간 아메리카 대륙의 어느 곳이든 간에 인디언 원주민들은 유입된 질병(고의든 아니든)과 야만적인 잔학 행위로 인구의 90% 넘게 멸종당했다는 것이다.

스태나드는 "도대체 어떤 사람들이 타인에게 그토록 끔찍한 일을 저지를 수 있는가?"라는 질문에 "기독교인"이라는 매우 도발적인 대답을 한다.

스태나드는 고대 유럽과 기독교인들의 성별, 종족, 전쟁에 대한 태도를 깊이 들여다보면 중세 말까지 유럽인들과 그 후손들이 자행한 수백년간의 학살 캠페인(한 예로, 마녀사냥으로 최대 900만 명의 여성들이 희생되었다는 주장도 있다)에서 잘 준비된 문화적 기반을 발견할 수 있다고 말한다. 많은 논쟁을 불러일으킬 만한 이러한 이론에서 한 걸음 더 나아가

스태나드는 아메리카 대륙의 홀로코스트(Holocaust, 대학살)의 가해자들과 나치 홀로코스트의 기획자들은 똑같은 이념적인 원천에 근거를 두고 있다고 결론 짓는다.

인류 역사상 이와 비슷한 인종 대학살이 수많은 국가에서 자행되었는데, 그러나 이 시점에서 중요한 것은 독일처럼 과거에 대한 철저한 반성과 참회 그리고 피해 국가나 민족에게 진심어린 용서를 구하는 태도이다. 이러한 진정성 있는 태도는 가해자 국가의 양심에 관한 국격(國格)의 문제일 뿐 아니라 피해 민족의 상처를 어루만져 세계 평화를 위해 한걸음 더 전진할 수 있는 길이기도 하다.

23. 인간의 탐욕이 부른 천연자원의 저주

– 벨기에 레오폴드 2세와 콩고 대살육

Leopold II (1835~1909)

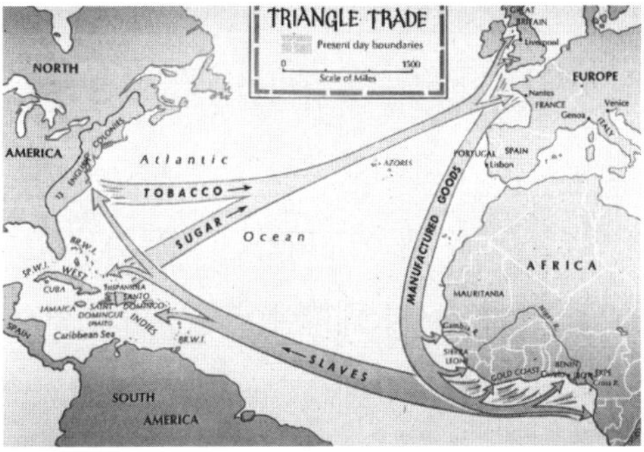

대서양 삼각무역

2007년 12월 27일, 유엔은 매년 3월 25일을 '국제 노예제도 및 대서양 노예무역 희생자 추모의 날'로 선포했다. 또한 2015년 3월 25일 유엔 본부에서는 노예제도와 대서양 노예무역에 의한 희생자를 추모하는 '귀환의 방주(The Ark of Return)'로 이름 붙여진 기념비 제막식이 열렸다.

대서양 노예무역(악명 높은 삼각노예무역)은 16~19세기 대서양을 가운데 두고 아프리카, 신대륙, 그리고 서유럽의 식민세력 사이에서 삼각형 형태로 이루어진 무역을 말한다. 즉 노예상인들은 서유럽에서 생산된 제품(럼주, 옷감, 무기, 화약 등)을 싣고 아프리카로 건너가 짐승처럼 사냥되어 생포된 흑인 노예와 물물교환하고 다시 노예들은 대서양을 건너 신대륙으로 수송되어 아메리카 대륙 각 지역에 팔리게 된다. 신대륙 농장에서 흑인 노예들의 강제노동으로 생산된 대부분의 농산품들(목화, 담배, 커피, 쌀, 사탕수수)은 노예상인들에 의해 대서양을 건너 다시 유럽으로 건너간다.

이러한 끔찍하고 잔인한 대서양 노예무역에 의해 강제로 신대륙에 끌려온 아프리카인들은 대략 1700만 명으로 추정된다. 이 숫자는 마을을 급습하여 흑인들을 생포하는 과정이나 배로 강제 수송되는 동안 죽은 사람들을 뺀 수치이다. 포르투갈, 스페인, 네덜란드, 영국, 프랑스가 중요 삼각무역 국가들이었으며 이 대서양 노예무역은 북서유럽의 산업혁명에 많은 기여를 했다. 애덤 스미스가 〈국부론〉에서 말한 생산의 3대 요소인 '토지, 자본, 노동'에서 자본은 유럽, 토지는 신대륙, 노동은 아프리카 흑인들이 담당함으로써 미국과 유럽 기업들은 막대한 부를 쌓게 되고 현대 자본주의의 근간을 세웠다.

그런데 아프리카는 인류의 기원이 시작된 곳임에도 현대에서도 여전히 노예와 대학살이라는 피의 역사를 벗어나지 못하고 있다. 석유, 고무, 우라늄, 콜탄(Columbite-Tantalum의 줄임말), 금, 다이아몬드 등 귀한 천연자원이 발견될 때마다 아프리카에서는 엄청난 대학살을 불러왔다. 풍부한 천연자원이 축복이 아니라 재앙인 셈이다. '자원의 저주'라고 알려진 아프리카의 '풍요함의 역설'은 무자비한 제국주의자들의 탐욕에 의해 오랜 동안 식민지 수탈과 피의 저주를 불러왔다.

유럽의 착취에서 벗어난 지 얼마 안 된 아프리카 국가들(남아프리카, 시에라리온, 수단, 소말리아, 알제리, 중앙아프리카공화국, 세네갈, 르완다, 우간다, 부룬디, 콩고 등)에게는 또 다른 비극이 기다리고 있었다. 풍부한 천연자원 이권을 둘러싸고 미국, 유럽 국가들이나 다국적 기업들이 부패한 정권이나 반란군 또는 부족들 간의 갈등에 개입하여 끊임없이 고질적인 내전과 분쟁을 일으키는 것이다.

가장 전형적인 '자원의 저주'의 사례는 콩고민주공화국에서 찾을 수 있다. 영토 면적이 벨기에의 76배나 되어 서유럽과 비슷한 크기를 가진 광대한 콩고에는 주기율표에 있는 거의 모든 원소들, 즉 구리, 다이아몬드, 코발트, 금, 은, 아연, 콜탄 등을 함유한 천연자원이 풍부하게 매장되어 있다.

영국 작가 조지프 콘래드(Joseph Conrad)는 1899년 발표한 〈어둠의 심장(Heart of Darkness)〉에서 엄청난 천연자원으로 축복 받은 콩고가 인간의 탐욕으로 어떻게 피의 대학살이란 저주를 받게 되는가를 잘 묘사하고 있다. 유대인의 홀로코스트는 잘 알려져 있지만 상대적으로 아프리카의 대학살의 역사에 대해서는 잘 알려져 있지 않은 콩고 '자원의 저주'의 역사적인 배경을 살펴본다.

| 레오폴드 2세의 대살육과 콩고자유국 |

작가 코난 도일(Conan Doyle)은 1909년에 발표한 〈콩고의 범죄(Crime of Congo)〉에서 벨기에 국왕 레오폴드 2세가 식민지 콩고에서 '역사상 최악의 범죄를 저질렀다'고 고발하고 있다. 또한 미국 작가 애덤 혹실드(Adam Hochschild)는 〈레오폴드 왕의 유령(King Leopold's Ghost, 1998)〉에서 레오폴드 2세가 개인 식민지인 콩고자유국에서 가혹한 노예 노동을 통한 무자비한 수탈과 살육으로 1880년~1920년 동안 인구의 약 절반인 천만 명이 희생되었다고 적었다. 그의 책 제목은 미국 시인 바첼 린지(Vachel Lindsay)의 〈콩고〉라는 시에서 따온 것이다.

레오폴드 유령의 비명을 들어보라
남의 팔목을 자른 죄로 지옥불 속에서 타고 있는
악마들이 어떻게 웃고 떠드는지 들어보라
지옥 속에서 레오폴드의 팔을 자르면서

1865년 벨기에 국왕 레오폴드 2세(1835~1909)는 부친 레오폴드 1세의 뒤를 이어 왕위에 올랐다. 당시는 유럽 열강들이 식민지를 확장하던 시기여서 레오폴드 2세는 식민지 개척만이 부국강병의 길이라고 생각했다.

그 무렵 〈뉴욕 헤럴드〉 기자 헨리 모턴 스탠리(Henry Morton Stanley)는 선교사 리빙스턴(David Livingstone)이 아프리카 탐험 중 실종되자 기삿거리가 될 것임을 직감하고 찾아나섰고, 1871년 탕카니카 (Tanganyika) 호수 근처 우지지(Ujiji)에서 그를 발견해 일약 유명해졌다. 스탠리는 1874년 〈뉴욕 헤럴드〉와 런던의 〈데일리 텔레그래프〉 두 신문사의 공동 출자를 받아 다시 콩고를 탐사하고 난 뒤 "미개한 아프리카에 유럽의 문명을 쏟아부으면 엄청난 경제적 개발 기회가 무한대로 있다"고 주장하며, 자신이 발견한 콩고 개발과 식민지화를 끊임없이 로비하고 다녔다.

레오폴드 2세

1870년 이전까지만 해도 아프리카 대륙은

10% 정도만이 유럽 열강들의 식민 지배를 받고 있었을 뿐, 열대 풍토병 때문에 탐험가로든 정복자로든 유럽인들이 거의 진출하지 않아 '암흑의 대륙'이라는 이름처럼 미지의 세계로 남아 있었다. 그러나 1870년 이후 산업혁명의 결과 유럽인들은 두 가지 새로운 무기, 즉 열대 풍토병 예방 백신과 원주민과 싸울 수 있는 소총·기관총의 발명으로 보다 신속하게 암흑 대륙에 진출할 수 있게 되었다.

스탠리는 맨 먼저 영국에게 콩고 식민지 개발을 제안했지만 아프리카보다 덜 위험한 곳(북미, 아시아, 인도 등)에 식민지를 가지고 있던 영국은 그 제안을 거절했다. 대신 관심을 보인 사람이 벨기에 왕 레오폴드 2세였다.

1876년 레오폴드 2세는 아프리카의 문명화를 돕는다는 미명하에 '국제아프리카협회'라는 인도주의 가면을 쓴 국제단체를 브뤼셀에서 창립했다. 작가이며 탐험가이고 '악당' 소리까지 듣는 지극히 괴짜인 스탠리는 1878년 레오폴드 2세와 5년 계약을 맺고 그의 대리인으로서 콩고의 식민지화에 나섰다. 유럽의 복잡한 정치적 장기판에서 레오폴드 2세의 웅대한 콩고 땅 획득 전략을 위해 스탠리는 비밀리에 온갖 수단을 동원해 레오폴드의 이름으로 자신이 할 수 있는 최대한으로 콩고 땅에 줄긋기를 했다. 콩고 강 유역 450명의 추장들은 선물을 받고 평화를 위해서라는 말에 '우리의 주권과 통치권을 자발적으로 영원히 모두 벨기에로 넘긴다'는 내용의 스탠리가 내민 문서에 자신들이 무슨 짓을 하는지도 모른 채 서명을 했다.

1884년 11월에는 비스마르크의 주재로 독일 베를린에서 서구 열강 14개국이 모여 콩고분지를 중심으로 한 아프리카 지역을 테이블 위에 올려놓고 어떻게 분할할지를 논의했다. 이 '베를린회의'로 열강들이 아프

콩고에서의 고무 수탈 장면

리카에서 식민지 분할을 공식화함으로써 본격적으로 아프리카 식민주의 시대가 열리게 되었다. 또한 콩고 강 유역에 대한 레오폴드 2세의 지배를 인정함으로써 1885년 벨기에 본토의 76배나 되는 광대한 '콩고자유국(the Congo Free State)'은 역사상 유례없는 레오폴드 2세의 개인 식민지가 되었다.

레오폴드 2세는 처음에는 코끼리 상아 채집으로 재산을 쌓았다. 그런데 때마침 공기 주입식 타이어가 발명되고, 자전거 붐과 자동차 타이어, 전선의 절연재 등으로 고무 수요가 폭발적으로 늘어나 고무값이 천정부지로 치솟게 되자 레오폴드 2세는 상아와 고무 두 가지로 엄청난 부를 축적하게 되었다. 콩고의 고무 수출량은 1890년 100톤이던 것이 1901년에는 6000톤에 이르렀다. 벨기에 당국은 콩고 전역에 걸쳐 각 마을에 고무 채취 할당량을 주고 원주민들에게 잔혹한 채찍질을 하며 강제노동을 시켰다. 레오폴드 2세는 콩고에 한 발짝도 들여놓은 적이 없지만 '공안부대(Force Publique)'라는 군인이자 경찰인 용병을 시켜 콩고를 다스렸다. 고무 할당량을 채우지 못하는 토착민들은 팔이 잘리거나 부인이나 아이들이 강간, 살해당하는 형벌을 받았다.

용병 경찰들은 그들을 징벌했다는 증거로 희생자의 손을 제출해야 했고, 그 결과 고무 할당량의 일부분은 잘린 손들로 대체되었다. 용병들이나 마을 사람들이 잘린 손을 수집했는데, 고무 할당량이 비현실적으로 많아서 잘린 손을 수집하기 위해 때로는 한 마을이 다른 마을을 공격하는 작은 전쟁마저 일어났다. 용병들은 이러한 만행에 항의하는 마을에 불을 지르거나 급습하여 사람들의 목을 벤 후 나무 울타리에 걸어놓았고, 십자가 형태로 여자와 아이들을 마을 울타리에 매달았다.

콩고 대학살

레오폴드 2세는 겉으로는 사재를 털어 콩고에 공익사업을 하는 위대한 인도주의자로 자신의 이미지를 포장하면서 뒤로는 고무를 수탈하고 원주민들을 짐승 이하로 취급했다. 그 결과 그의 지배하에서 약 천만 명의 콩고인들이 학살되었다. 그러나 이러한 악행은 점차 폭로되기 시작했고, 영국 외교관 케이스먼트(Roger Casement), 언론인 모렐(Edmund Dene Morel), 마크 트웨인, 캔터베리 대주교 등 여러 사람들의 영웅적인 노력으로 20세기 최초의 위대한 인권운동으로 전개되었다. 애덤 혹실드는 〈레오폴드의 유령〉에서 이러한 잔학한 식민운동에 저항한 인권운동에 대해 상세히 묘사하고 있다. 국제적으로 비난 여론이 들끓자 레오폴드 2세는 모든 재정적 지원과 후원을 잃게 되어 마침내 1908년 '콩고자유국'의 식민지 지배권을 벨기에 정부에 넘겨주었다.

| 콩고민주공화국의 독립과 분쟁지역 광물 |

제2차 세계대전 후, 인도 독립을 시작으로 아시아, 아프리카의 유럽 식민지 국가들도 탈식민지화 물결에 휩쓸리게 되었다. 콩고의 독립운동가 파트리스 루뭄바(Patrice Lumumba)는 '자유로운 콩고의 자주독립과 통합'을 모토로 내걸고 벨기에 정부에 저항해 독립을 추진했다. 1960년 마침내 콩고공화국(Republic of Congo)이 설립되고 루뭄바가 초대 총리로 선출되었다. 루뭄바는 콩고의 풍부한 자원들을 계속 장악하려는 이전의 식민제국들로부터 완전한 정치적, 경제적 독립을 요구하며 콩고의 확고한 독립을 약속했지만, 서방 국가들의 지원을 받은 반대파에 의해 1961년 암살당했다. 벨기에 작가 비테(Ludo De Witte)는 《루뭄바 암살》이라는 책을 통해 이를 '20세기의 가장 중요한 암살'이라고 말했다.

그렇다면 서방 국가들은 왜 루뭄바의 암살에 개입했을까?

콩고민주공화국의 카탕가 주에는 상당량의 우라늄과 다이아몬드 등이 매장되어 있었다. 히로시마와 나가사키에 떨어진 최초의 원자폭탄 제조에 쓰인 우라늄도 콩고에서 가져온 것이다. 루뭄바는 콩고인들의 삶을 개선하기 위해서는 콩고인들이 천연자원의 완전한 통제권을 가져야 한다는 확고한 태도를 보였다. 그러나 냉전체제가 되자 서방국가들은 우라늄 같은 전략물자가 콩고인들에게 장악되거나 소련의 손에 넘어가게 될 것을 우려했기에 루뭄바의 암살에 개입한 것이다.

루뭄바의 뒤를 이어 등장한 모부투(Mobutu Sese Seko) 장군은 1965년 미국의 지지를 받은 쿠데타로 정권을 잡은 뒤 1970년 국가명을 자이르(Zaire)로 바꾸고, 1997년 쿠데타로 쫓겨날 때까지 32년을 통치했다. 그는 동서 냉전을 이용해 반공주의를 지향하는 대가로 미국 등 서방 국가들의 지원을 받았으나, 콩고의 천연광물의 국제적인 착취를 허용하고 자신은 부정축재로 약 50억 달러를 착복하여 국가 경제를 파탄으로 몰아넣었다. 모부투 대통령 반대파의 지도자인 카빌라(Laurent-Desire Kabila, 일명 카빌라 1세)의 주도 하에 제1차 콩고내전이 일어났다. 이 내전에서 승리한 카빌라가 1997년 모부투 정권을 무너뜨리고 집권하면서 나라 이름은 다시 콩고민주공화국으로 바뀌었다.

카빌라 정권 집권 직후 콩고 내전이 발발했고, 카빌라 진영에는 앙골라·짐바브웨·나미비아·잠비아 등이, 그리고 카빌라 반대 진영에는 르완다·우간다·부룬디가 가세하는 국제전 양상으로 번져갔다. 콩고 내전으로 1998년부터 2003년까지 400만 명 이상이 목숨을 잃었다. 2001년 1월 카빌라가 경호원에게 암살당하자 8일 후 그의 아들 조제프 카빌라가 대통령직을 승계했다.

| 피의 다이아몬드(Blood Diamond) |

그동안 끔찍한 인권유린, 수탈, 학살로 얼룩진 아프리카의 비극은 풍부한 천연자원이 인간의 탐욕에 불을 지르면서 지금도 꺼지지 않는 지옥불이 되어 여전히 진행 중이다. 지금의 아프리카 분쟁은 극도로 복잡한데, 정치적·민족적 동기로 전쟁이 시작되었다 해도 경제적 원인 때문에 영원히 지속되고 있다.

가령 콩고민주공화국의 경우 콜탄(coltan), 금, 다이아몬드, 주석, 우라늄 등 대략 24조 달러로 추정되는 막대한 양의 광물들이 매장되어 있다. 이는 미국 국내총생산(GDP, 2015년 기준 18조1247억 달러)을 능가하는 규모이며, 매일 약 600만 달러 가치의 자원이 콩고에서 유출되는 것으로 추정되고 있다.

콩고는 지금도 약탈의 희생양이지만, 수탈되는 자원은 시대에 따라 바뀌어서 레오폴드 2세 때의 고무에서 현대에 와서는 세상의 변화와 밀접

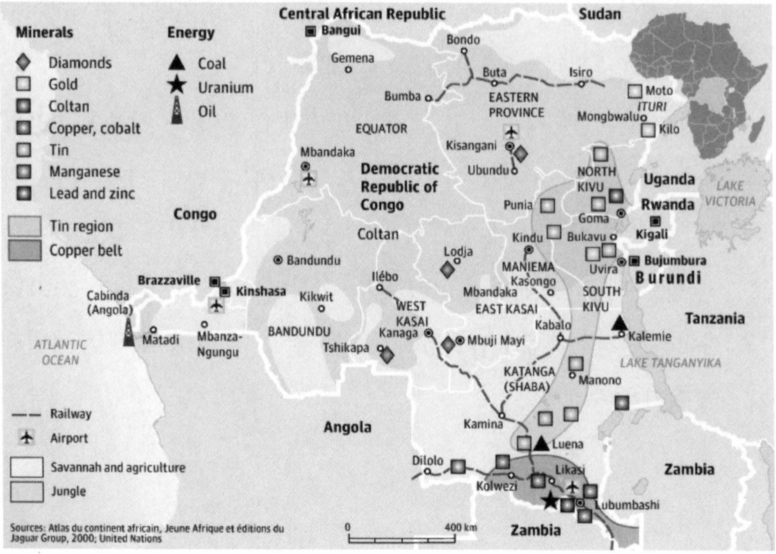

콩고의 자원분포도

한 광물로 바뀌었다. 금, 다이아몬드, 광물 등은 여전히 중요하지만, 콜탄은 니오븀(Nb)과 탄탈륨(Ta) 등 이른바 희토류 원소가 들어 있어, 휴대폰 같은 거의 모든 IT 장비의 전기회로에 사용되기 때문에 인간의 문명 발전에 기본이 되는 광물이다.

현재 콜탄은 콩고에 매장되어 있는 광물 중에서 금이나 다이몬드보다 더 수익이 많은 천연자원이다. 세계 매장량의 64~80%가 콩고에 있고 더구나 지표면에 가까이 매장되어 있어서 특별한 기술이나 숙련도가 필요 없어 삽과 곡괭이만으로도 캐낼 수 있다. 광부들은 콜탄 1킬로그램당 1달러도 안 되는 돈을 받거나, 어떤 반군들은 임금을 주지 않고 강제노동을 시키기 때문에 콩고인들은 "시민들은 군인들이 따먹거나 짓밟아 뭉개는 옥수수 밭이다" 라고 말한다. 콩고의 1인당 GDP는 2015년 기준 478달러에 불과한데, 콩고 국민들은 세계 최대의 풍부한 자원의 혜택

대신 '자원의 저주'만 받은 셈이다.

콩고민주공화국이 겪었던 대학살과 수탈의 잔혹사는 다른 아프리카 국가들에서도 되풀이되고 있다. 다이아몬드가 풍부하게 매장되어 있는 앙골라, 콩고, 라이베리아, 시에라리온, 짐바브웨 등에서는 분쟁과 내전이 끊이지 않고 있다.

유엔과 세계 인권 단체들은 아프리카 지역의 분쟁을 종식시키기 위해서 분쟁지역의 정부군이나 반군이 무기 구입, 혹은 개인적인 축재를 위해 밀반출하는 '피의 다이아몬드(blood diamond)'에 대해 불매 운동을 벌이고 있다. 다이아몬드의 역사는 서구 자본주의를 형성하고 유지시킨 노예, 식민지, 학살, 테러와 같은 반인륜적인 범죄행위로 얼룩져 있어서 말하자면 "모든 다이아몬드는 피의 다이아몬드"인 것이다. 따라서 성스러운 사랑의 언약을 '피의 다이아몬드'로 할 것이 아니라, 값은 엄청 저렴하면서도 다이아몬드와 똑같이 눈부시게 아름다운 큐빅 지르코니아로 하는 것이 어떨까?

24. 밸푸어 선언과 팔레스타인의 비극
– 하임 바이츠만과 이스라엘 건국 비화

Chaim Weizmann(1874~1952)

몇 해 전 출간된 마이클 샌델의 《정의란 무엇인가》가 유독 한국에서 큰 돌풍을 일으키며 밀리언셀러가 되었다. 책뿐만 아니라 저자 초청 내한 강연도 인기리에 방영되었다. 그때 유튜브를 통해 센델의 '정의'에 대한 강의를 감명 깊게 들은 기억이 있다.

최근 이스라엘 건국에 대해 공부하다보니 누군가 말했다는 단순명쾌한 한 문장으로 귀결되었다. "힘이 곧 정의다."

이 한마디가 20여 시간 들여 경청했던 샌델의 강의를 간단히 밀어내고 만 것이다. 그리고 공동체주의를 논하는 샌델의 강의가 냉혹한 국제사회에서는 얼마나 관념의 유희에 지나지 않는가 하는 생각마저 들었다.

1948년 이스라엘이 건국하면서 초대 대통령이 된 바이츠만은 유능한 정치가이자 아세톤의 바이츠만 제조공정을 개발한 유명한 화학자이다. 과학자인 그가 이스라엘 초대 대통령이 되기까지의 스토리와 관련지어 이스라엘 건국의 역사를 살펴본다.

| 화학자이자 정치가, 바이츠만의 생애와 아세톤 |

제1차 세계대전(1914~1918)의 발발은 유럽의 화약고라고 불리는 발칸반도의 사라예보에서 울린 한발의 총성이 그 도화선이 되었다. 그리고 대영제국, 프랑스, 러시아제국 등의 연합국과 독일제국, 오스트리아-헝가리제국, 불가리아, 오스만제국 등의 동맹국이 양 진영으로 나뉘어 7천만 명의 군인이 참전하여 900만 명이 죽고, 2500만 명이 부상당하는 사상 초유의 대참상을 불러왔다. 세계의 강대국들이 모두 참가한 제1차 세계대전은 근본적으로는 식민지 세력의 확장을 둘러싼 대립에서 시작된 제국주의 전쟁이다. 특히 독일이 식민지 지배에서 우위를 확보하려는 영국에 도전함으로써 발단이 되었다고 할 수 있다. 당시 독일은 영국의 경제를 따라잡아 세계 경제를 주도하게 되었고, 전쟁이 일어나기 전의 영국 경제는 매우 어려운 상황에 놓여 있었다.

하임 바이츠만(Chaim Weizmann, 1874~1952)은 유대인 거주 지역인 러시아의 핀스크(Pinsk) 인근 모탈(Motal)이라는 마을에서 목재 상인의 열다섯 자녀 중 셋째로 태어났다. 바이츠만은 러시아에서의 고등학교 시절부터 시오니즘 운동에 적극 참여했다. 시오니즘은 세계 각국에 흩어져 살던 유대인들이 차별과 박해를 벗어나 궁극적으로 유대민족 국가 건설을 목표로 전개한 민족주의 운동이다. 시오니스트들은 유대인 인구 중 과격한 소수 집단을 대표하고 있었는데, 그들은 유대인 국가를 건설할 땅을 팔레스타인으로 최종 결정하기 전에 아프

하임 바이츠만

리카와 아메리카를 고려하기도 했다.

당시 러시아 대학은 유대인에게 한정된 인원만 입학을 허용했으므로 1892년 바이츠만은 부모의 지원으로 독일로 가서 프랑크푸르트 인근 다름슈타트(Darmstadt) 대학과 베를린 샬로텐부르크(Charlottenburg) 공대에서 화학을 전공했다. 1897년 지도교수를 따라 스위스 프리부르(Fribourg) 대학으로 가서 1899년 유기화학으로 박사학위를 받았다.

한편 현대 '시오니즘의 아버지'로 불리며 조직적인 시온주의 운동을 전개해오던 저널리스트 테오도르 헤르츨(Theodor Herzl)은 1897년 스위스 바젤에서 제1회 시오니스트 대회를 개최했다. 비록 바이츠만은 여행 문제로 이 대회에 참석하지 못했지만, 그 후로 헤르츨의 뒤를 이어 시오니즘 운동의 지도자가 된다. 1901년부터 바이츠만은 팔레스타인에 유대인 고등교육기관을 설립하기 위한 로비를 벌였다.

1901년 바이츠만은 스위스 제네바 대학에서 유기화학을 가르치는 조교수로 임용되어 1904년까지 교육과 연구를 했다. 1904년 30세가 된 바이츠만은 영국 맨체스터 대학이 직업적으로도 더 좋은 기회일 뿐만 아니라, 팔레스타인에 유대인 국가를 건설하는 데 대영제국이 큰 역할을 할 수 있을 것이라는 예감에서 맨체스터 대학 생화학 조교수로 간다. 바이츠만의 기대대로 맨체스터 대학의 뛰어난 연구 환경은 과학자로서 그의 인생에서 가장 생산적인 성과를 거두게 했고, 산업적 연구도 병행할 수 있게 해주었다. 바이츠만은 이곳에서 열정적으로 정치 활동을 벌이며 맨체스터를 시오니즘의 요람으로 만드는 데 주축이 되었다.

바이츠만은 모두 110개나 되는 특허를 보유했는데, 1904년에 첫 번째 특허를 받았고 1910년에는 영국 시민권자가 되었다.

바이츠만은 1914년 유용한 화학약품을 대량으로 생산할 수 있게 박테리아를 제어하는 발효공정을 발견하여 '발효공업의 아버지'라고 불린다. 그는 저렴한 녹말(starch)에서 부틸알코올과 아세톤의 생산량을 높이는 역할을 하는 클로스트리듐 아세토부틸리쿰(clostridium acetobutylicum)이라는 박테리아를 분리해냈다.

1914년 제1차 세계대전이 발발하자, 폭탄과 총탄 제조에 필수품인 화약의 원료 나이트로셀룰로스(nitrocellulose)를 만드는 데 쓰이는 용매인 아세톤이 대량으로 필요하게 되었다. 전쟁 전까지 영국은 독일로부터 수입한 아세트산칼슘(calcium acetate)에서 아세톤을 만들었지만 이제는 상황이 바뀌어 독일은 적국이 되었다. 그런 데다 미국마저도 아세트산칼슘을 영국에 대량으로 공급할 수 없게 되자 다른 방법을 찾을 수밖에 없었다. 처칠로부터 아세톤을 만들어 달라는 요청을 받은 바이츠만은 옥수수에서 미생물 클로스트리듐을 분리하여 이를 발효제로 사용하여 아세톤을 만드는 소위 '바이츠만 공정(Weizmann Process)'을 개발했다.

마침내 바이츠만 공정에 따라 대량의 아세톤을 생산해낼 수 있게 되자 신속히 영국, 캐나다, 미국에 공장이 세워지고 바이츠만은 영국이 제1차 세계대전을 승리로 이끌어 가는 데 간접적으로 큰 공헌을 했다.

그는 화학자로서 뿐만 아니라 세계 시오니스트 연맹 총재로 선출되어 팔레스타인에 유대인 국가를 건설하기 위해 진력했다. 1948년 팔레스타인에 대한 영국의 위임통치가 종료됨과 동시에 바이츠만은 이스라엘의 독립을 선언, 임시 대통령이 되고 1949년 이스라엘 정부의 정식 발족과 함께 초대 대통령에 추대되었다. 이스라엘이 처음 정부를 수립했을 때 세계적으로 명망이 높은 사람이 초대 대통령이 되는 것이 국제적인 지지를 얻기 위해 유리하다고 생각하여 처음에는 아인슈타인에게, 그 다음에는 닐스 보어에게 대통령직을 맡아달라고 제안했지만 두 사람 다 거절했다. 그래서 바이츠만이 이스라엘의 초대 대통령이 되고 벤구리온이 초대 수상이 되었다.

| 밸푸어 선언과 팔레스타인의 비극 |

1914년 오스만제국이 제1차 세계대전에 참전하여 영국과 싸울 때 영국은 오스만튀르크 지배하에 있는 아랍인들의 도움이 절실히 필요했다. 그 이유는 오스만튀르크가 이슬람 국가들을 향해 성전(聖戰)에 참여할 것을 독려하면 영국의 식민지인 이집트와 인도를 포함한 전 세계의 무슬림이 오스만제국을 지지하며 결집할 것이 두려웠던 것이다. 그래서 영국은 메카(Mecca)의 샤리프(지도자)인 후세인(Hussein Ibn Ali)에게 튀르크에 맞서 아랍 민족이 대대적으로 봉기해줄 것을 요청했다.(이에 대해서는 영화 '아라비아의 로렌스'에서 잘 묘사하고 있다.) 영국은 그 대가로 종전 후 오스만튀르크 지배하에 있던 팔레스타인을 포함한 아랍 지역의 독립국가 건설을 약속하는데 이것이 이른바 맥마흔 선언(McMahon Declaration, 1915년)이다.

1916년 영국은 프랑스, 러시아와 전후 오스만제국의 영토를 어떻게 분할할지에 대해 사이크스 피코 협정(Sykes-Picot Agreement)을 비밀리에 체결한다. 즉 프랑스는 시리아와 레바논을, 영국은 이라크와 요르단을 지배하기로 하고, 러시아에게는 터키의 동부지방을 주며 팔레스타인은 공동 관리로 한다는 내용이었다.

한편 바이츠만은 폭약 제조에 필요한 아세톤의 대량생산에 큰 공을 세우면서 영국 정계의 주목을 받게 되었다. 특히 그는 군수(軍需)장관 로이드 조지(Lloyd George)와 외무장관 제임스 밸푸어(Arthur James Balfour)와 친교를 가졌다. 밸푸어가 바이츠만에게 어떤 보상을 원하는지를 묻자 바이츠만은 "팔레스타인에 유대인 국가를 건설하게 해달라"고 말한다. 이에 밸푸어는 팔레스타인이 아니라 우간다에 나라를 세우는 것이 어떠냐고 묻는다. 그러자 바이츠만이 반문했다.

Foreign Office,
November 2nd, 1917.

Dear Lord Rothschild,

I have much pleasure in conveying to you, on behalf of His Majesty's Government, the following declaration of sympathy with Jewish Zionist aspirations which has been submitted to, and approved by, the Cabinet

"His Majesty's Government view with favour the establishment in Palestine of a national home for the Jewish people, and will use their best endeavours to facilitate the achievement of this object, it being clearly understood that nothing shall be done which may prejudice the civil and religious rights of existing non-Jewish communities in Palestine, or the rights and political status enjoyed by Jews in any other country"

I should be grateful if you would bring this declaration to the knowledge of the Zionist Federation.

밸푸어가 로스차일드에게 보낸 '밸푸어 선언'

"밸푸어 씨, 만일 내가 런던 대신 파리를 제공한다면, 당신은 받아들이겠습니까?"

"그러나 바이츠만 박사님, 우리는 이미 런던을 갖고 있는데요!"

"맞습니다. 그러나 런던이 습지였을 때 우리는 예루살렘을 갖고 있었습니다."

이후 시오니즘 운동의 중요한 두 인물 바이츠만과 소콜로프(Nahum Sokolov)는 밸푸어를 설득하는 데 성공한다. 훗날 들리는 말에 의하면 밸푸어가 "시오니스트 중에 당신과 같은 사람이 얼마나 있느냐"고 묻자, 바이츠만은 "핀스크 거리는 그런 사람들로 뒤덮여 있습니다"라는 유명한 말을 했다고 한다.

1917년 11월 2일, 밸푸어는 영국 시오니스트 연맹 총재이며 세계 금융계의 황제라고 불리는 로스차일드 후작(Lord Rothschild)에게 편지를 보내어 "유대인들이 영국의 전쟁 수행을 지원한다면 팔레스타인에 유대인 국가를 세우는 데 영국이 호의를 베풀 것이며, 그 목적을 달성하기 위해 최선을 다할 것"이라는 내용의 '밸푸어 선언'을 한다.

유대인 중 가장 영향력이 큰 로스차일드가(家)는 세계에서 가장 부유한 가문으로 미국에도 상당한 영향력을 행사하고 있었다. 영국 정부의 속셈은 밸푸어 선언을 함으로써 전쟁에 유대계 자본을 끌어들이고, 미국 내의 영향력 있는 유대인의 환심을 사서 미국을 제1차 세계대전에 끌어들이려는 계산도 있었다.

밸푸어 선언은 중동에서 시오니즘 운동의 가장 큰 외교적 승리로 평가받고 있지만 한편으로 이 선언은 유대인과 아랍인 간의 증오의 발단이 되어 세계 평화에 상당한 위험 요소가 된다.

밸푸어 선언은 중동 정세에 다음과 같은 큰 충격파를 가져왔다.

첫째, 세계대전 기간 동안 세계 각지에서 팔레스타인으로 유대인의 대규모 이주를 불러왔으며, 한편 원래 팔레스타인에 살고 있던 아랍 사람들은 땅을 빼앗기고 자신들의 땅에서 추방되었다.

둘째, 그때까지 세계 곳곳에 흩어져 있던 유대인에게조차 큰 지지를 받지 못했던 시오니즘에 대해 합법적인 토대를 마련해 주었다. 그로부터 30년 후 시오니스트들은 원래 팔레스타인에 살고 있던 수많은 아랍인들을 힘과 폭력으로 대거 내쫓고 유대인 국가 이스라엘을 건국하는 데 성공한다.

셋째, 1915년 10월 후세인-맥마흔 서신에서 약속한 바 있는, 전후 아랍인의 독립 국가 건설을 지지한다는 '맥마흔 선언'에 위배되는 것이다.

그 결과 서구에 대한 아랍인들의 원한을 사게 되었고, 팔레스타인 땅에서 수십 년 동안 유혈 사태가 끊이지 않는 단초를 제공했다. 2천 년 동안 조상 대대로 팔레스타인에 살고 있던 아랍인들은 하루아침에 생활 근거지를 잃어버리게 될 운명에 놓인 것이다.

밸푸어 선언 한 달 후, 영국군은 예루살렘을 점령하여 오스만제국의 400년 지배를 종식시켰고, 제1차 세계대전이 끝날 무렵에는 팔레스타인을 완전히 장악했다.

1919년 2월 파리강화회의가 열리기 전, 세계 시오니스트 연맹 총재인 바이츠만은 팔레스타인에 유대인들의 이민을 촉구하는 파격적인 요구를 했다. 그는 "매년 7만~8만 명에 달하는 유대인들이 팔레스타인으로 이주할 것으로 예상하며, 유대인들이 대다수가 될 때 독립 정부를 만들어서, 영국이 영국인의 것이듯 팔레스타인은 유대인의 것이 될 것이다(To make Palestine as Jewish as England is English)"라고 말했다.

밸푸어 선언이 있기 전 팔레스타인에 거주하는 유대인의 인구는 대략 10% 정도였으나, 그 이후로 디아스포라(Diaspora, 세계 각지에 흩어져 살던 유대인)들의 대규모 이주가 본격적으로 시작되었다. 그들은 유대민족기금(Jewish National Fund: JNF)으로 온갖 수단을 동원해 팔레스타인 땅을 사들였다. JNF는 유대인의 팔레스타인 정착을 위한 토지를 사고 개발하기 위하여 1901년 설립되었다.

| 맥도널드 백서 |

1920년 국제연맹은 영국에게 팔레스타인의 신탁통치를 위임했고 유대계 영국인 사무엘(Herbert Louis Samuel)이 팔레스타인 고등판무관으로 임명되었다. 사무엘은 2000년 만에 이스라엘의 역사적인 땅을 통치하게 된 최초의 유대인으로, 이 사건에 대해 아랍인들은 팔레스타인을 영원히 시오니스트 행정부에 넘기는 것으로 받아들였다. 사무엘은 고등판무관으로서 시오니스트들과 아랍인들 사이의 이해관계를 중재하려고 노력했으나, 한편으로는 유대인들의 이민과 토지 매입을 중지시켜 달라는 아랍인들의 요청에 대해서는 아무런 조치도 취하지 않았다.

1920년대 들어 유대인들이 민족기금으로 부재자 아랍인 소유자로부터 넓은 지역의 토지를 사들이자 그곳에 살던 아랍인들이 쫓겨나고 그 자리에 유대인들이 대거 이주하게 된다. 팔레스타인의 유대인 인구는 1919년 약 8만5000명에서 1946년에는 67만8000명으로 증가했다. 이에 위협을 느낀 아랍인들은 1936년 영국의 위임통치에 항의해 6개월에 걸친 대규모 파업과 무장봉기를 일으키고 유대인 정착촌에 테러를 감행했다. 이러한 팔레스타인 아랍인들의 소요는 제1차 세계대전 이후 처음으로 아랍 민족주의자들을 공동전선으로 결집시켰다. 아랍인들은 유대인 이민과 토지 매매의 제한, 그리고 민주 정부의 수립을 요구하며 자신들의 요구가 관철될 때까지 파업을 계속할 태세였다.

영국 정부는 위임통치하는 팔레스타인의 소요 사태를 조사하기 위해 위원회를 구성하고 필 백작(William James Robert Peel)을 위원장으로 임명했다. 필 위원회에서는 유대인과 아랍 민족의 증오와 대립이 심각한 수준이라고 지적하고 팔레스타인 서북부를 유대인 측에, 동부를 아랍 측에 분할해 자치령으로 하고, 예루살렘과 하이파(Haifa)를 포함한 영국 직할의 완충지대를 설치하는 3지역 분할 안을 권고했다. 이때 제시된 유대인 영토는 전체 팔레스타인의 4.5%에 지나지 않았다. 그러나 이러한 권고를 팔레스타인 아랍인이나 시오니스트 양쪽 누구도 받아들이지 않았다.

1939년 2월, 영국의 후원으로 런던에서 열린 팔레스타인 문제 해결을 위한 세인트제임스회의(St. James Conference, 일명 런던원탁회의)에 아랍(이집트, 이라크, 사우디아라비아, 팔레스타인) 대표와 바이츠만을 포함한 유대인 대표가 모였다. 그러나 아랍 대표들은 유대인 단체의 합법성을 인정하지 않았기에 유대인 대표단과의 공식적인 대면은 거부했다. 그래서 영국은 각 대표단을 따로따로 만나 협상할 수밖에 없었고 결국 어떠한 합의점도 찾지 못했다.

제2차 세계대전의 전운이 감돌기 시작하자 아랍세계는 영국에 대한 적대감과 친독일 감정을 드러냈다. 전쟁이 임박한 상황에서 이라크-하이파(Iraq-Haifa) 송유관을 잃는 일이 생겨서는 안 되었기에 영국의 고민은 깊어갔다. 영국 정부가 전략적으로 중요하게 생각하는 송유관과 하이파 정유공장은 실제로 2차 세계대전 때 지중해에 주둔해 있던 영국군과 미국군에게 필요한 연료를 공급해 주었다.

나치의 위협에 대항하기 위해 유대인은 어차피 연합국 편을 들 수밖에 없을 것이고, 영국은 우호적인 아랍이 필요하다는 판단에 따라 지금까지의 친 시오니즘 태도를 버리고 다른 길을 택한다. 즉, 정책을 결정하는 데 있어서 약속이나 신의보다 지정학적 고려가 더 중요하다는 냉혹한 결정을 한 것이다.

영국은 세인트제임스회의의 결과로서 식민장관 맥도널드(Malcolm McDonald) 이름을 딴 맥도널드 백서(McDonald White Paper, 일명 1939 영국 백서)를 일방적으로 발표했다. 이 백서에는 이전의 약속을 뒤집는 놀랄 만한 반전을 담고 있었다. 즉 팔레스타인을 분할한다는 제안을 백지화하고 팔레스타인 내의 아랍인과 유대인에 의해 통치되는 독립적인 팔레스타인을 만든다는 것이다. 그러면서 1940년~1944년까지 5년 동안 유대인의 이주를 7만5000명으로 제한한다는 내용이었다. 그 결과

1944년 이후 유대인의 팔레스타인 이민은 아랍인 다수의 허락을 받아야 했고, 유대인의 팔레스타인 토지 매수 권한도 제한되었다.

시오니스트들은 영국이 맥도널드 백서로써 팔레스타인에 유대 국가 건설에 대한 지지를 철회하는 것이라며 격분했다. 1939년 9월 제2차 세계대전이 발발하자 시오니즘의 지도자이며 훗날 이스라엘 초대 수상이 되는 다비드 벤구리온(David Ben-Gurion)은 다음과 같은 유명한 말을 했다. "우리는 마치 전쟁이 일어나지 않은 것처럼 백서(white Paper)와 싸울 것이고, 그리고 마치 백서가 없는 것처럼 전쟁에서 싸울 것이다."

1939년 이후 시오니스트들은 맥도널드 백서에 강력히 반발하면서 영국 대신 자신들의 궁극적인 목적 달성을 도와줄 상대를 찾기 시작했다. 그들은 점차 미국이 적합한 대상이라고 생각했다. 미국에는 시오니스트의 목표를 지지하는 많은 부호들과 상당히 많은 유대인들이 살고 있으며 또한 미국인들은 유대인들을 박해한 전력도 없다.

1942년 5월 뉴욕의 빌트모어 호텔에 바이츠만과 벤구리온을 포함한 18개국에서 온 67명의 시오니스트 지도자들과 500명의 미국 시오니스트 대표들이 모여 회의를 열었다. 바이츠만은 다른 시오니스트 지도자와 마찬가지로 영국에 대해 배신감을 느꼈지만 그는 합리적이고 신중한 사람이었다. 따라서 바이츠만은 이 문제에 대해 좀 더 외교적이고 온건한 방법들을 지지했으나 벤구리온은 그의 성장 배경처럼 직접적이고 투쟁적인 방법을 제안했다.

결국 벤구리온의 강경한 방식이 미국 시오니스트 대표들의 마음을 움직이는 데 성공했다. 그들은 신속하게 팔레스타인에 유대연방(Jewish Commonwealth)을 세울 것과 유대인의 무제한 이민을 요구하는 빌트모어 강령을 채택한다. 이는 팔레스타인에서 아랍-유대인의 공존 문제에 대한 해결책으로 강대국들이 제안하는 두 민족국가(binational state) 체제를 거부하는 것으로, 팔레스타인에는 오직 하나의 유대민족 국가만 세운다는 안이다. 이 회의에서 벤구리온은 새로운 유대국가가 충분히 강하여 유대인 다수를 가지고 독립하기 위해서 유대인들 200만 명이 팔레스타인으로 이민하는 안을 추진했다. 이 안은 이후로 세계 시오니즘연맹의 공식적인 정책이 되었으며, 빌트모어 집회의 여파로 미국은 국제 시오니스트 활동의 중심지가 되었다.

제2차 세계대전이 가져온 마지막 변화는 홀로코스트와 그에 따른 난민 문제였다. 나치의 유대인 대학살은 유대인 국가를 세워야 한다는 시오니스트들의 주장에 강력한 도덕적 힘을 부여했으며 미국과 서구에서 시오니스트의 목적에 동조하는 분위기를 불러일으켰다.

유대인의 역사는 곧 박해의 역사였다. 기원전 722년 아시리아의 침공으로 이스라엘 왕국(기원전 931경~기원전 722)이 멸망한 이후 유대인들은 세계 각지로 흩어지게 되었고, 특히 기독교 국가인 유럽 여러 나라에서 증오와 박해의 대상이 되었다. 로마의 박해를 받던 기독교가 콘스탄티누스 황제의 밀라노 칙령으로 공인되어 유럽 전역에 전파된 이후, 유대인들은 이미 제1차 십자군원정 때부터 탄압을 받아왔다. 기독교인들은 유대인들의 배반으로 예수가 죽었다고 믿었고, 심지어 종교개혁가 마르틴 루터도 유대인을 악마 다음으로 잔악하다고 설교할 정도였다. 이렇게 오랜 세월 동안 박해를 받아오며 유대인들은 그들 상호간의 정체성과 연대를 강화하는 생존 방법으로 상공업과 금융업에 몰두하여 경제적으로 성공하게 되었다.

이런 과정에서 유대인은 더욱 더 시기 질투와 멸시의 대상이 되어 셰익스피어의 작품 〈베니스의 상인〉에 나오는 샤일록과 같은 이미지로 전형화되었다. 유대인에 대한 유럽인의 증오와 멸시는 결국 러시아의 유대인 대학살, 시오니즘 운동, 그리고 제2차 세계대전 당시 히틀러의 유대인 홀로코스트와 같은 일련의 큰 사건으로 이어진다.

그런데 히틀러의 대학살로 600만 명의 유대인들이 죽어가는 동안 유럽인들은 무얼 하고 있었는지 묻고 싶다. 정말 전혀 모르고 있었던 건지, 모른 척한 건지, 아니면 심정적으로 나치에 동조하고 있었던 것은 아닌지 하는 의구심마저 든다.

| 이스라엘 건국과 팔레스타인 난민 |

유대인들은 독일이 패배했을 때를 대비해 아랍인들이 테러로 영국을 굴복시킨 것처럼 유대 국가를 설립하려면 영국에게 무력시위와 압력을 강화해야 한다고 믿었다. 이르군(Irgun)이나 스턴 갱(Stern Gang) 같은 유대인 비밀결사대와 불법 무장단체가 설립되고 활발히 활동했다.

1945년 나치가 패망하자 당장 발생한 당면 과제는 독일과 폴란드 강제수용소의 생존자들과 수십만 명에 달하는 유대인 난민들이었다. 대부분의 유대인들은(특히 반유대주의가 심했던 독일이나 동유럽에서 온 유대인들은) 자기 나라로 돌아가지 않으려 했고, 미국이나 영국은 나치의 대학살 기간에도 그들을 받아들이지 않았기 때문에 유대인들의 유일한 희망은 팔레스타인이었다.

홀로코스트 유대인 생존자 10만 명을 팔레스타인으로 이주시키는 문제는 해결이 쉽지 않았다. 1945년 8월 트루먼 대통령은 이들을 팔레스타인으로 이주시킬 것을 요청했지만 영국은 중동에서의 아랍인들의 격렬한 반발로 중동의 정세에 큰 분란이 생길 것을 우려하여 유대인 이민을 반대했다.

팔레스타인 난민 캠프(1948)

팔레스타인에서의 영국의 통치가 끝나갈 무렵 시오니스트들은 반영 무력투쟁을 강화했다. 유대인들의 테러로 인해 많은 팔레스타인 아랍인들이 추방되고 파괴와 피로 얼룩지게 되면서 사태는 통제불능의 상태에 빠졌다. 1946년 유대인 지하무장단체 이르군은 영국의 팔레스타인 군사행정 본부가 입주해 있던 킹다비드 호텔을 폭파하고, 영국 외무장관 베빈(Ernest Bevin)을 살해하려고 시도했으며 영국의 중동 담당 국무장관 모인 남작(Walter Edward Guinness, 1st Baron Moyne)을 암살하는 데 성공했다. 베빈은 트루먼 대통령이 팔레스타인에 10만 명의 유대인을 받아들이도록 영국을 압박하는 이유가 "너무 많은 유대인들이 뉴욕으로 몰려오는 것을 원치 않기 때문"이라는 지나치게 솔직한 비외교적 언사를 뱉어냈고, 그로 인해 유대인들, 특히 시오니스트들로부터 반유대주의자로 낙인이 찍혔다.

유대인의 시오니스트 운동은 매우 조직적이며 훈련이 잘되어 긴밀하고 체계가 잘 갖추어져 있었던 반면, 팔레스타인은 영국 식민 지배의 영향으로 아직 회복단계에 있어서 체계적 전략과 조직화된 정치적 방향이 없었다. 그런 사실을 잘 인지하고 있으면서도 1947년 2월, 베빈은 영국이 팔레스타인에 대한 통제력을 상실했음을 인정하면서 1948년 5월 15일을 기해 위임통치를 포기하고 모든 문제를 유엔(UN)에 이관한다고 발표했다.

1947년 11월 유엔은 유대국가(Jewish State)가 팔레스타인 영토의 56%를, 아랍국가(Arab State)가 나머지 44%를, 그리고 예루살렘과 그 주변 지역은 국제지역(1%)으로 두는 3분할 안을 결의했다. 당시 팔레스타인 땅의 6%를 소유하고 있던 유대인 주민들은 이를 받아들였으나, 아랍 국가들은 부당하다며 전면 거부했다. 유대인들은 영국군이 철수하기 전까지 유대국가로 할당받은 토지를 확보하기 위해 총력을 기울였고 이제 유대인과 아랍인 사이의 무력투쟁은 더욱 격화되어 팔레스타인은 내전 상태에 이르렀다. 그런데 유엔 분할 안(案)에서 유대국가령에 속하는 지역은 아랍 인구가 밀집한 중심 지역으로, 1948년 봄 이곳이 유대인들의 통제하에 들어가게 되자 약 40만 명의 팔레스타인 주민들이 쫓겨나 난민이 되었다.

1948년 5월 14일 영국의 위임통치 마지막 날, 고등판무관 커닝엄 장군(Alan Cunningham)은 권력이양 절차도 없이 조용히 하이파를 떠난다. 이로써 30년간의 위임통치가 종식되며 팔레스타인은 무정부 상태가 되었다. 그날 때맞춰 벤구리온은 텔아비브에서 이스라엘 건국을 선포하고 미국과 소련은 즉시 새로운 국가를 승인한다. 유대인들 중 극소수의 강경 시오니스트들에 의해 주도된 유대국가 건설이 나라를 잃고 떠돌아다닌 지 2000년 만에 성공하는 기적 같은 일이 벌

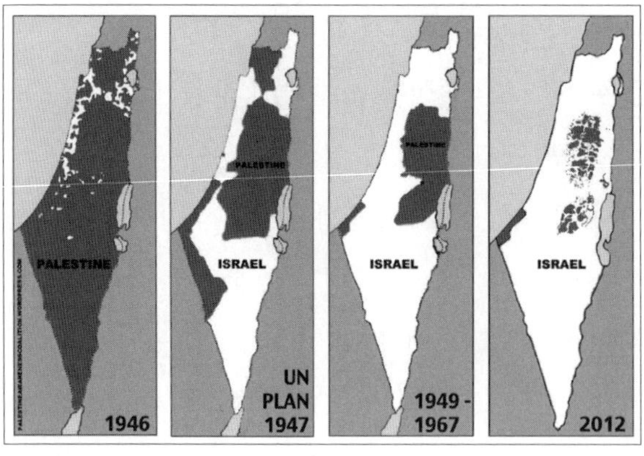

팔레스타인 국경 변화

어진 것이다.

이제 이스라엘의 독립선언으로 민족 간의 내전은 이스라엘과 아랍 국가들 사이의 전쟁으로 확전되었다. 제1차 아랍-이스라엘 전쟁(1948년)은 7개월간의 전투 끝에 원래 유엔이 팔레스타인 주민들에게 할당했던 지역보다 훨씬 더 넓은 지역을 이스라엘이 점령하면서 1949년 2월 종결된다. 전쟁이 끝났을 때 이스라엘은 팔레스타인 땅의 77%를 차지했고 그곳에 살던 아랍 주민 80%가 탈출하여 약 80만 명의 팔레스타인 난민이 발생했다. 그 후 이어진 몇 차례의 중동전쟁 결과 팔레스타인 아랍 주민의 땅은 12%로 줄어들었다.

한편 2000년 동안 조상 대대로 살던 땅에서 내쫓긴 팔레스타인 난민의 수는 전 세계적으로 대략 700만 명으로 추산되고 있다. 미래가 없는 다음 세대들을 위한 팔레스타인 사람들의 독립국가 설립 투쟁은 현재 진행형이다.

이스라엘 건국의 역사를 돌아보면서 국제정세도 약육강식의 동물의 세계와 하나도 다르지 않아 '힘이 곧 정의다'라는 생각이 들게 한다. 결국 국가 간의 약속이니 신의니 하는 언어의 유희는 자국의 이익 앞에서 민낯을 드러낸다. 그렇기는 해도 나라를 잃은 지 2000년 만에 나라를 다시 세우는 극소수의 시오니스트들의 열정적인 애국심은 세계 유일의 분단국가에 사는 우리에게도 많은 것을 시사하고 있다.

part IV

여성에 의한, 여성을 위한, 여성의 과학

25. 가족과 조상과 조국을 위해 싸워라

– 현대 여성운동의 시조, 스파르타 여성

학창 시절 "고대 그리스는 사상, 언어, 정치, 예술, 과학 등 서구문명의 요람"이라고 배웠던 그리스가 국가 부도 위기까지 내몰리는 것을 보니 다시금 문명의 흥망성쇠를 생각하게 되면서 그리스에 관심이 생겼다. 특히 강한 호기심을 불러일으킨 고대 그리스 여성들의 지위나 삶은 어떠했는지, 모든 면에서 대조적인 두 도시국가 아테네와 스파르타 여성의 삶을 살펴본다.

| 고대 그리스의 도시국가, 아테네와 스파르타 |

아테네와 스파르타는 둘 다 신분사회였으나, 아테네는 현대 민주주의의 모태가 되는 민주정(民主政)으로 정치를 했고, 스파르타는 민주정과 엄격한 규율이 요구되는 군국(軍國)주의의 혼합정치를 했다. 아테네 사람들은 음악·예술·철학·과학 등과 같은 지적 추구에 관심이 있는 반면, 스파르타는 영화 〈300〉에서처럼, 국가를 위해서 죽고 사는 것이 그들의 삶의 목표라고 할 수 있다. 그래서 당연히 스파르타 여성들의 지위가 아테네 여성들보다 낮을 거라고 짐작했다. 그러나 놀랍게도 그리스의 어느 도시국가보다도 스파르타 여성의 지위가 높았고, 심지어 아리스토텔레스는 《정치(Politics)》에서 여성들이 스파르타의 남자들에게 끼친 영향이 스파르타 몰락의 한 원인이라고까지 말한다. 역사란 살아남은 자들의 스토리이고 특히 남성들에 의해 쓰인 것임을 감안하더라도 스파르타 여성들의 독립적인 위상은 다른 도시국가들 사이에서도 꽤 유명했던 것 같다.

그리스 역사학자 플루타르크가 인용한 다음 같은 말에서 스파르타 여성들의 자부심을 엿볼 수 있다.

"왜 스파르타 여인들만이 유일하게 남자들 위에 군림하고 있는가?"

"왜냐하면 우리만이 진정한 남자들을 출산하기 때문이다."

이렇게 답변한 사람은 스파르타의 왕 레오니다스의 왕비 고르고(Gorgo)였다. 달리 해석하면 '자신에 찬 남자만이 여자를 남자와 동등하게 받아들인다'는 의미가 아닐까?

스파르타에서는 모든 남자 아이는 일곱 살이 되면 집을 떠나 아고게(Agoge)라는 집단 공교육 학교(일종의 군사훈련 학교라고도 할 수 있다)에 들어가서 13년 동안의 혹독한 교육을 받는다. 그 기간 동안 군사교육이 이루어지는데, 엄격한 규율과 살아남기 위한 기술, 고통을 참고 견디는 법, 강인한 남자가 되는 법을 배우고 학교를 졸업할 때는 국가로부터 클레로스(kleros)라는 땅을 분배 받는다.

아고게를 마친 후 스무 살이 되면 군대에 들어가고, 군대에서의 훈련 결과에 따라 스파르타 청년들은 시밀라르(Similar)라고 부르는 엘리트 전사(戰士)가 되거나 또는 그보다 낮은 계급인 인페리어(Inferior)나 트렘블러(Trembler)로 분류된다. 병영 생활을 하는 동안에도 결혼을 할 수는 있지만, 서른이 되어야만 아내와 가족들과 함께 집에서 살 수 있고, 60세가 되어서야 군 생활에서 은퇴하게 된다.

반면 아테네에서는 군대에 들어갈 때 계급은 그의 사회적·경제적 위상에 의해 결정된다. 기원전 6세기 솔론(Solon)에 의해 도입된 **신분제도**는 집안의 재산에 따라 4계급으로 분류되는데, 가장 부자들이 속하는 소위 '펜타코시오메딤노이(Pentakosiomedimnoi)' 계층이 아테네 군대의 지도자가 되고, 두 번째 계층인 '히페이스(hippeis)'는 기병이 된다. 세 번째 계층인 '제우기타이(Zeugitai)'는 주로 군대의 중무장 보병을 이루게 되며, 가장 가난한 계층 '테테스(thetes)'는 아테네 함대에서 노를 젓거나 지상전에서는 궁수(弓手)가 된다. 즉 스파르타의 군대 계급은 입대 후 자신의 능력에 따라 결정되는 반면 아테네의 군대 서열은 본인의 사회적 계급에 의해 결정되었다. 또한 스파르타 군인들이 13년간 군사 훈련을 받는 데 비해 아테네 군인은 2년간 훈련을 받는다.

아테네의 신분제도
소유한 재산과 생산력으로 계층을 구분했는데, 가장 상층 계급인 '펜타코시오메딤노이'는 1년에 500부셸(곡물이나 과일의 부피 단위로 8갤런에 해당함) 이상의 생산량을 소유한 이들이고, '히페이스'는 300부셸 이상, '제우기타이'는 200부셸 이상을 가진 사람이다. 최하층인 '테테스'는 일용 노동자 계급이다.

아마도 이러한 스파르타의 군사 시스템이 스파르타 여성의 삶을 아테네 여성과 극히 대조적으로 만들 수밖에 없었는지도 모른다. 남편, 아버지, 아들이 나라를 지키기 위해 늘 병영 막사에서 지내야 하는 상황에 있는 만큼, 스파르타 여성들은 스스로 자신과 가정을 지켜야 하고, 노예와 재산, 남편의 땅도 관리해야 하기 때문에 상대적으로 아테네의 여성들보다 더 자유롭고 독립적인 삶을 누릴 수 있었던 것이 아닐까 생각된다.

| 아테네와 스파르타, 대조적인 여성의 지위 |

플라톤을 제외한 대부분의 아테네 철학자들은 "여성은 이성적이지 못하고 감정만 풍부하게 발달되어 판도라처럼 자신들뿐만 아니라 남도 다치게 하므로 자기 자신으로부터도 보호되어야 하고, 가능하면 무능해야 한다"는 생각을 갖고 있었다. 그러한 이유로 아테네의 모든 여성들은 후견인(보통 아버지, 오빠, 남편, 또는 남자 친척 중에서)을 두어야 했다.

아테네 여성들은 지나칠 정도로 인위적인 아름다움에 의해 평가 받았기 때문에, 납 성분이 들어간 파운데이션(당시에는 건강에 나쁘다는 것을 알지 못했다) 같은 화장품을 사용하고, 유혹적인 옷차림이나 비싼 보석들로 온몸을 치장했다.

아테네에서 아내의 의무는 출산과 집안일을 경제적으로 관리하는 것이어서, 아이들을 돌보고 옷감을 짜거나 하며 집 안에 있어야 했다. 거리에서 눈에 띄는 여인들은 창녀이거나 노예, 또는 너무 가난해서 일을 해야만 하는 여인으로 여겨졌다. 글을 읽고 쓰는 것 외엔 공교육이나 운동 강습도 받지 못하고, 투표권도 재산권도 가질 수 없었다. 결혼은 보통 사춘기에 접어드는 13~14살 때 치러지는데, 딸의 결혼을 명문가와 이어질 기회로 여기는 신부 아버지는 사회적 신분을 고려해 결혼 상대를 정했고 신랑은 보통 10~15살 연상이었다.

아테네 여인들

반면 스파르타 여성들은 모든 면에서 아테네 여성들과 대조적이었다. 화장이나 장신구로 아름답게 꾸미는 것이 허용되지 않았고, 여성은 건강한 체격과 신체적 기량에 의해서 평가되었다. 남자 아이들에 비해 짧기는 하지만 여자 아이들도 공교육을 통해 예술, 철학을 배우고, 스스로를 방어할 수 있도록 훈련을 받고, 지적으로 성장할 수 있도록 격려 받았다.

퀴니스카 공주의 4두 전차경주

현대 올림픽경기에서는 여성과 남성 분야가 나뉘어 경쟁을 하지만, 고대 올림픽경기는 원래 남자들끼리만 겨루는 시합이었고, 아테네에서는 여성은 경기를 참관할 수도 없었다.

그러나 스파르타가 여성도 올림픽에 참가할 수 있도록 규정을 바꾸어서 스파르타 공주 퀴니스카(Cynisca)는 네 마리의 말이 끄는 전차경주에서 기원전 396년과 392년 두 차례나 올림픽경기에서 우승하는 최초의 여성이 되었다.

스파르타가 아테네와 달리 여성들의 신체 단련과 육체적 건강에 대해 그토록 중요한 가치를 둔 것은 우생학적 차원의 개념 때문이 아니었을까? 즉, 건강하고 신체적으로 튼튼한 여성이 스파르타의 군사적 전통을 이어갈 수 있는 자손을 생산할 수 있기 때문이다. 남성과 거의 동등한 스파르타 여성의 위상도 아마도 청동기시대 때, 트로이 전쟁에서 아마존 여전사들의 용맹성에 대한 얘기로부터 나오게 된 것이 아닌가 하고 추측하는 학자들도 있다.

| 스파르타 여성의 결혼 |

대부분의 스파르타인들은 신붓감을 고를 때 집안의 경제적 수준이 아니라 여성의 성격과 튼튼한 신체를 보고 선택해야 한다고 믿었다. 스파르타 여성들은 일반적으로 18살이 되면 집안에서 정해준 4~5살 연상의 남자와 결혼을 했다. 여자가 18살은 되어야 건강한 아이를 낳을 수 있고, 군대에서 대부분을 보내는 남편을 대신해 재산을 관리하고 가정과 아이들을 돌보는 어른 역할을 해낼 수 있다고 생각한 것 같다.

스파르타에서의 결혼식은 현대인의 눈으로 보면 좀 엽기적이기까지 한데, 특별한 예식은 없고 집에서 정해준 구혼자가 한밤중에 신부를 보쌈해서 여자의 머리카락을 자르고 남자의 옷을 입히는 의식을 치렀다고 한다. 스파르타의 여성들은 남자 형제들과 마찬가지로 유산을 상속받을 수 있었고 재산권도 가지고 있어, 남편이 군대에서 생활하는 동안 헬로트(herlot, 노예)를 데리고 농사 짓고 재산 관리를 도맡아서, 다른 그리스 도시국가들을 두렵게 만들었다. 아리스토텔레스는 저서 《정치》에서, 스파르타 땅 전체의 거의 5분의 2가 여성들의 소유라며 분개했다.

스파르타나 아테네 여성에게 공통적인 첫 번째 의무는 아들을 낳아 대를 이어가는 것이지만, 스파르타에서는 여성이 출산을 하다가 죽는 경우 남자가 전쟁터에 나가 죽는 것만큼이나 영예로운 일로 여겼고, 건강한 남자 아이를 많이 출산한 여성을 장한 어머니로 추앙했다. 스파르타의 어머니들은 나라를 지키다 전쟁터에서 죽은 아들을 매우 자랑스럽게 생각했으며, 전쟁에 나가지 않거나 도망쳐 살아온 아들을 '겁쟁이'라며 가문의 수치로 여겼다. 이에 대해 전해 내려오는 유명한 이야기가 있다.

어느 어머니가 전쟁터에 나가는 아들에게 "방패를 들고 돌아오든지 방패 위에 얹혀 돌아오라(Come home with your shield or upon it)"고 말했다고 하는데, 이는 아마도 당시의 모든 스파르타 어머니들의 마음을 대변한 것이리라. 전쟁에서 지면 누구나 비참한 신세가 되지만 여자와 아이들의 처지가 가장 비참해진다. 아들에 대한 어머니의 맹목적인 사랑 대신, 강인한 스파르타의 어머니들은 "가족과 조상과 나라를 위해서" 잘 싸우고 돌아오라고 격려했다.

〈Spartan Girls Challenging Boys〉, 에드가 드가, 1840

아테네가 서구문명에 끼친 영향은 지대하지만, 모계사회에서 부계사회로 들어온 이후 여성의 위상에 관해서는 아마도 스파르타 여성이 처음으로 남성들 못지않은 사회적 지위를 누려, 현대 여성운동의 시조(?)가 되지 않았을까 추측해 본다.

오늘날 우리 사회가 여성의 가치를 너무 외모로 판단하는 세태로 인하여, 얼굴은 말할 것도 없고 목숨까지 걸고 전신 성형도 마다하지 않는 일부 현대 여성들에게 2500년 전의 스파르타 여성들은 많은 것을 시사하고 있다.

26. 영국의 산업혁명과 여성의 사회적 지위

– 중산층 여성, 노동계층 여성, 아동 노동

Industrial Revolution(18세기 중반~19세기 중반)

18세기 중반~19세기 중반에 걸친 산업혁명은 영국 사회의 인구, 정치, 사회구조와 제도, 경제 등 거의 모든 면에서 드라마틱한 변화를 가져왔다. 18세기에는 이전 어느 때보다 빠르게 인구가 증가하는데, 보통 다음과 같은 네 가지를 주요 원인으로 꼽는다.

첫째, 사망률의 감소
둘째, 출생률의 증가
셋째, 무서운 전염병의 퇴치
넷째, 풍부한 식량의 증산

이들 네 가지 요인 중 영국 국민들에게 나타난 가장 현격한 변화는 이전보다 훨씬 건강한 식생활을 누릴 수 있도록 해준 농업혁명과 그로 인한 풍성한 식단이라고 할 수 있다.

산업화가 진행됨에 따라 사람들은 대도시로 몰려들었다. 1800년에는 영국과 웨일스에서 인구 2만 명을 넘는 도시가 12개에 불과했지만, 18세기 말에는 1800~2000개로 급격히 증가했다. 기술혁신으로 자본주의가 성장하면서 공장 소유주처럼 생산 수단을 가진 사람들은 빠르게 신흥 부자가 되었다. 새로운 기술에 의해 경제가 계속 성장했고 1800년~1900년 동안 영국의 구매력은 2배, 국민총소득은 10배로 증가했다.

이러한 변화는 국가의 정치 구조에도 일대 혁명을 가져왔다. 산업 자본가들이 점진적으로 농업의 토지 소유자들을 대신하여 국가 경제와 권력 구조의 지도층으로 떠올랐다. 그 결과 자본을 소유한 자본가 계급과 노동자 계급이 형성되었는데, 산업화와 토지개혁 같은 근대화 과정에서 농업 노동자로 전락한 소규모 자영 농민과 도시로 이주한 많은 농촌 인구가 노동자 계급의 주를 이루었다. 이렇게 새롭게 형성된 두 계층, 즉 중산층과 노동자 계급은 이후부터 오늘날까지 사회를 구성하는 큰 인구 구성이 되고 있다.

산업혁명이 진행되는 동안 영국은 산업화 초기의 전형적인 문제들(위험한 작업환경, 부모와 아이들까지 온 가족이 고용되어야 겨우 생존할 수 있는 저임금, 공해, 도시 슬럼화, 도시 빈민 등)을 모두 안고 있었다.

한편 산업혁명이 미치지 않은 아일랜드에서는 1847년 병충해에 의한 감자의 흉작으로 대기근이 일어나 인구 800만 명 중 200여만 명이 죽고 200만 명이 살길을 찾아 해외로 이주하여 인구의 절반이 감소했다.

마르크스주의자들은 이를 노동자들에 대한 착취라고 했고, 특히 엥겔스는 1844년 영국 노동자 계급의 상황에 대해 "세계 여론의 법정에서 나는 영국의 중산층을 대량학살, 날강도, 그리고 기타 다른 모든 범죄로 고발한다"라고 묘사했다.

마르크스와 엥겔스를 중심으로 한 계급에 관한 담론은 주로 남성 노동자들의 문제에 초점이 맞춰져 있었다. 남성 노동자가 스스로를 가족의 유일하고 합당한 부양자라고 인식하는 가정 이데올로기 때문에 여성 노동자들의 문제는 이슈화되지도 못했다. 뿐만 아니라 여성 노동자들은 중산층 여성들로부터도 단지 불쌍한 여성 정도로만 여겨져 가끔 자선행사의 대상이 되었을 뿐, 그녀들의 처참한 노동환경을 개선하기 위해 적극적으로 목소리를 내는 사람은 없었다.

18세기 중반부터 19세기 중반까지의 산업혁명 기간 동안 부르주아 고용주, 프롤레타리아 남성들 양쪽에서 모두 배제되어, 고통을 호소하는 목소리조차 낼 수 없었던 여성과 아동들의 열악한 지위를 살펴보기로 한다.

| 중산층 여성의 지위 |

중산층 여성들의 본래 역할

중산층이란 귀족은 아니지만 자본가, 금융업자, 의사, 법률가, 전문직에 종사하는, 말하자면 오늘날 화이트칼라에 해당하는 계층으로, 서너 명의 하인들을 두고 있었다. 안주인은 주로 시중드는 하인들을 감독하고, 그들이 해놓은 일에 우아하게 마무리 손질만 하면 되었다. 음식은 요리사, 아이 돌봄은 유모, 바느질은 침모, 자녀들 교육은 가정교사에게 맡겨두고 대부분의 가정주부들은 그다지 할 일이 없었다. 교육이라야 약간 취미 삼아 받아보는 정도이고, 주로 각종 클럽에 나가 사교와 손님 접대, 그리고 자수, 그림, 피아노, 성악 같은 문화적 취미를 갖도록 권장

되었다. 또한 중산층 여성들은 여가 시간에 자선사업이나 공공기관에서 자원봉사를 했는데, 당시의 페미니스트들은 중산층 여성들의 삶을 '고상한 무용지물'이라고 혹평했다.

사회적으로 당시 여성은 지적으로 남성에 비해 열등하다고 인식되어, 여성이 전문적인 교육을 받는다는 것은 거의 불가능하여 간단한 산수나 읽기 정도를 교육받았다. 결혼 적령기의 여성들은 어머니와 가정교사로부터 '어떻게 남자를 붙잡는가' 하는 것과 좋은 아내가 되는 법을 배웠다. 여성들의 소망은 21살까지는 결혼해서 곧 아이를 갖는 것이고, 결혼이야말로 중산층 여성들에게 열려 있는 유일한 직업으로 인식되었다. 1837년부터 19세기 말까지, 소위 빅토리아 시대의 이상적인 여성상은 여성의 타고난 도덕적 품성 때문에 '가정의 천사'라는 칭송을 들으며 자녀의 도덕교육을 책임질 뿐만 아니라, 남편에게는 정신적 조언자로서 그의 도덕성까지 높여야 하는 책임을 갖는다.

그러나 남성들이 이른바 '가정의 천사'에게 부여한 19세기 초 여성의 정치적·법적 지위를 요약하면 다음과 같다.

1. 여성은 스스로의 권리로 법률적 존재가 될 수 없다. 여성은 처음에는 아버지에게 속하고 결혼 후에는 남편에게 속한다.(우리나라에서도 여성은 어려서는 아버지를, 결혼해서는 남편을, 늙어서는 아들을 따른다는 이른바 삼종지덕이 있었다.)
2. 결혼한 여성은 법정에 소송을 제기할 수 없고, 계약에 서명할 수도 없다. 뿐만 아니라 남편의 사전 동의 없이 법률적으로 어떤 종류의 증여도 할 수 없다.
3. 결혼을 하면 그녀의 재산은(심지어는 그녀가 입은 페티코트까지) 모두

남편의 수중으로 들어가고, 그녀가 번 것이나 상속받은 것 모두 남편 소유가 되며, 여성이 번 것은 남편에게 직접 지불했다.

4. 부인은 남편의 동의하에야 유언장을 작성할 수 있으며 그녀가 죽은 후에는 남편이 이를 취소할 수 있다.
5. 남편은 여성의 간통을 문제 삼아 이혼할 수 있으나, 여성은 남편의 간통을 문제 삼을 수 없다.
6. 남편은 막대기가 본인의 엄지손가락보다 더 굵지만 않다면, 법률적으로 자기 아내를 때릴 권리가 있다.
7. 아이들은 남편의 소유물로 인식했다.

여성 교육기관의 탄생

1850년에 이르면 영국 남자들이 식민지 전쟁에 나가 죽거나, 식민지로 이주하거나 또는 독신으로 남는 등의 이유로 여성의 약 25%가 결혼을 할 수 없게 되었다. 이러한 독신녀들 중에서 초기 빅토리아 시대 페미니스트들이 탄생했다.

1850년 여성 교육의 선구자 프랜시스 버스(Frances Mary Buss)가 노스런던 여자대학(North London Collegiate School)을, 1858년에는 도로시아 빌(Dorothea Beale)이 첼트넘(Cheltenham) 여자대학을 설립하면서 공직이나 상업 분야로 진출하거나 대학 입학을 준비하는 여성을 위한 전문학교가 속속 생겨났다. 1890년에는 이 같은 학교가 약 40개 세워졌는데 주로 잘사는 부유층을 위한 학교였다.

프랜시스 버스

여성교육 운동가 에밀리 데이비스(Emily Davies)는 여학생에게도 남학생과 동등한 기회를 주어야 한다고 대학을 설득하여, 여학생들도 대학 입학자격 시험을 치를 수 있게 만들었다. 1878년에는 런던대학이 처음으로 여학생을 받아들였고, 17년 후에 맨체스터 대학, 리버풀 대학, 리즈 대학이 그 뒤를 이었다. 이러한 발전이 있었음에도 대다수 여자 아이들에게는 입학의 기회가 주어지지 않았고 일부 부유한 계층의 여자 아이들만 혜택을 받았다.

변화하는 여성 고용의 본질

크림전쟁(1853~1856) 동안 야전병원을 운영하며 맹활약했던 나이팅게일(Florence Nightingale)은 전쟁이 끝나자 고국 영국으로 돌아와 1860년 간호학교를 세웠다. 그때까지 간호사는 여성들이 기피하는 직업이었으나 나이팅게일은 교육 수준이 높은 여성들을 간호사로 훈련시켰고 점차 간호직이 중산층 여성들을 위한 훌륭한 직업으로 인식되었다. 1876년 영국 의회는 여성에게도 의과대학 입학을 허용하는 법을 통과시켰고, 1890년에는 여성들도 의료계에 진출할 수 있게 되었다. 기술 발전도 여성들에게 새로운 기회를 가져다주었는데 19세기 중반부터 여성들은 다양한 직업(관리자, 오퍼레이터, 매니저, 비서직 등)을 갖게 되었다. 그러나 이러한 새로운 기회에도 불구하고 여성의 임금은 남성의 임금보다 훨씬 낮았다. 1914년 이전에는 여성은 결혼하면 직장을 그만두어야 했는데, 이러한 점도 낮은 임금의 한 이유가 되었다.

변화하는 중산층 여성의 역할

1870년과 1872년, 기혼 여성들의 재산법이 의회를 통과하여 결혼한 여성들도 부모에게 상속을 받고 그 재산의 소유권을 갖게 되었다. 또한 여권운동가들은 남자와 같은 이유로 이혼을 할 수 있도록 여성의 권리를 주장하여 1923년 마침내 목표를 관철시켰다. 중산층의 가족 구성에도 변화가 일어나 소가족 형태가 빅토리아 시대 중산층의 표준이 되었다. 중산층 가정에서 식구가 적어진다는 것은 중산층 여성에게 좀 더 나은 건강과 생활수준의 향상을 의미했다. 그러나 노동자 계층 여성들은 1914년까지도 여전히 대가족을 이루고 있어 이 계층의 여성들은 중산층 여성들보다 사망률이 높았다.

요즘은 고용주가 아닌 근로자를 다 노동자라고 말한다. 교수, 국공립 연구소 과학자, 은행원, 방송국, 신문사 등의 고위직 종사자까지도 노동자라고 하기 때문에, 사회학자들이 말하는 노동자 계급의 정의가 아리송하다. 단지 산업혁명 당시의 노동자 계층의 의미를 정의하면, '숙련도·교육·임금'의 기준으로 볼 때 열악한 직업군에서 일하는 사람들을 말하며, 임금을 받기 위해 주로 육체 노동력을 제공하는 계층을 의미했다.

차티스트 운동
영국에서 1832년 제1차 선거법 개정이 된 후에도 선거권을 얻지 못한 노동자 계급을 중심으로 1830년대 후반~1850년대 초에 일어난 경제적·사회적 불만에 대한 투쟁과 선거권 획득을 위한 민중운동.

1838년~1848년 동안 노동자 계층은 선거권을 얻기 위해 **차티스트 운동**(chartist movement)을 벌였으나 실패로 돌아갔다. 그러나 이 운동은 투표권을 향한 개혁의 신호탄이 되었고, 결국 노동자 계층은 1867년 선거권을 갖게 된다. 여성운동가 포셋(Millicent Fawcett)은 1897년 '여성참정권협회 국민동맹(National Union of Women's Suffrage Socities)을 세워 여성의 선거권 획득을 위해 평화로운 방법을 총동원하여 운동을 벌여 여성운동에 큰 영향을 끼쳤다. 1903년 팽크허스트(Pankhurst)가 주도한 여성사회정치연맹(Women's Social and Political Union: WSPU)은 좀 더 급진적으로 투쟁하여 데모하고, 돌 던지고, 창문을 깨뜨리고,

단식투쟁 하는 등의 전투적인 방법을 선택했다. 결국 이러한 온갖 방법을 총동원한 여성들의 노력으로 마침내 1918년 영국에서 여성도 투표권을 갖게 되었다. 이는 남성보다 50년 후의 일이었다.

| 노동자 계층의 아이들 |

가난한 집에서 태어난 대부분의 노동자 계층의 자식들은 산업화 이전 수세기 전부터 집안일이나 가업을 돕는 등의 일을 해왔다. 아버지가 자식들에게 베틀로 직물을 짤 실을 잣게 하는 등, 중세에도 아동 노동 행위가 다반사로 벌어졌다. 아이들은 부모를 도와 다양한 일들을 했는데, 이는 가정 경제에서 중요한 부분을 차지했다. 그들은 아주 어린 나이부터 일을 시작해 남자 아이들은 소, 양 같은 가축들을 돌보고, 여자 아이들은 소젖을 짜거나 닭을 돌보았다. 남의 가정에서 일하는 아이들은 견습생이나 하인, 굴뚝 청소부, 가업의 보조 역할을 했다.

처음 농촌에 섬유공장이 들어섰을 때 어린 견습생들 대부분은 고아원이나 구빈원에서 데려온 거지에 가까운 극빈층에 속하는 아이들이었다. 그 아이들은 임금을 받는 대신 옷을 입혀주고 밥을 먹여주는 대가로 공장에서 장시간 노동을 했다. 적게 잡아도 공장 전체 노동자의 3분의 1이 아동이었고 일부 공장에서는 이런 아동의 숫자가 80~90%에 달했다. 아이들은 비참한 환경에서 일하며 고용주에게 착취를 당했는데, 이런 곳에서 일하는 아이들은 가장 어린 경우 4살부터 일을 시작해, 보통 하루에 12~16시간, 일주일에 6일을 일하고 임금은 고작 어른의 10~20%만을 받았다. 이러한 산업혁명기의 문제점은 찰스 디킨스

가난한 노동자 계층의 아이들은 4살부터 노동을 시작했다.

(Charles Dickenson)의 소설에서 잘 드러나 있다. 특히 아동들의 어두운 면이 소설 〈황폐한 집(Bleak House)〉이나 〈올리버 트위스트〉에 잘 묘사되어 있다.

광산에서는 어른이 들어가기엔 너무 좁은 갱도에서 아이들이 대신 일했으며, 매우 위험한 유리공장에서도 일을 했고, 더 충격적인 것은 많은 여자 아이들이 매춘을 했다는 사실이다.

특히 굴뚝 청소는 건강에 안 좋은 일이었지만 체구가 작은 어린이들에게 안성맞춤이어서 아동 착취의 대표적인 직종이었다. 우두머리 굴뚝 청소부는 4살부터 8살짜리 아이들을 견습생으로 받아 좁은 굴뚝 속으로 들여보내 숯검정을 걷어내는 일을 시켰다. 장시간 노동에 지친 아이들을 구타하는 일도 예사로 자행되어, 노동자 어린이의 평균 수명은 고작 17세에 불과했다. 이에 비해 중산층 어린이 평균 수명은 38세였다. 이러한 부끄러운 아동 노동 착취를 조금이라도 완화시키고자 의회는 아동의 고용과 노동조건에 대해 몇 가지 법률을 제정했다. 그 중 가장 강력한 것은 다음과 같은 3가지였다.

1. 목화 공장 규제법: 1819년 제정. 일할 수 있는 최소 나이는 9살이고 최대 일하는 시간은 하루에 12시간으로 규정.
2. 아동 노동 규제법: 1833년 제정. 공인 감독관이 아동 노동 규제법 준수 여부에 대해 공장을 조사하고 법을 집행하도록 규정.

3. 10시간 법안: 1846년 제정. 여성 및 아동의 노동시간을 하루에 10시간으로 제한.

21세기인 지금도 여러 개발도상국들에서 공공연하게 아동 노동이 벌어지고 있다. 이러한 아동 노동 문제는 심각한 인권침해 문제로 대두되고 있으며 시급히 해결해야 할 숙제이다.

| 노동자 계층의 여성들 |

산업혁명이 일어났어도 대부분의 여성들은 이전부터 하던 똑같은 일을 계속했다. 하지만 그때까지 수작업으로 하던 일들이 급속히 기계로 대체되기 시작하면서 여성들의 일자리도 급속히 줄어들었다. 아이가 없는 젊은 여성들이 도시나 농촌에서 할 수 있는 일은 크게 '가정부, 공장, 농사, 광산, 매춘'의 다섯 가지가 있었다. 그 중 가장 많은 여성들이 일한 직종은 가정부, 섬유공장 직공, 매춘이었다.

반면 아이가 딸린 도시 여성들이 할 수 있는 일은 집에서 삯일을 하거나 하숙을 치는 것이었다. 밖에 나가서 일하는 여성들의 절반 내지 3분의 1은 가정부로 일했는데, 중산층의 숫자와 부(富)가 늘어갈수록 가정 내 하인들의 수요도 급속히 늘었다.

산업혁명 이전에는 남의 집 하인으로 일하는 남녀 비율이 비슷했으나 산업혁명 이후로는 극적으로 반전되어 여성 하인이 91.5%를 차지했다. 남의 집 하인으로 일하는 경우 특히 근로 조건이 열악해서 하루에 16시간 이상을 일해야 했고, 아프거나 임신을 하면 해고를 당했다. 또한

산업혁명 당시 여성들은 공장에서 하루 16시간씩 일을 했다.

많은 하인들이 고용주에게 모욕, 강간, 또는 학대를 당했다.

가장 끔찍한 사례 중의 하나는 탄광에서 일하는 여성의 작업환경이었다. 광산에서는 성인 남자나 남자 아이들도 일하기를 거부하는 열악한 곳에서 여성들은 복종하며 일을 해야 했다. 여성들은 갱도에 40~50센티까지 물이 차는 곳에서도 일을 했고, 좁은 갱도를 기어서 들어가고 나오면서 석탄을 운반했다. 그녀들은 임신 중에도 일을 했고, 때로는 갱도 안에서 아이를 낳기도 했다.

일하지 않고는 먹고 살 수가 없었기에 처음에는 주로 결혼한 여성들이 아이를 데리고 와서 공장에서 일을 했다. 그러다가 고아들, 버려진 아이들이나 가난한 집 아이들, 그리고 미혼 여성들이 공장의 주요 노동자로 유입되었다. 일반적으로 섬유공장 같은 곳에서는 남성보다 여성을 선호했는데, 우선 여성의 임금이 남성 임금보다 30~50% 정도 싸고, 그녀들은 순종적이며 남자들이 거부하는 일들도 군말 없이 했기 때문이다. 여성 노동자들은 하루 14~16시간씩 일주일에 6일 동안 일했다.

그런데 여성들이 결혼을 하게 되면 3중고에 시달려야 했는데 공장 일에다 집안일, 게다가 아이들까지 돌보아야 했던 것이다. 만일 여성들이 이 모든 일을 제대로 해내지 못하면 남성들로부터 신체적 학대를 당했다. 어떤 엄마들은 가난 때문에 고의적으로 유아들을 살해했는데, 특히 남의 집 하인으로 일하는 경우 임신 사실이 드러나면 자동으로 해고를 당하기 때문에 가정부들 사이에 이런 유아 살해가 많이 일어났다. 가족

부양과 아이 양육이라는 이중 부담에 지친 일부 엄마들은 아이가 울지 않도록 하기 위해 아편이 섞인 당밀을 주기도 하는 등 심성까지도 피폐해져갔다. 산업혁명의 혜택으로 중산층 여성의 숫자도 급속히 늘어났지만 그녀들은 일을 할 필요가 없었기 때문에 노동자 계층 여성들의 저임금이 계속되었다.

탄광에서 일하는 여성들

육체적, 정신적으로 지친 여성들은 좀 더 쉬운 돈벌이에 눈을 돌리게 된다. 매춘은 노동자 계층의 여성들에게는 가장 많은 보수를 받는 일이었다. 공장에서 하루 16시간씩 일주일 내내 일해야 받는 돈을 매춘으로는 하루에 벌 수 있었다. 많은 여성들이 매춘업(?)에 종사했는데, 19세기 영국과 웨일스에는 15~22세의 매춘부들이 대략 3만 명이 있었다. 그녀들의 주 고객은 중산층 남성들이었다.

당시 영국에서는 매춘부들에 대한 관리가 되지 않아 매독이 창궐하게 되었고, 급기야 영국 의회는 전염성 질병에 대한 법률을 통과시킨다. 이 법률 조항에 따르면, 창녀로 의심되거나 확인된 사람은 의무적으로 성병 검사를 받아야 하며, 감염된 여성은 몇 달이고 병원에 갇혀 엄격한 도덕 교육을 받아야 했다. 중산층 개혁가인 조세핀 버틀러(Josephine Butler)는 이 법조항이 여성을 차별한다고 주장하여 여성운동의 일환으로 이를 폐지시키는 데 성공했다.

영국에서는 일부 중산층 개혁가들이 노동자 계층 여성들의 열악한 근로조건을 개혁하기 위한 시도를 했지만 곧 견해 차이를 드러냈다. 중산층 개혁가들은 그들의 이상적인 여성상과 맞지 않는다며 여성의 일을 제한하려 한 반면, 중산층 기업가들은 저임금으로 여성들을 고용할 수 있기 때문에 여성들의 일을 제한하는 것을 원치 않았다. 한편 상당수의 급진적인 개혁가들은 임금 받는 일에서 여성들을 완전히 배제하고 남성 노동자들에게 충분한 임금을 주어서 그들이 가족을 부양할 수 있게 하기를 원했다.

마침내 노동자 계층 여성들의 삶에 영향을 주는 두 가지 중요한 진전이 이루어진다. 첫째는 다양한 직업들이 크게 늘어난 것. 둘째는 상당수의 기혼 여성들이 열악한 노동에서 빠져나간 것이다.

정부의 관료 조직이 확장되고 대기업 형태의 기업들이 등장하면서 수많은 여성들이 비서, 판매원, 전화교환원, 타자수 등의 일자리를 찾았다. 한편 여자 아이들을 위해서도 제도가 개선되어, 19세기 후반에는 여학생에게도 남학생처럼 무료로 의무 초등교육을 실시했다.

27. 여성 과학자 수난사
– 편견과 장벽을 넘어서

2006년 하버드 대학 총장 로렌스 서머스(Lawrence H. Summers)는 "여성이 수학이나 물리 등 기초과학을 못하는 근본적인 이유는 남성보다 생물학적, 유전학적으로 지적 능력이 떨어지기 때문이다"라는 말을 해서 큰 파장을 일으킨 적이 있다. 흔히 남성들은 과학사에서 여성들이 크게 기여하지 못한 이유를 유전자 구성이라든가 호르몬이나 뇌구조 차이, 혹자는 동기의 차이라고 말한다.

서머스와 같은 전형적인 남성우월론자들은 인류 역사에서 여성에게 가해진 불리한 사회적 규범과 낮은 기대, 또는 교육과 직업에서의 기회의 불평등 같은 뿌리 깊은 차별은 간과하고 있다. 과학기술 분야에서 여성이 직면하고 있는 불평등은 역사적으로 그 뿌리가 상당히 깊다. 그래서 수천 년 인류 역사에서 돌 벽에서부터 유리천장, 그리고 보이지 않는 벽에 이르기까지 숱한 장벽과 편견을 넘어서 과학의 발전에 기여한 많은 여성 과학자들이 더욱 더 빛나는 것이다.

| 르네상스와 과학혁명 |

과학은 고대 그리스에서 태동하여 로마제국으로 계승되면서 그 싹을 틔웠다. 그러나 476년 로마제국이 게르만족의 침략으로 멸망하면서 유럽에서는 과학이 실종되고 그 후 천년 동안 기나긴 암흑기에 빠져들게 된다. 그러나 다행히도 이 기간 중에 아랍-이슬람 문명의 황금시대가 과학의 명맥을 이어주면서 유럽이 암흑기에서 르네상스 시대를 거쳐 과학혁명으로 갈 수 있도록 중요한 가교 역할을 했다.

14~17세기 르네상스 동안 이전의 신학 중심의 학문체제에서 벗어나 인간성의 해방과 인간의 재발견, 그리고 합리적인 사유가 중시되고 과학적 시도들이 싹트고 꽃을 피우면서 과학사상의 큰 변혁을 가져오는 과학혁명 시대를 맞게 된다.

이 기간 동안 경험에 의하지 않은 사변적(思辨的) 과학철학은 지양되고 과학적 방법으로서 실험의 중요성이 인식되었다. 그 결과 과학혁명으로 물리, 화학, 수학, 생리학, 천문학, 생물학 같은 분야에서 근본적인 변화를 불러와 근대 과학의 주춧돌을 놓았다.

이 기간 동안 르네상스맨 레오나르도 다빈치(Leonardo da Vinci, 1452~1519), 유명한 천문학자 코페르니쿠스(Nicolaus Copernicus, 1473~1543), 케플러(Johannes Kepler, 1571~1630), 갈릴레이(Galileo Galilei, 1564~1642), 수학자이며 철학자인 데카르트(René Descartes, 1596~1650), 라이프니츠(Gottfried Leibniz, 1646~1716), 페르마의 정리로 유명한 수학자 페르마(Pierre de Fermat, 1601~1665), 로베르발(Gilles Personne de Roberval, 1602~1675), 카발리에리(Bonaventura Francesco Cavalieri, 1598~1647) 그리고 현대물리학의 기초를 쌓은 위대한 물리학

자 뉴턴(Isaac Newton, 1642~1727) 등이 활동했다.

이러한 과학혁명은 기술혁신으로 이어져, 18세기 후반 영국에서 농업의 혁신과 산업혁명을 촉발시켰다.

그렇다면 과학의 발전이 이루어져 산업혁명이 일어나는 동안 그 시대의 여성들은 어떤 위치에 있었을까?

여성은 산업혁명의 거센 파도에 남성들보다 더 크게 영향을 받았다. 기계화와 신기술이 비숙련 노동의 수요를 감소시켰지만 여성은 그에 필요한 교육과 훈련을 받을 수 없도록 사회적 장벽이 가로막혀 있었다. 산업혁명이라는 새로운 경제적 기회를 활용하는 데에도 불이익이 따랐다.

| 여성과 과학 |

과학혁명기에 남편, 아들, 그리고 남자 형제들의 삶이 개선되고 권리가 확대되는 동안 여성들의 삶은 오히려 피폐해졌다. 과학이 번창하던 르네상스 시대의 정점에서 여성들의 삶이란 대개 부모가 정해준 사람과 결혼하거나 수녀원에 들어가거나 또는 하녀나 창녀가 되는 단지 네 가지 선택만 있을 뿐이었다. 15세기 후반 베니스 상류층의 결혼 적령기 여성들 중 대략 절반 정도만 결혼을 했는데, 그 이유는 신랑에게 지불해야 할 지참금이 너무 치솟아서 부모들은 재산을 지키려고 딸들의 결혼을 막았기 때문이다.

결혼 지참금은 수녀원에 들어갈 때 지불해야 하는 수녀 지참금의 4배나 될 만큼 많았는데, 인구 8만6000명의 베니스에 50개의 수녀원과 3000명의 수녀들이 있었다는 사실에서 당시의 상황을 짐작할 수 있다.

그렇다면 수녀원의 돌 벽 안에서 젊은 여성들에게 제공된 '교육'이란 어떤 것이었을까? 일반적으로 여성들은 수녀원에서 시, 음악, 자수 그리고 가사에 필요한 요리 등 여러 가지 기술들을 배웠다. 더러는 성악과 미술을 배우기도 했지만 과학은 교육에 포함되지 않아서 여성들은 수도원 돌 벽에 갇힌 채 지적이고 과학적인 삶에 참여하는 것이 원천적으로 봉쇄되었다.

만일 반대로 지배계급의 아들들 절반이 젊었을 때 이러한 상황에 놓이고, 대신 여자 형제들이 지적 흥미를 자유롭게 추구할 수 있었다면 그러한 상황에서도 남성들에 의해 과학의 역사가 주도되었을지 결과가 궁금하기만 하다. 역사상 가장 위대한 과학자로 꼽히는 뉴턴도 "내가 멀리 볼 수 있었다면, 그것은 단지 거인의 어깨에 서서 볼 수 있었기 때문이다"라는 유명한 말을 했다.

여성에게는 과학을 배울 기회조차 차단해 놓은 극단적인 성(性) 분리 정책의 장기적 결과가 여성에게 끼친 영향은 사회심리학적 측면에서 분석하지 않더라도 자명한 일이다. 사회적 장벽이 개인에 미치는 영향에 대해서는 르네상스 시대의 과학자 갈릴레오의 가족과 레오나르도 다빈치의 예에서 엿볼 수 있다.

중세 수도원 수녀들

갈릴레오는 두 딸과 아들을 사생아로 낳았는데, 큰딸 버지니아만이 갈릴레오의 총명함,

부지런함, 감수성 같은 덕목을 꼭 빼닮았다. 갈릴레오 스스로도 "매우 예리한 지성을 가진 딸"이라고 말했다고 한다. 사생아로 태어난 딸들이 결혼하기에 적절하지 못하다고 생각한 갈릴레오는 13살과 12살의 두 딸을 수도원에 보냈다. 그곳에서 두 딸이 가난과 은둔 속에서 일생을 보낸 반면, 갈릴레오는 사생아 아들을 적자로 입적해 대학에서 법학을 공부시켰다.

레오나르도 다빈치는 공증인과 시골 아낙과의 사이에서 사생아로 태어났는데, 만일 그가 여자 아이였다면 마찬가지로 수도원에 보내졌을 것이다. 르네상스 시대에 가장 위대한 융합형 천재라고 일컬어지는 다빈치라도 우호적인 사회적 규범과 지원이 없는 상황에 처해지면 과연 자신의 천재성을 제대로 발휘할 수 있었을까?

| 누가 여성들의 교육 기회를 빼앗았나? |

유럽에서는 12세기에 처음 대학이 설립된 이후 700년이 지난 19세기 중반에서야 여성에게도 대학 문이 열리게 되면서 과학을 전공하는 여성 선구자들이 생겨났다. 가톨릭 국가가 아닌 미국에서는 종교개혁 이전의 유럽에서처럼 수도원이 여성들의 삶을 구속하지는 않았다. 하지만 눈에 보이는 수도원의 돌 벽은 없었다 해도 미국에서 여성들이 고등교육을 받을 기회는 '남성 전용(man-only)'라는 대학의 높은 돌 벽에 의해 차단되었다.

그렇다면 여성의 교육 기회를 제한하는 것을 합리화한 근거는 어디에 있었을까? 남성우월주의자들은 공부가 여성의 난소에 악영향을 끼친다

히파티아

소피 제르맹

는 해괴한 의학적 견해(!)를 피력하며, 특히 수학과 과학은 최고난도의 힘든 작업을 요구하는데 여성은 육체적으로 약하기 때문에 이 과목들을 공부하기에는 적절하지 않다고 주장했다. 이러한 지나친 배려(?)는 "아는 것이 힘이다"라는 것을 깨달은 여성운동가들의 격렬한 시위가 있기까지 계속되었다.

따라서 19세기 이전까지 과학사의 수많은 여성들은 고대 알렉산드리아의 히파티아(Hypatia)부터 프랑스의 수학자 소피 제르맹(Sophie Germain, 1776~1831)에 이르기까지 사회적 인습과 성차별의 온갖 어려움 속에서 독학을 하거나 개인교사를 두고 힘들게 공부해서 과학사에 기여할 수 있었다.

19세기 중반, 미국에서는 여성운동가들 덕분에 마침내 몇몇 여자대학들이 설립되었고 천문학, 식물학, 화학 같은 과학 과목들을 강의했다. 영국에서는 1880년대에, 프랑스는 1890년대, 오스트리아는 1896년, 독일은 1908년에 여성들에게 대학 문을 열었고, 비로소 과학을 전공하는 여학생들도 어느 정도 생겨난다. 여자대학 졸업생들은 후배들을 가르치는 교사로 고용되어 비록 제한적이긴 하지만 과학 분야에서 여성들의 고용 기회가 생겨났다. 그러나 이 취업 기회는 상당한 개인적인 희생을 치러야 했는데, 모든 여자대학의 여자 교수는 미혼이어야 한다는 단서 조항 때문이었다.

한편 여자대학들이 대학의 명성을 높이는 데 역점을 두기 시작하면서 여성 과학자들의 취업 기회는 다시 악화되었다. 즉, 학교 측이 채용 조건으로 박사학위 취득을 요구하고 남자 교수를 우선 채용했기 때문이었다. 남자 교수에게는 결혼에 대한 제약을 두지 않았을 뿐 아니라 오히려 기혼의 젊은 남성을 선호했다. 즉 여자대학 채용에서 남성은 결혼이냐 커리어냐를 선택할 필요가 없었지만, 여성은 둘 중 하나를 선택하도록 강요당한 것이다.

우젠슝

당시 대부분의 유럽이나 미국 대학들이 여성의 대학원 입학을 허용하지 않아 박사학위를 가진 여성은 거의 없었다. 1890년부터 몇몇 대학이 여성에게도 대학원의 문을 개방했으나 특히 명문대인 프린스턴 대학, 뉴욕 대학, 하버드 대학은 수학·과학 분야에서 1960년대까지 박사학위 과정에 여성을 입학시키지 않았다.

리제 마이트너

과학기술 분야에서 여성에 대한 온갖 사회적 편견과 장벽에도 불구하고 많은 여성 선구자들이 과학사에 이름을 남겼다. 노벨상이 수여되기 시작한 1901년부터 2015년까지 물리에서 200명의 수상자 중 2명, 화학에서 171명의 수상자 중 4명, 그리고 생리의학상에서 210명의 수상자 중 여성이 12명을 차지한다.

그 외에도 과학계에서의 고질적인 성차별 때문에 노벨상을 받지 못했다고 생각되는 여성 과학자도 상당수 있는데, 오스트리아 출신의 물리학자 리제 마이트너(Lise Meitner, 1878~1968), 중국 출신의 물리학자 우젠슝(吳健雄, Chien Shiung Wu, 1912~1997)이 그 예이다.

여성으로서 최초로 이론물리학에서 노벨상을 수상한 마리아 메이어(Maria Mayer)는 평생 보수 없이 비정규직으로 일하다가 노벨상을 받은 후에야 대학교수직을 얻었는데, 이런 얘기는 당시 여성 과학자들 대부분이 겪는 일이었다.

박사과정의 문호가 여성에게 개방된 후 50년 남짓의 짧은 시간 안에 여성 과학기술자들은 과학기술의 여러 분야에서 활발하게 활동하면서, 과학 분야에서 남성이 여성보다 태생적으로 우월하다는 편견을 불식시켰다.

이제 정보통신, 생명의료 기술의 새로운 기술혁신 시대로 들어가면서 역사에서 잘못된 오랜 관행들이 되풀이되지 않도록 여성의 역할에 대한 전반적인 사회의 인식전환 및 정부의 정책이 필요하다. 유능한 여성 인력이 가정과 커리어 중 하나의 선택을 강요받는다면, 국가적으로 얼마나 막대한 손실이 되겠는가? 특히 연구소나 대학과 같은 과학기술계 내부에서부터 남성 위주의 구조체계를 바꾸어 우수한 여성 인재의 차별 없는 적극적 활용이 이루어져야 한다. 그러나 그에 못지않게 중요한 것은 여성 자신도 남성과 대등한 권리뿐 아니라 그에 상응하는 책임을 갖는 자세이다.

마리 퀴리가 노벨상을 두 번씩이나 수상할 수 있었던 것은 본인의 뛰어난 능력과 강한 집념뿐 아니라 연구와 육아에서 시아버지와 남편 피에르 퀴리의 전폭적인 지원이 있었기에 가능했다. 무엇보다 가족이나 배우자의 적극적인 협력과 따듯한 사랑이 여성에게는 가장 든든한 지원군이 될 것 같다.

| 역대 노벨상 수상 여성 과학자 |

노벨 물리학상

- 1903년 마리 퀴리(Marie Skłodowska Curie, 프랑스): '방사선 현상의 발견', 남편 피에르 퀴리와 공동 수상.
- 1963년 마리아 괴퍼트 메이어(Maria Goeppert Mayer, 미국): '핵 껍질 구조에 관한 발견', 요하네스 한스 다니엘 옌젠(J. Hans D. Jensen), 유진 위그너(Eugene Wigner)와 공동 수상.

노벨 화학상

- 1911년 마리 퀴리(프랑스): '라디움과 폴로늄의 발견', 단독 수상.
- 1935년 이렌 졸리오 퀴리(Irène Joliot Curie, 프랑스): '새로운 방사성 원소의 발견', 남편 프레데릭 졸리오 퀴리(Frédéric Joliot Curie)와 공동 수상.
- 1964년 도로시 호지킨(Dorothy Crowfoot Hodgikin, 영국): 'X선 기법을 사용하여 중요한 생화학 물질의 구조를 결정', 단독 수상.
- 2009년 이다 요나스(Ada E. Yonath, 이스라엘): '리보좀의 구조와 기능에 대한 연구', 라마크리시난(Venkatraman Ramakrishnan), 스타이츠(Thomas A. Steitz)와 공동 수상.

노벨 생리의학상

- 1947년 거티 코리(Gerty Theresa Cori, 미국): '글리코겐의 촉매 전환 과정에 대한 연구', 칼 코리(Carl Ferdinand Cori), 베르나르도 우사이(Bernardo Houssay)와 공동수상.

- 1977년 로절린 얠로(Rosalyn Sussman Yalow, 미국): '펩티드 호르몬의 방사성 면역 측정법(Radioimmunoassay) 개발', 로제 기유맹(Roger Guillemin), 앤드루 섈리(Andrew Schally)와 공동 수상.
- 1983년 바버라 매클린톡(Barbara McClintock, 미국): '전이성 유전인자(Transposable element)의 발견', 단독 수상.
- 1986년 레비몬탈치니(Rita Levi-Montalcini, 미국): '세포 성장을 촉진하는 성장 인자의 발견', 스탠리 코헨(Stanley Cohen)과 공동 수상.
- 1988년 거트루드 엘리언(Gertrude B. Elion, 미국): '약물 치료의 중요한 원리 발견', 제임스 블랙(James W. Black), 조지 히칭스(George H. Hitchings)와 공동 수상.
- 1995년 뉘슬라인 폴하르트(Christiane Nüsslein-Volhard, 독일): '초기 배아 분화를 조절하는 유전자 무리인 호메오박스(Homeobox) 발견', 에드워드 루이스(Edward B. Lewis), 에릭 비샤우스(Eric F. Wieschaus)와 공동 수상.
- 2004년 린다 벅(Linda B. Buck, 미국): '냄새 수용체와 후각 시스템의 구조에 대한 발견', 리처드 액설(Richard Axel)과 공동 수상.
- 2008년 프랑수아 바레시누시(Françoise Barré-Sinoussi, 프랑스): '후천성 면역 결핍 증후군(AIDS)을 유발하는 인간 면역 결핍 바이러스(HIV)의 발견', 하랄트 추어 하우젠(Harald zur Hausen), 뤽 몽타니에(Luc Montagnier)와 공동 수상.
- 2009년 엘리자베스 블랙번(Elizabeth Blackburn, 미국): '염색체가 말단소립(텔로미어, Telomere) 및 말단소립 복제효소(Telomerase)에 의해 보호되는 원리 발견', 캐럴 그라이더(Carol W. Greider), 잭 쇼

스택(Jack W. Szostak)과 공동 수상.

- 2014년 마이브리트 모세르(May-Britt Moser, 노르웨이): '뇌의 내비게이션 시스템을 구성하는 격자세포를 발견', 남편 에드바르 모세르(Edvard Moser), 존 오키프(John O'Keefe)와 공동 수상.
- 2015년 투유유(屠呦呦, Tu Youyou): 중국의 약리학자로 개똥쑥에서 아르테미시닌(artemisinin)을 추출 후 정제하여 말라리아 치료제를 개발한 공로로 수상.

28. 화장품에 관한 모든 것

– 화장품의 역사와 향장화학

아름다워지고 싶다는 욕망은 인간의 특권인지도 모른다. 기원전 1만 년 경의 유물에서도 화장품이 발견되는 것을 보면 오늘날 남성들까지 그루밍족이 되어 화장품 열풍의 대열에 끼었다고 해서 그다지 놀랄 일은 아닌 듯하다. 얼마 전 TV에 출연한 한 젊은 남성이 피부와 몸 관리에 한 달에 200만원을 쓴다는 말에 충격을 받았다. 그 젊은 남성이 사용하는 스킨케어 제품의 종류가 많기도 했지만, 보통 젊은 여성들도 20~30가지를 쓴다고 하니 놀랍기만 하다. 스킨케어와 색조 화장품의 전 세계 시장 연간 매출이 1700억 달러가 넘는다(2007년 통계)는 것도 당연하다 싶다. 또한 하루

화장품 시장은 날로 폭발적으로 팽창하고 있다.

가 멀다 하고 신제품이 빠르게 추가되고 있으니 아마도 화장품 시장은 지수함수적으로 팽창해 나갈 것 같다.

최근에 화장품·향수 협회(Cosmetics Toiletries and Fragrance Association: CFTA)에서 간행한 목록에는 1만 가지 이상의 원료들이 적혀 있는데, 수세기 동안 사용되어 온 원료의 목록에다 매년 새로운 성분들이 수백 가지씩 추가된다. 오늘날에도 사용되고 있는 몇몇 재료들은 알타미라 동굴 동물 그림에도 사용되었던 원료로, 그 역사는 기원전 1만 년경까지 거슬러 올라간다.

그런데 우리나라 여성들은 다른 나라 여성들에 비해 화장을 짙게 하는 경향이 있다. 동양 여성의 피부는 서양 여성들보다 곱고 아름다워서 나이보다 훨씬 젊게 보이는데, 눈부시게 아름답고 싱싱한 피부에 왜 그렇게 두껍게 화학약품을 칠하는지 솔직히 이해가 잘 안 된다. 수많은 화장품들의 원료는 천연원료도 있지만 대부분은 화학약품이다. 우리가 아침저녁으로 피부에 무엇을 바르고 있는지 알아야 할 것 같아서 화장품의 역사와 향장화학, 그리고 건강에 해로운 화장품 원료들은 어떤 것들이 있는지 살펴본다.

| 화장품의 역사 |

인류 역사가 시작된 이후 어느 사회에서나 인간은 줄곧 얼굴에 페인팅을 해왔다. 구약 성경에도 화장에 관한 언급이 있는데 에스겔 23장 40절에 창녀들이 "눈썹을 그리며 스스로 단장한다"라는 표현이 나온다. 기원전 1만 년경 이집트의 장례식에서 아이섀도가 사용되었고, 남

고대 이집트에서 스킨케어가 시작되었다.
오른쪽은 영화 〈클레오파트라〉의 엘리자베스 테일러

자와 여자들은 몸을 깨끗이 하고 냄새를 없애기 위해 향유와 연고를 사용했다. 그들은 헤나(henna)로 입술과 뺨을 칠하고 손톱을 물들이고, 검은색 분말인 콜(kohl)로는 작은 막대기를 사용해 아이라인과 눈썹을 그렸다. 눈꺼풀 위와 아래로 아몬드 모양의 눈매를 만들기 위해 얼굴 옆까지 길게 아이라인을 그렸는데, 콜 아이라이너가 햇빛으로 인한 눈부심을 감소시키고 시력을 좋게 하며 눈의 감염을 줄인다고 믿었다.

화장품은 이집트인들의 건강과 위생에 꼭 필요한 필수품이었다. 오일과 크림은 이집트의 강한 햇살과 건조한 바람으로부터 피부를 보호하기 위해 사용했다. 몰약, 백리향, 마조람, 카모마일, 라벤더, 백합, 페퍼민트, 로즈메리, 삼나무, 장미, 알로에, 올리브유, 참기름, 아몬드유 등이 종교적인 의식이나 시체를 방부 처리할 때 사용되는 향수의 기본 구성 성분들이다. 이집트 사람들에게 향수 제조 기능이란 인간 존재의 신체적, 정서적, 정신적 측면을 완벽하게 함으로써 육체보다 영혼의 완성에 도달한다는 의미였다. 그래서 미라를 만드는 과학 분야가 향수 제조의 직접적인 수혜자였다.

그렇다면 화장품을 만들어 쓰기 시작한 것은 언제부터였을까? 화장품 스킨케어 배합표는 기원전 3000년경 고대 이집트에서 시작되었는데, 대부분의 혼합물은 천연재료였다. 클레오파트라는 부드럽고 탄력 있는 피부를 위해 당나귀 젖으로 목욕을 했다고 한다. 고대 이집트인들이 사용한 천연재료 중 하나가 산화철인데, 철이 산화되거나 녹슬 때 붉은색의 적철광 덩어리가 만들어진다. 의식(儀式)에서 입술을 칠하거나 볼연지를 바를 때 사용된 붉은색 산화철이 무덤에서도 발견되고, 알타미라 동굴의 동물 그림에도 사용되었다. 산화철은 현대에도 많은 색조화장품 배합에 사용되고 있다. 좀 더 정교한 기술이 필요한 크림이나 로션 제조는 많은 시행착오를 거쳐 조금씩 조정되어 오랜 세월에 걸쳐 후대에 전해졌다. 여성들은 파티에 갈 때도 메이크업 상자를 들고 가서 의자 밑에 두고는 수시로 화장을 고쳤다. 남성들도 메이크업을 했지만 화장품 상자를 갖고 다니지는 않았다.

화장품은 고대 페르시아(오늘날 중동이라고 부르는 지역)에서도 사용하였다. 아랍부족이 이슬람으로 개종하고 그 지역을 정복한 이후, 충동적 욕망을 불러일으킬 정도로 얼굴을 변화시키는 화장은 허용되지 않았다. 이슬람에서는 화장품 사용을 법으로 금지하지는 않았지만 짙은 화장은 금했고 인체에 해롭지 않은 재료로 만들어야 한다는 조건이 붙었다. 아랍의 유명한 의사 알자라위(Abu al-Qssim al-Zahrawi, 또는 서양에서는 Abulcasis)는 10세기경 24권짜리 의학백과사전 〈의술 전서(Al-Tasrif)〉를 저술했는데, 그 중 19권째 책이 화장품에 관한 것이었다. 이 의학백과사전이 라틴어로 번역되어 서양에 전해졌으며, 그는 화장품을 의술의 한 분야로 생각하여 '아름다움의 의술'이라고 불렀다. 제19권에는 향수, 아로마, 향, 립스틱, 냄새 제거제(deodorant) 등의 내용이 실려 있다.

고대 그리스에서는 값비싼 오일, 향수, 가루분, 로션, 광택제(gloss), 미용 연고, 염색약 등이 널리 사용되었으며, 이러한 미용품의 수출과 판매가 지중해 지역들과의 무역에서 상당한 양을 차지했다. 그리스가 이집트에 쳐들어갔을 때, 이집트인들이 오일을 신비스럽게 여기는 것을 알고 있었지만, 그리스인들은 이집트 사람들의 영적인 차원보다는 주로 의학적 지식에만 관심이 있었다. 이집트 사제들은 향수를 개발하면서 쌓아온 3000년의 노하우를 이집트 오일의 영적인 비밀로 여겨 알려주려 하지 않았다. 알렉산드로스(알렉산더 대왕)의 압력에 못 이겨 그들은 서투른 손에 비밀이 흘러 들어가는 것을 막기 위하여 반쯤만 사실을 알려주는 등 허위정보를 주었다. 그렇게 해서 그리스인들에게는 단편적인 정보만 건네졌으며, 로마인들은 한걸음 더 후퇴하여 이집트 오일의 본래의 의미를 점차 잃어버리게 되었다.

기원전 300년경에는 페르시아 상인들이 예멘에서 몰약과 유향(乳香)을 지중해로 들여왔다. 이라크 남자와 여자들은 이집트인들처럼 검은색 '콜'을 사용해 얼굴을 치장했다. 그리스가 로마에게 패한 후, 이집트 오일과 향료의 성스러운 목적은 사라지고, 로마에서는 단지 유혹적인 장신구처럼 사용되다가 훗날 의료적인 용도를 발견하게 된다. 로마 전역에 전염병이 창궐했을 때 악마와 나쁜 악령들을 쫓는 데 향이 좋은 수지와 나뭇진을 사용했다. 향수(perfume)라는 말은 라틴어로 '~을 통하여'라는 의미의 'per'와 '연기를 내뿜다'라는 의미의 'fume' 두 단어를 조합하여 로마인들이 만든 것이다. 기원후 1세기에 로마는 대략 2800톤의 유향과 550톤의 몰약을 수입했다고 하며, 54년 네로 황제는 한 파티에서만 10만 달러 상당의 향을 사용했다고 한다.

| 동양의 화장법 |

한편 중국에서는 기원전 3000년경부터 아라비아고무(gum arabic),

젤라틴, 밀랍, 달걀 등으로 손톱을 물들여 왔는데, 손톱에 사용된 색깔로 사회적 계급을 나타냈다. 주(周)나라 시대에 왕족들은 금과 은 색깔을 사용했으며, 그 아래 왕족들은 빨간색과 검정색을 칠했다. 낮은 계층들은 손톱에 밝은 색깔을 칠하는 것이 금지되었다. 중국에서는 꽃이 중요한 장식적 역할을 하여 특히 당나라와 송나라 시대에는 매화꽃 장식이 유행했다고 하며, 도교에서는 식물의 향을 추출하는 것은 영혼의 자유를 나타낸다고 믿었다고 한다.

게이샤는 얼굴과 목덜미까지 하얗게 화장을 한다.

중국의 상류층은 7세기 당나라부터 17세기 명나라 시대까지 몸단장, 목욕, 옷, 집, 사찰 등에서 풍요롭게 향을 사용했고 불상을 향나무로 조각하기도 했다. 16세기 중국 명나라의 이시진(李時珍)이 지은 방대한 약초학 연구서인 〈본초강목(本草綱目)〉에는 거의 2천 종류의 약초와 20가지의 중요한 오일에 대해 쓰여 있다.

일본에서 게이샤는 홍화 꽃잎을 으깨어 입술, 눈꼬리, 눈썹에 발랐으며, 콩에서 찧어서 추출한 왁스를 메이크업 베이스로 사용했다. 뽀얀 화장을 위해 쌀 분말을 얼굴과 목덜미, 등까지 칠했고, 연지로 코와 눈의 윤곽을 그렸다. 일본에는 다소 뒤늦은 500년경에야 향이 전해졌지만 남의 문물을 신속히 받아들여 자기 것으로 만드는 일본인의 특성에 걸맞게 향을 예술의 경지까지 올려놓았다.

중세 유럽에서 교회 지도자들은 화장을 부도덕한 행위라고 죄악시했으나 그래도 많은 여성들은 유행을 따랐다. 하층 계급은 햇볕 아래서 농사일을 하느라 전형적인 유럽인의 하얀 피부가 까맣게 그을리게 되고,

상류층 귀족 계급들은 대부분의 시간을 실내에서 보내어 피부가 창백할 정도로 하얬다. 그래서 하류층 남자와 여자들은 자신의 얼굴을 귀족처럼 창백하게 보이려고 하얀 파우더를 사용했다.

다양한 종류의 화장품 중에는 비소가 함유된 백색의 납 안료도 들어 있어 많은 여성들이 납중독으로 죽었다. 영국의 엘리자베스 1세 여왕도 백색 납 안료의 애용자로 알려져 있다.

요즘은 오히려 미국이나 유럽에서는 햇볕에 그을린 얼굴이 건강미와 부의 상징으로 여겨져, 근사한 여행지로 휴가를 떠나지 못하는 사람들은 자기 집 정원이나 공원, 심지어는 학교 잔디밭에 누워 선탠하는 것을 자주 보게 된다. 유행은 돌고 도는 모양이다. 그러나 우리나라 여성들은 아직도 하얀 피부를 선호해서 둘레길이나 뒷산을 산책하다 보면 거의 외계인 수준의 복면을 쓰고 눈만 내놓고 걷는 사람들을 자주 보게 된다. 혹시 공기오염 때문인가 싶어 물어보니 얼굴이 타는 것을 막는 자외선 방지책이라고 한다. 그런데 햇볕을 쬐는 것이 비타민 D 생성을 촉진하고 뼈를 튼튼하게 하는 칼슘 흡수를 도운다고 하니, 특히 여성들은 햇볕과 친해졌으면 한다.

| 화장품 속의 화학약품들 |

생각해 보라. 아무도 화학실험용품 세트를 무릎에 불쑥 꺼내놓고, 유리병 뚜껑을 열어 자신의 얼굴에 화학약품을 철썩철썩 두들기는 사람은 없을 것이다. 그러나 많은 여성들이 매일 자신들의 화장품 파우치를 열고 립스틱, 마스카라 그리고 온갖 화장품들을 여러 장소에서(심지어는 전철 안에서도) 얼굴에 바른다. 마치 실험용 세트의 화합물처럼 색조 화장품은 온갖 화학약품으로 이루어져 있다. 화장품 속의 화학성분들이 피부, 입술, 속눈썹의 모양을 예쁘게 하는 데 기여하고 있지만, 어떤 것들은 부작용을 일으킬 수 있다. 향장화학에 대해 기초적인 것만 알아도 피부건강에 필요한 지식의 절반은 해결될 정도로 그다지 어려운 일은 아니다.

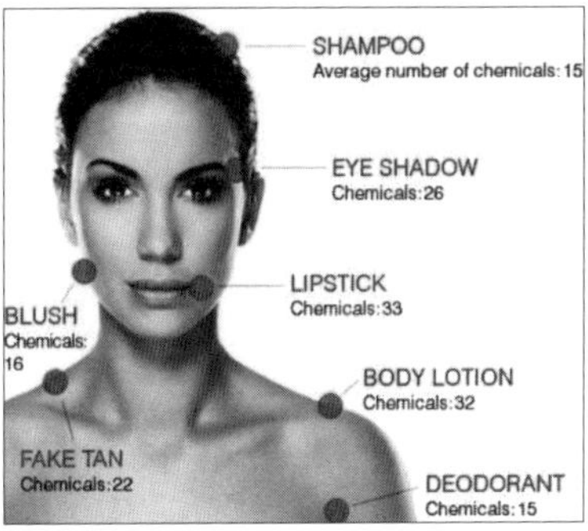

화장품에 들어 있는 화학성분의 가짓수

우리는 화장품 용기에 쓰인 기능성 정보, 즉 미백용, 주름개선, 보습효과 같은 내용은 읽지만, 이 화장품 속에 무엇이 들어 있는지에 대해선 그다지 신경을 쓰지 않는다. 화장품의 성분을 읽을 수 있는 똑똑한 소비자는 화장품으로 인한 피부 발진, 눈의 감염, 여드름, 그리고 다른 건강 문제를 감소시킬 수 있다. 또한 덜 비싼 화장품을 고르는 안목을 길러, 똑같은 화학성분을 사용하는 명품 화장품 제조사의 공격적인 마케팅에 돈을 빼앗길 가능성도 훨씬 낮아진다.

화장품 화학에서 최우선적으로 고려하는 것은 화장품 구성 성분들이 제품에 원하는 색깔과 일관된 농도를 유지하도록 하는 것이다. 많은 화장품에 공통적으로 들어가는 몇 가지 기본 구성 성분들은 착색제, 베이스, 점도 증가제, 자외선 차단제, 그리고 향이나 방부제 같은 첨가제로 이루어져 있다. 화장품의 구성 성분을 간단히 정리해 본다.

색조 약품(Coloring Agents)

화장이라고 하면 보통 색조화장을 떠올린다. 오늘날 화장품 진열대에 올려놓을 컬러풀한 색조화장품을 만들기 위해, 화학자들은 광부의 수레 속 다양한 광물들에서 염료와 안료들을 만들어낸다. 콜타르, 산화크로뮴, 이산화 티타늄, 알루미늄 분말, 망간, 산화철, 운모박편 같은 것들이 여성들의 얼굴에 색조를 내기 위해 사용되는 광물 성분들이다. 또 다른 안료나 염료로는 비트(beet) 분말처럼 식물에서 오는 것도 있고, 선인장 곤충인 연지벌레(cochineal insect)를 건조하여 분말로 만든 선홍빛 색소, 동물에서 유래한 카민(carmine) 같은 것도 있다. 메이크업에서 가장 많이 사용되는 공통적인 착색제는 콜타르인데 미국식품의약국(FDA)에서는 각 제품 배치(batch, 한 번에 생산되는 양)마다 안전성 시험을 요구하고 있다. 왜냐하면 이 화합물들을 쥐의 피부에 주사하는 실험에서 암을 일으키는 경우가 발생했기 때문이다.

화장품 성분 용어를 살펴보면 어느 정도 안전성 여부를 알 수 있다. FD&C(Food, Drugs & Cosmetics)는 색(color)이 신체 내부나 외부용으로 사용하기에 안전하다는 것을 뜻하며, D&C 또는 Ext. D&C는 화합물이 외용(外用)으로 사용할 때만 안전하다는 의미이다. 따라서 D&C 또는 Ext. D&C라고 쓰여져 있는 착색제는 눈이나 입 주변에 발라서는 안 된다. 잘못해서 체내로 흡수될 가능성이 있기 때문이다. 입술이나 눈꺼풀에 립스틱이나 아이섀도를 바르기 전 얼굴에 파운데이션을 바를 때 화장품 레이블에 적혀 있는 정보를 주의 깊게 읽어 보는 것이 좋다. 콜타르 염료는 가끔 알러지나 발진 같은 반응을 일으키기 때문이다.

베이스(Base)

유혹적인 색깔을 개발하는 것도 메이크업 화학자들에게 도전이지만, 이러한 색깔들이 눈물이나 땀을 견디고 여성의 얼굴에 몇 시간 동안 남아 있게 만드는 것 또한 큰 도전이다. 거의 모든 화장품(블러시부터 아이라이너까지)에는 일종의 기름이나 왁스 같은 혼합물이 필요하다. 화장품 제조업자들이 '베이스'라고 부르는 이러한 혼합물은 고형(固形) 상태나 튜브 속에서 색깔이 잘 유지되도록 하고, 색조가 얼굴에 잘 달라붙도록 도와준다.

•립스틱이나 마스카라의 베이스: 립스틱 무게의 절반은 음식을 먹을 때나 음료를 마실 때 녹지 않도록 하는 왁스나 피마자기름의 혼합물이다. 립스틱의 또 다른 중요 성분은 에스터(ester)라고 불리는 미끈거리는 화합물로, 왁스-오일의 비교적 건조한 혼합물이 입술에 매끄럽게 잘 발라질 수 있도록 립스틱에 첨가된다. 한편 마스카라의 경우 파라핀이나 카나바팜왁스 같은 비교적 점성이 큰 베이스를 사용하는데, 속눈썹을 까맣게 하는 염료가 물이나 눈물로 인해 눈에 달라붙지 않으면서도 속눈썹이 풍성하고 각각 떨어져 있도록 한다.

•파운데이션 베이스: 얼굴 파운데이션에 쓰이는 베이스의 대부분은 물과 미네랄 오일로 이루어져 있다. 물과 오일처럼 서로 섞이지 않는 두 가지 액체 중에서 하나가 다른 것에 작은 입자로 분산된 상태를 에멀전(emulsion)이라고 하는데, 이 둘을 섞이게 하려면 스테아르산나트륨(sodium stearate)과 같은 계면활성제(유화제라고도 함)를 넣어 생크림과 같은 상태의 혼합물로 만들어 준다. 베이스들이 알러지 반응을 일으키는 경우는 비교적 드물지만, 라놀린(양모에서 추출한 오일)이나 밀랍(bee's wax)이 가장 알러지를 일으킬 가능성이 크다.

증량제

증량제(增量劑, bulking agent)는 파우더나 아이섀도처럼 고르게 발라져야 하는 제품에서 중요한 역할을 한다. 공통적으로 가장 많이 쓰이는 증량제는 광물의 규산마그네슘으로 만든 활석(talc)이나 활석 분필이다. 활석은 땀을 흡수하고 화장품이 잘 발라지도록 매끄러운 감촉을 갖고 있기 때문에 오랫동안 메이크업 제품에 사용되어 왔다. 파우더나 아이 섀도와 볼연지처럼 활석이 들어 있는 화장품을 바를 때는 숨을 깊이 들이마시지 않도록 주의해야 한다. 활석을 반복적으로 들이마시면, 폐에 문제를 일으킬 수 있다. 아기 기저귀를 갈아줄 때 피부를 뽀송뽀송하게 하기 위해 파우더를 바를 때는 특히 더 주의해야 한다.

자외선 차단제

자외선 차단제(sunscreen)는 자외선 복사선으로부터 피부를 보호하는 화합물을 말한다. 특히 자외선 파장대가 290~400나노미터(nm)인 빛이 피부를 손상시킨다. 자외선 차단제가 피부를 손상시키는 영역의 파장을 흡수하거나 반사시키는 능력을 SPF(Sun Protection Factor)라고 하는데, 가령 SPF 15라고 하면, 피부가 햇빛에 노출되었을 때에 비해 15배 길게 보호된다는 의미이다. 자외선 차단제는 차단제가 흡수하는 파장에 따라 UVA 또는 UVB로 분류된다. 피부에 해로운 자외선 B(UVB)를 차단하는 화합물은 파라아미노벤조산(PABA)과 벤조페논(benzophenon)이 있는데, PABA나 벤조페논은 알러지 반응의 흔한 원인이 된다.

첨가제(Additives): 인공향기와 방부제

• 인공향: 향기는 화장품의 화룡점정(!)이라고 할 수 있다. 하지만 알러지나 피부 트러블의 많은 원인이 되고 있다. 기분 좋은 향을 화장품에

넣거나, 왁스나 오일, 그리고 화장품 성분들 중의 다른 불쾌한 냄새를 감추기 위해 향기를 첨가한다. 그러나 달콤한 냄새는 대가를 치러야 하는 법. 알러지 반응의 3분의 1 이상이 향기 첨가제에 의해 유발되므로 구매 욕구를 자극하는 인공향은 주의를 요한다.

•방부제: 항균과 산화방지를 위한 첨가제로 화장품에서 두 번째로 중요한 첨가제이다. 수많은 박테리아나 기타 미생물들은 촉촉하고 따뜻한 환경에서 급속도로 번식한다. 만일 방부제가 없다면 마스카라, 파운데이션, 기타 메이크업 제품은 해로운 미생물의 이상적인(!) 배양지가 될 것이다. 그래서 제조업자들은 미생물을 죽이거나 번식을 억제한다고 알려진 다양한 화학물질을 첨가하는데 메이크업 제품에서 가장 흔한 첨가제로 알려진 방부제는 파라벤(Paraben)이다. 파라벤 패밀리(부틸파라벤, 메틸파라벤, 에틸파라벤)는 비교적 알러지를 드물게 일으키나, 쿼터늄-15(quarternium-15), 포름알데하이드, 소르브산(sorbic acid)이라 불리는 첨가제는 많은 알러지 반응의 원인이 된다. 제품 성분 레이블에 BHA(butylated hydroxyamisole)와 BHT(butylated hydroxytoluene)로 적힌 항산화제라고 불리는 또 다른 화학방부제들은 색조화장품의 색깔이나 질감을 망치는 '산화' 과정, 즉 성분 요소가 산소와 결합하는 것을 방지하는 화학약품을 말한다.

| 화장품 소비자들은 마케팅의 '봉'인가? |

누군가가 말하기를 여성들은 아름다움에 관한 '봉'이 되도록 프로그래밍되어 있다고 한다.

가령 얼마 전 텔레비전 뉴스에서 자외선 차단제 중 저렴한 제품과 20배나 비싼 제품의 기능이 똑같다고 보도된 적이 있다. 미국 식품의약국(FDA)이나 향수·화장품 협회 전문가들은 어떤 화장품을 선택할지는 소비자가 무엇을 원하는지에 달려 있다고 말한다. 만일 소비자가 세련되고 멋진 럭셔리해 보이는 포장 용기와 브랜드, 화려한 색상을 원한다면 백화점에서 비싼 제품을 사는 것이 좋은 선택일 것이고, 만일 가격과 기능을 중요시하는 실속파라면 화장품 성분이 동일한 비교적 저렴한 화장품을 사는 것이 좋은 선택이라고 말한다. 기능성 제품, 천연제품 같은 멋진 마케팅 용어에 너무 현혹되지 말아야 한다고 조언한다.

결론적으로 화학약품을 피하는 제일 좋은 방법은 화장품을 적게 쓰는 것이다. 하나씩 줄일 때마다 화학약품의 수와 양에 노출되는 것도 줄어들기 때문에 화장품의 가짓수와 양을 적게 쓰는 것이 가장 좋은 길이다.

한 가지 덧붙인다면, 미국 FDA도 화장품 업계의 강력한 로비에 의해서 화장품에 들어가는 성분을 규제하지 못한다고 하며, 제품으로 인해 건강상에 문제가 생길 때도 자발적인 리콜에만 의존한다고 한다.

다음 표에서 화장품 구성 성분 중 가장 주의해야 할 화학약품 목록을 정리했다.

화장품 성분표에서 가장 주의해야 할 화학약품 목록	
화학약품	용도
부틸레이티드하이드록시톨루엔 (Butylated Hydroxytoluene: BHT)	색깔이 바래거나 너무 빨리 변하는 것 방지
콜타르(Coal Tar)	죽은 피부 세포를 용해, 샴푸나 염색약의 가려움증 제어
코카마이드/라우라마이드 DEA(Cocamide/Lauramide DEA)	샴푸나 목욕용품의 거품 생성
디아졸리디닐 요소 (Diazolidinyl Urea)	살균제 작용을 도와줌
포름알데히드(Formaldehyde)	데오드란트, 네일 폴리쉬, 비누, 샴푸, 쉐이빙 크림의 살균제 및 방부제
에틸 아세테이트(Ethyl Acetate)	네일 폴리시, 치아 미백제, 향수, 마스카라 속의 액체
파라벤(Parabens)	화장품에 박테리아가 자라지 않도록 하는 방부제
페트롤라툼(Petrolatum, 바셀린)	립스틱에 광택을 주고 크림을 매끈하게 잘 섞이게 함
트리에탄올아민(Triethanolamine)	로션이나 비누, 샴푸 등이 응고하는 것을 방지
톨루엔(Toluene)	손톱 광택제와 머리염색제의 액체 부분으로 광택을 냄
탤크(Talc)	습기 흡수, 아이섀도, 데오드란트, 연지 속에 포함
소듐라우레스설페이트 (Sodium Laureth Sulfate)	화장품이 피부에 붙어 있도록 도움
프로필렌글리콜(Propylene glycol)	너무 덥거나 너무 추울 때 제품이 녹는 것을 방지
프탈레이트(Phthalate)	손톱 폴리시, 향수, 헤어스프레이 등에서 용해된 색과 향을 유지

29. 쿨(cool)한 것이 좋아

– 세상을 바꾼 냉동기술의 아버지, 카를 폰 린데

Carl von Linde(1842~1934)

냉장고가 귀한 시절이던 1960년 4.19 혁명 당시 이기붕 부통령 저택에서 고가의 냉장고 안에 제철도 아닌 수박이 들어 있었다 하여 전 국민을 분노케 한 적이 있다.

그로부터 반세기가 지난 오늘날, 언제부턴가 '철없는' 과일뿐만 아니라 다양한 국적의 식품들이 자연스럽게 우리 식탁에 올라오고 있다. 이제는 마트나 음식점, 또는 각종 가공식품 포장지에 붙어 있는 식재료 원산지 표기를 보면서 지구 곳곳에서 한국까지 온 식재료들의 장거리 여행에 놀라거나 경탄하는 사람은 아무도 없다.

뜨거운 여름날 벌컥벌컥 들이키는 한 캔의 차가운 맥주나 콜라, 뼛속까지 시원해지는 빙수나 아이스크림이 없는 세상을 상상해 보라. 냉동기술은 이러한 일상의 소소한 즐거움을 우리에게 선물했을 뿐 아니라, 소금에 절이거나 훈제하지 않고도 식재료를 냉장고에 보관해 신선하게 먹을 수 있게 해주어 건강한 식생활과 식중독 위험의 감소, 특히 여성들을 가사노동에서 해방시켜 주었다.

또한 냉동기술은 식품가공·유통·저장뿐만 아니라 의약품·광학제품·액체 화학제품·화장품·건강관련 제품 등 특정 제품의 품질 유지와, 반도체·전자기기·정유공장·화학공장·석유화학공장·제강공장 등의 생산공정 및 의료계에서도 필수불가결한 기술이 되었다.

세상을 바꾼 냉동기술의 역사적 배경과 냉동기술의 아버지, 독일의 엔지니어 카를 폰 린데의 업적 및 생애를 살펴본다.

| 자연 냉동(natural refrigeration)의 역사 |

냉장고가 발명된 19세기 이전에도 선사시대부터 인류는 식품을 보관하기 위해 겨울에 얼음을 채취하고 저장하여 일년 내내 사용할 수 있도록 '얼음집'이나 '얼음굴' 같은 얼음저장고를 만들었다.

설형문자판에 남아 있는 기록에 의하면, 기원전 1780년 마리(Mari, 현재의 시리아 텔 하리리)의 짐리림(Zimri-Lim) 왕이 메소포타미아 북쪽 테르카(Terqa)라는 도시에 얼음집을 건축했다고 기록되어 있다.

중국에서도 기원전 7세기로 추정되는 얼음저장고 유적이 발굴되었고, 이미 기원전 10세기경 얼음저장고를 사용한 기록이 〈시경(詩經)〉에 남아 있다.

한편 고대 페르시아에서는 기원전 4세기경 식품보관과 저장을 위해 야크찰(yakhchal)이라는 얼음저장고를 건축했다. 야크찰은 지상으로 높이 18미터의 큰 진흙 벽돌 돔(dome) 구조로 건축되었고, 지하에는 얼음을 저장할 수 있는 공간이 5000m^{3}나 되었다. 또한 그 지하 공간은 일종의 환기시스템인 바드기르(badgir)나 지하수로인 카나트(qanat)에 연결되어 있어 뜨거운 여름에도 저장 공간 안의 온도는 영하를 유지해 그곳에 저장된 눈과 얼음으로 장기간 식품을 보존할 수 있었다.

고대 페르시아가 이미 기원전 4세기경에 이렇듯 정교한 얼음저장고를 만들었다는 사실에 경탄을 금할 수 없다. 페르시아가 인류에게 남겨준 문화, 종교, 과학기술의 유산은 좀 더 알고 싶은 마음이 생길 정도로 매혹적이다.

한편 우리나라에서는 신라 때부터 석빙고를 사용했다. 〈삼국사기(三國史記)〉 '신라본기'에는 서기 505년 지증왕 6년 겨울에 해당 관서에 명하여 얼음을 저장토록 했다고 하며, 얼음 창고를 관리하는 빙고전(氷庫典)이란 관청을 두었다고 기록하고 있다. 경상북도 경주시 인왕동 월성(月城) 북쪽에 축조한 경주 석빙고는 한때 신라시대의 빙고로 알려졌으나, 실제로는 조선 영조 14년(1738년)에 축조한 것으로 밝혀졌으며 보물 제66호로 지정되었다. 현재 우리나라에는 경주, 창녕, 청도 등에 6개의 석빙고가 남아 있고, 서울에는 동빙고동, 서빙고동이라는 동네 이름이 남아 있다.

| 얼음채취 사업 |

1800년 미국의 제3대 대통령으로 당선된 토머스 제퍼슨은 몬티첼로(Monticello) 저택에 얼음저장고(Ice House)를 유지하는 과정을 일기에 기록해 놓았다. 우리가 겨울에 김장하듯이 매해 겨울마다 그의 저택 근처에 있는 리밴너(Rivanna) 강에서 마차 60대 분량 이상의 얼음을 채취

해서 얼음저장고를 채웠다고 한다.

1830년 이전에는 소수의 미국인들을 제외하고는 얼음저장고나 아이스박스가 없었기 때문에 음식을 보관하는 데 얼음을 사용할 수가 없었다. 그러나 얼음저장고와 아이스 박스가 좀 더 널리 보급되자 개인들은 각자의 저장고에 채울 얼음을 구하기 위해 한겨울에 강가로 가서 도끼와 톱으로 얼음을 채취했는데 이러한 방법은 매우 어렵고 위험한 일이었다.

얼음채취 장면

그런데 미국인 사업가 프레더릭 튜더(Frederik Tudor)는 온갖 어려움에도 불구하고 뉴잉글랜드에서 얼음을 채취해 미국 남부나 부유한 유럽인들이 살고 있는 카리브해 섬으로 운송하면 돈을 벌 수 있겠다는 아이디어를 떠올렸다. 그는 얼음저장고를 짓고 열대기후 지역으로 얼음을 운송하는 사업을 시작해서 엄청난 돈을 벌어 나중에 '얼음 대왕' 또는 '미스터 냉장고'로 불렸다. 그러자 다른 상인들도 너도나도 얼음 사업에 뛰어들기 시작하면서 1830~1840년대에는 뉴잉글랜드에서 채취한 얼음이 영국, 인도, 남미, 중국, 그리고 호주까지 수출되는 등 얼음 무역이 크게 확장된다.

얼음 소비량은 뉴욕에서만 1843년 1만2000톤에서 1856년 10만 톤으로 증가했으며 얼음채취 사업 덕분에 대부분의 사람들이 우유제품, 생선, 고기, 과일과 야채를 저장하는 데 아이스박스와 얼음을 사용하게 되었다. 얼음 무역이 정점이던 19세기 말에는 얼음 사업에 9만 명이 고용되어 2800만 달러(2010년 기준으로 약 6억6000만 달러)를 벌어들였다고 한다. 얼음 사업은 미국의 육류, 야채, 과일산업에 대변혁을 가져왔는데, 어업분야가 급성장했고 새로이 다양한 음료들과 음식들의 도입을 촉진시켰다.

그러나 강이나 호수 등 자연에서 채취한 얼음들은 결코 위생적이지 않아서 건강 문제를 일으키기 시작했다. 1890년대에 이르면, 공장이나 가정에서 나오는 오폐수로 강이 오염되면서 자연에서 깨끗한 얼음을 찾는 일이 매우 어렵게 되었다. 가장 먼저 문제를 깨닫게 된 것은 양조업계이고, 다음에 육가공업과 유제품 산업이 심각하게 영향을 받았다. 이러한 산업들은 필사적으로 깨끗한 얼음을 인공적으로 제조하는 방법을 필요로 했다.

| 인공 냉동의 역사 |

인공 냉동의 역사는 스코틀랜드의 에든버러 의대 교수인 윌리엄 컬른(William Cullen)이 1755년에 소형 냉동기를 고안한 것에서 시작된다. 컬른은 물과 열적 접촉을 하고 있는 다이에틸에테르(diethyl ether)가 들어 있는 용기 위에 진공펌프를 달아 부분적인 진공을 만들었다. 그리고 다이에틸에테르가 증발하여 열을 흡수하면서 주위가 냉각되어 약간의 얼음을 만들 수 있었다. 하지만 실용화되지는 못했다. 냉각 과정이 지속되려면 증기가 액체 상태로 다시 응축되어서 재활용되어야 하는데, 증기를 응축하기 위해 압력을 증가시키면 주위에 열을 발생시키기 때문이다. 1834년 퍼킨스(Jacob Perkins)는 에테르(ether)를 사용해 최초의 증기 압축식 냉동 사이클(vapor compression cycle)을 이용한 냉동기를 만들었다.

1852년 제임스 줄(James Prescott Joule)과 톰슨(William Thomson)은 외부에 일을 시키는 일 없이 실재 기체를 비가역적으로 높은 압력에서 낮은 압력으로 단열팽창시켰을 때 온도가 변화하는 현상을 발견하는데 이를 '줄-톰슨 효과' 또는 '줄-톰슨 팽창'이라고 한다. 수소, 헬륨, 네온을 제외한 모든 기체는 실온에서 줄-톰슨 팽창을 하는 동안 냉각된다. 만일 단열팽창 할 때 어느 온도 이하에서는 냉각되고 그 이상에서는 온도가 증가한다면, 그 경계점에 있는 온도를 반전온도(inversion temperature)라고 한다. 따라서 반전온도는 기체의 액화에 매우 중요하며, 줄-톰슨 팽창은 냉장고, 에어컨, 열펌프, 기체의 액화장치 같은 기술적으로 매우 중요한 현대의 열 기계의 기본원리가 되고 있다.

실용적인 증기 압축식 냉동시스템을 개발한 선구자는 해리슨(James Harrison)으로 그는 저온에서 맥주를 발효시킬 수 있도록 냉동기를 제작해 달라는 맥주 양조업계의 의뢰를 받아 1856년 에테르와 알코올 또는 암모니아 기체를 사용하는 냉동기를 만들었다.

그러나 뭐니뭐니해도 냉동기술의 아버지는 독일의 엔지니어 카를 폰 린데이다. 그는 줄-톰슨 효과를 이용하여 기체를 대량으로 액화시킬 수 있는 현대 냉동기술의 기본이 되는 연속공정을 발명했다.

| 카를 폰 린데의 생애 |

린데(Carl Paul Gottfried Linde, 1842~1934)는 독일 바덴 지역 베른도르프에서 목사의 아들로 태어났다. 아버지는 아들이 자신의 뒤를 이어

목사가 되기를 바랐지만, 그는 아버지의 희망과는 완전히 다른 방향을 선택하여, 1861년 취리히에 있는 스위스연방 공과대학에 입학했다. 그를 가르친 교수들 중에 루돌프 클라우지우스(Rudolf Clausius), 구스타프 주너(Gustav Zeuner)와 프란츠 뢸로(Franz Reuleaux)가 있다. 1864년 린데는 학생 시위에 참여했다는 이유로 졸업 직전 학교에서 쫓겨나 졸업장을 받지 못했다.

1874년 아이스박스 광고

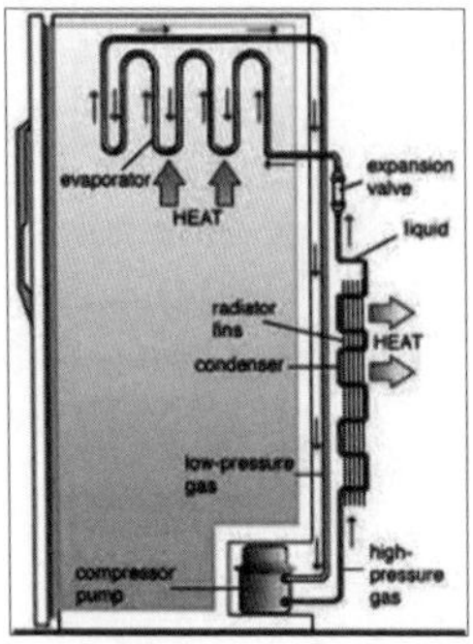

냉장고의 원리

그는 기관차 제작소의 기술부서 책임자로 근무하면서 1866년 헬렌 그림(Helene Grimm)과 결혼하여 56년간의 결혼 생활 동안 6명의 자녀를 두었다. 1868년 26살 때 뮌헨 공과대학 조교수로 임용되어 학생들을 가르치던 그에게 맥주 공장에서 일하고 있던 친구가 제대로 된 냉각시스템을 만들어 달라고 부탁한다. 이 일은 린데의 생애 중 가장 중요한 프로젝트가 되었을 뿐만 아니라 그로 하여금 과학사의 한 자리를 차지하도록 만들어주었다. 1873년 린데는 최초의 이동식 압축 냉각기인 메틸에테르 냉각기를 만들었고, 3년 후인 1876년에는 실용적인 암모니아 냉각기로 특허를 받았다.

그는 연구에 집중하기 위해 교수직을 그만두고 1879년 '린데 아이스 머신 컴퍼니'를 세워 1891년까지 독일과 미국에 1만2000대의 가정용 냉장고를 팔았다.

1892년 더블린에 있는 기네스 맥주 양조장에서 이산화탄소 액화공장 시설 주문이 들어오자 린데는 저온 냉장 분야의 연구에 몰입하게 되고 1894년에는 공기의 액화공정을 연구하기 시작한다. 1895년 린데는 처음으로 줄-톰슨 효과를 이용한 냉각 사이클을 발명하여, 공기의 대량 액화에 성공했다. 이러한 공로로 1897년 귀족 칭호를 받고 이름에 폰(von)을 사용하게 되었다.

앞의 그림은 냉장고의 원리를 나타내는 그림으로 그 원리를 간단히 설명하면 다음과 같다.

기체 냉매를 압축펌프를 사용하여 고온·고압의 기체로 압축
⬇
고온·고압의 냉매가 응축기에서 열을 방출하며 액체로 액화
⬇
저온·고압의 액체인 냉매가 팽창 밸브를 통과하여 압력이 낮아지면서 증발기로 들어가 주변으로부터 열을 빼앗으며 기체로 기화
⬇
낮은 압력의 기체 냉매는 다시 압축기로 들어감
⬇
순환과정을 반복

냉매로는 1920년대부터 주로 암모니아와 아황산가스(SO_2)가 사용되었는데, 이 가스들은 부식, 악취, 독성 등의 문제점을 가지고 있었다. 그래서 이를 대체하기 위해 1931년 듀폰 사는 GM과 함께 클로로플루오르카본(chlorofluorocarbon: CFC, 상품명 프레온) 냉매를 개발했다.

한국에서는 40년이나 뒤늦은 1971년 한국과학기술연구원(KIST)에서 처음으로 프레온 시범공장을 설계하고 1972년 월 생산 5톤 규모의 파일럿 플랜트를 준공했다. 당시 우리나라는 전기 사정이 좋지 않아 정전 사고가 일어날까봐 이동식 발전기를 설치해서 사용했다고 하며 프레온 시범공장 설계에서 준공까지 재미교포 2세인 박달조(朴達祚) 박사가 자문을 해주었다. 그는 1930년대에 듀폰에 재직하면서 CFC 개발에 크게 기여했고, 이후 미국 화학회 불소화학분과 회장을 역임한 불소화학 연구의 대가이다.

박달조 박사는 최초로 국내 기술로 개발된 프레온 냉매 45킬로그램을 내압 용기에 담아 청와대로 가져가 박정희 대통령 앞에서 시범을 보였는데, 에어컨에 냉매를 주입한 뒤 제대로 작동할지 가슴 졸이며 전원을 넣자 에어컨에서 시원한 바람이 나와 모두들 무척 감격했다고 한다. 오늘날의 시각으로는 이 슬프도록 감격적인 성공(!)이 코믹하기도 하지만, 이것이 불과 40여년 전 우리나라 과학기술의 실체이기도 하다. 그 후 반세기도 안 되는 짧은 기간 동안 우리나라 과학기술자들은 그야말로 무에서 유를 창출한 국가 발전의 주역이었다.

그러나 프레온이 오존층을 파괴한다는 사실이 밝혀진 후 1987년 몬트리얼협정에 의해 사용이 규제되고 수소염화불화탄소(HCFC)나 수소불화탄소(HFC) 같은 대체물이 개발되고 있다.

한편 린데는 1901년 증류탑을 고안하여 액화된 공기를 분별 증류하여 순수한 산소와 질소를 얻었다. 이 획기적인 결과는 저온공학의 발달에 기여하여 궁극적으로는 최후까지 기체로 남아 있던 수소와 헬륨의 액화에도 성공한 카메를링 오네스(Kamerlingh Onnes)가 1913년 노벨 물리학상을 받는 근간이 되었다. 또한 린데의 발명은 제강업에서 중요한 상업적 응용으로 액체공기 산업의 발달을 촉진했을 뿐만 아니라 현대의 저온공학, 고진공 물리에 중요한 기초를 제공했다.

린데는 '린데 그룹'으로 알려진 세계에서 가장 큰 공업용 가스 회사의 창업주이며, 수익성 있는 영업부문으로 공업용 가스의 공급망 관리시스템을 도입했다. 과학·기술·창업이라는 세 마리 토끼를 다 잡은 엄청난 행운아 린데는 1934년 92세로 천수를 누리고 세상을 떠났다.

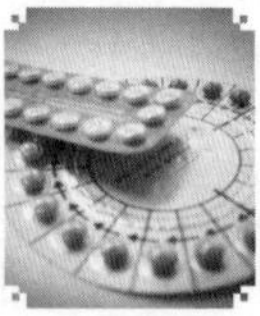

30. 여성해방의 전주곡, 피임약의 발명

– 피임약의 역사와 이브의 성(性)

Sanger, McCormick, Haberlandt, Pincus

1960년대 국내 대학에 다닐 때 텔레비전은 물론 영화에서도 키스신이나 비키니를 입은 여배우를 본 적이 없었는데, 미국 유학 가서 첫 수업 들으러 가는 복도에서 남녀 대학생의 열정적인 키스 장면을 보고 몹시 당황했던 경험이 있다. 다른 길로 돌아가야 하는지, 그냥 그 사이를 통과하여 지나가도 괜찮은지.

실험실에서 미국 남자 대학원생들이 〈플레이보이〉 잡지를 돌려보며 낄낄거리던 기억이 난다. 당시 대학원생 중에 유일한 여학생이었고 영어도 잘 못하니, 성적인 농담을 내게 던지는 것 같아도 어떻게 대처해야 하는지 몰라 무척 난감하기만 했었다.

그로부터 50년 가까이 지났고, 눈부신 문명의 이기(利器)의 발달로 요즈음의 청소년들은 일찍부터 성적 유혹에 쉽게 빠질 수 있는 환경에 놓여 있다. 2009년 대한 산부인과 학회지가 발표한 '한국 청소년들을 대상으로 한 성 행태 조사'에 따르면 청소년의 성관계 시작 연령은 중학교

2학년인 14.2세(남 14.0세, 여 14.5세)라고 한다. 더욱이 성경험자의 피임률은 38%에 불과하며 성경험 여학생의 14%는 임신 경험이 있고, 이 중 85%가 임신중절수술 경험이 있다는 내용은 정말 충격적이다.

아마도 실제 숫자는 이보다 훨씬 더 높을 테니, 우리는 이제 불편한 진실과 맞닥뜨려야 할 때가 된 것 같다. 무작정 우리의 자녀가 성에 대하여 순진무구하기만 바랄 것이 아니라, 실제적인 성교육(피임법과 임신, 생리와 호르몬의 변화, 성폭행이나 성추행과 그 대처법 등)을 학교에서 가르치고 보건복지부, 여성가족부에서는 여성단체와 함께 대대적인 성교육 캠페인을 벌일 필요성이 있다.

여권운동의 역사는 한마디로 투쟁의 역사였다. 미국의 평범한 여성들을 임신의 공포에서 해방시키고 전 세계 여성들의 인생을 바꾸어놓은 20세기의 가장 위대한 발명 중의 하나가 피임약이다. 그 피임약 개발이 어떻게 여성들의 삶에 기여했는지 살펴본다.

| 피임의 역사 |

피임에 관한 인류의 역사는 매우 오래 전으로 거슬러 올라간다. 우선 피임약이 발명되기 전까지의 피임법에 관한 연대표를 요약해 보면 다음과 같다.

기원전 3000년: 고대 이집트에서는 콘돔이 발명되어, 콘돔을 사용하는 남자의 그림이 남아 있다. 콘돔의 재료는 짐승의 가죽으로 만들어진 것으로 추측된다.

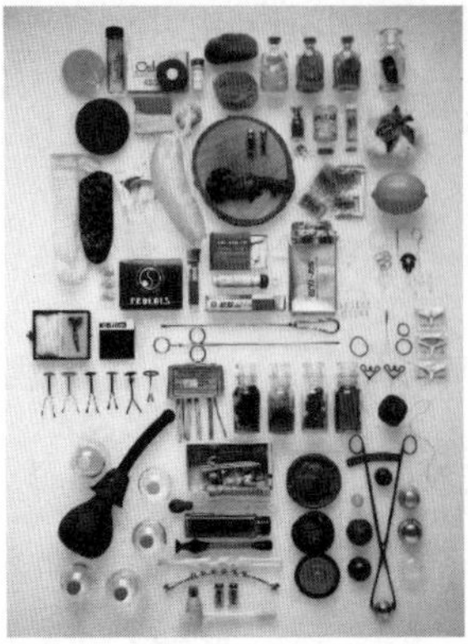

온갖 피임 도구들

기원전 1850년: 최초의 여성용 피임기구 페서리(pessary)가 만들어졌다. 정자를 죽이기 위해 만들어진 페서리는 악어 배설물, 꿀과 소다회로 만들어진 일종의 살정제를 여성의 자궁 안에 넣어 임신을 막으려 했다.

기원전 1600년: 그리스는 식민지인 북아프리카(지금의 리비아 지역)에서만 자생하는 최초의 경구 피임 약초 실피온(Silphion)을 발견했다. 이 약초의 값은 같은 무게의 은과 맞먹을 정도로 비쌌다. 약초를 재배하려는 온갖 노력을 기울였지만 재배에 실패했고 실피온은 기원후 100년경 멸종되어 버렸다.

기원후 1640년: 영국의 버밍햄 인근 더들리(Dudley) 성에서 가장 오래된 것으로 알려진 콘돔을 발견했는데, 물고기나 동물의 창자로 만들어진 것이었다.

기원후 1734년: 이탈리아의 지아코모 지롤라모 카사노바(Giacomo Girolamo Casanova)는 피임을 위해 콘돔을 사용하며 호색적인 여성 편력을 시작했는데, 양의 창자로 만들어진 콘돔을 선호했다고 한다.

기원후 1844년: 찰스 굿이어(Charles Goodyear)는 생고무의 가황(加黃)에 대한 특허를 냈고, 타이어뿐만이 아니라 고무 콘돔을 대량으로 생산했다. 영국의 극작가이며 수필가인 버나드 쇼(George Bernard Shaw)

는 "고무 콘돔이야말로 19세기의 가장 위대한 발명"이라고 했다.

기원후 1844~1873년: 미국의 피임 산업은 번창하여 콘돔뿐만 아니라 자궁 내 피임기구(IUD), 페서리, 질 세척 주사기, 질 스펀지 같은 피임기구들의 광범위한 사용과 판매가 이루어졌다.

기원후 1873년: 독실한 크리스천인 콤스톡(Anthony Comstock)은 피임기구 산업 때문에 미국인들이 음란해지고 있다고 생각하여 의회에 청원서를 제출해, 1873년 미국 의회는 콤스톡에 의해 발의된 콤스톡법(Comstock Law)을 통과시킨다. 이 법은 피임도구, 피임정보 및 음란정보의 우송을 금지하고, 모든 피임을 불법으로 만들었을 뿐 아니라 피임교육, 성병 및 낙태에 관한 어떠한 정보도 금지했다.

기원후 1880년: 무일푼의 뉴욕 이민자 슈미트(Julius Schmidt)는 정육점에서 소시지 껍질을 얻어다가 '람세스 앤 셰이크(Ramses & Sheik)'라는 상표의 콘돔을 만들어 백만장자가 되었다.

| 잊혀진 여성들: 마거릿 생어와 캐서린 매코믹 |

마거릿 생어

미국의 사회운동가 마거릿 생어(Margaret Sanger, 1883~1966)는 그녀의 나이 19세 때, 쉰 살의 어머니가 열한 번째 출산 후유증으로 세상을 떠나는 아픔을 겪었다. 그 후 뉴욕에서 간호사가 된 그녀는 수많은 여

마거릿 생어

성들이 출산 중에 혹은 여성 스스로 낙태를 감행하다가 목숨을 잃는 것을 본다. 생어는 자신이 목격한 공포 때문에 여성의 산아제한 방법에 많은 시간을 헌신하며 좀 더 나은 피임방법을 개발하려고 온갖 노력을 기울였는데, 그녀의 꿈은 경구용 피임약을 개발하는 것이었다.

1915년 기사에서 마거릿 생어는 "유럽인들은 미국이 매우 고상한 척한다며 콤스톡법에 대해 많은 농담과 비웃는 말을 한다"고 썼다. 그녀는 1916년에 콤스톡법에 도전하기 위해 미국 최초의 '산아제한 클리닉'을 열었고, 이때 처음으로 '산아제한(Birth Control)'이라는 단어를 사용했다. 1921년에 미국 가족계획연맹의 전신이라고 할 수 있는 산아제한연맹을 만들었다.

캐서린 매코믹

캐서린 매코믹

생물학자·여성 참정권 운동가·자선사업가인 캐서린 매코믹(Katherine McCormick)은 1875년 시카고의 부유한 가정에서 태어나 당시의 다른 여성들과는 달리 대학교육까지 받았다. 그녀는 곡물수확 기계를 발명한 사이러스 매코믹(Cyrus McCormick)과 1904년 결혼했지만 결혼 2년 만에 남편이 정신분열증 진단을 받았다. 그 후 그녀의 삶은 크게 바뀌게 되었는데, 캐서린은 남편의 병이 미래의 자식들에게 유전될까봐 몹시 두려워했다.

그녀는 여성의 참정권을 촉구하는 일에 많은 시간을 쏟았고, 1917년 보스턴에서 마거릿 생어를 처음 만나게 되었다. 이후 두 사람은 의기투

합하여 각자의 관심사인 정신분열증과 산아제한에 대해 헌신적으로 일하면서 자주 만나 이야기를 나누었다. 1947년 남편이 죽자 캐서린 매코믹은 1500만 달러라는 거액의 재산을 상속받게 되었다. 캐서린은 이제 마거릿 생어와 함께 산아제한 운동에 힘을 쏟으며, 자신의 엄청난 재산으로 경구용 피임약 개발 연구에 필요한 기금을 지원했다. 이 일은 '경구용 피임약 개발'이라는 20세기 가장 위대한 발명 중의 하나로 결실을 맺게 되었다. 두 여성의 많은 업적은 잊혀졌지만, 이들이야말로 피임약 개발의 실제적인 주역들이다. 생어는 1966년에, 캐서린 매코믹은 1967년에 세상을 떠났지만 다행히도 그녀들 생전에 자신들의 꿈인 피임약 개발이 이루어졌다.

| 피임약 개발의 역사 |

호르몬에 의한 피임약의 원리를 간단히 살펴보자. 피임약에는 여성의 체내에서 발견되는 공통의 두 호르몬인 에스트로겐(estrogen)과 프로게스테론(Progesterone)을 포함하고 있다. 피임약을 먹으면 임신한 동안 몸속에서 호르몬이 늘어나는 것처럼 호르몬 증가를 촉진시킨다. 에스트로겐의 증가는 난포자극호르몬(Follicle Stimulating Hormone: FSH)과 황체형성호르몬(Luteinizing Hormone: LH)을 억제하여 배란을 저지하여, 몸이 임신을 한 것처럼 뇌하수체가 믿게끔 속인다. 프로게스테론의 증가는 황체형성호르몬을 억제하여 배란을 저지하고 정자의 이동을 방해하여 난자의 착상을 지연시킨다. 그러나 만일 난자가 착상된다면, 자궁 내벽이 지극히 얇아서 저절로 벽에서 떨어지게 되는데 '사후 피임약(Morning after pill)'과 같은 효과를 나타내기 때문에 낙태와 같다고 보는 견해도 있다.

여하튼 여성은 난자가 실제로 착상을 했는지 모르기 때문에 정서적으로는 낙태와 같은 불편한 감정을 느끼지 않는다.

루드비히 하버란트

인류가 개발한 다양한 피임법 중에서 가장 효과적이면서도 가장 논란이 되었던 경구용 피임약 개발의 선구자로 불릴 만한 사람은 오스트리아 인스브루크의 생리학자 하버란트(Ludwig Haberlandt, 1885~1932)이다. 스탠퍼드 대학교 교수이자 경구용 피임약의 개발에 기여한 칼 제라시(Carl Djerassi)는 "만일 피임약의 할아버지가 있다면, 하버란트가 그 영예를 받을 만하다"라고 했다. '호르몬에 의한 피임의 아버지'라고도 불리는 하버란트는 인스부르크에서 생리학 교수로 재직하고 있을 때인 1919년 2월, 여성 체내에서의 일시적인 호르몬에 의한 피임 아이디어를 떠올렸고 야심차게 이 프로젝트를 추진한다.

1921년 하버란트는 임신한 토끼의 몸에서 난소를 채취하여 임신하지 않은 다른 토끼에 이식하였을 때, 배란이 되지 않아 일시적으로 호르몬에 의한 피임이 이루어진다는 것을 입증했다. 그는 이 분야에서의 과학적 연구를 더욱 진전시키기 위해 1923년부터는 연구결과를 발표할 때 임상실험의 중요성을 강조했다. 그러나 하버란트는 아직 태어나지 않은 생명을 방해하는 범죄자로 취급되어 동료 과학자들의 맹비난을 받는다. 그의 아이디어는 당시 유럽을 풍미하고 있던 도덕적·윤리적·종교적 그리고 정치적 규범에 위배되는 것이어서, 1927년 그의 가족은 지역 사람들에게 왕따를 당한다는 공식적인 보고가 늘어났다.

하버란트는 더 이상의 인터뷰를 거부하고, 모든 반대에도 불구하고, 1930년에 헝가리 부다페스트에 있는 리히터 컴퍼니(Richter Company)와 함께 피임약 인페쿤딘(Infecundin®)의 성공적인 생산 후 임상실험을 시작했다. 1931년 하버란트는 자신의 책에서 "여성에게 일시적인 호르몬에 의한 피임의 실제적인 응용은 한 세대 전에 프로이드가 말한 인간 사회의 이상(理想)을 실현하는 데 크게 기여할 것이다"라고 썼다.

그러나 하버란트는 번식생물학에 대한 그의 견해 때문에 끊임없는 비난에 시달려야 했고 이러한 괴롭힘은 1932년 결국 그를 자살로 몰고 갔다. 왕따는 어른들 세계에서도 잔인하게 일어나는데, 누구보다도 개척적이고 선구적인 아이디어 때문에 바로 자신의 시대를 앞질러 살았다는 죄목(?)으로 생을 자살로 마감하는 과학자들이 종종 있다. 그러나 인류 문명은 일정 부분 이런 과학자들의 피의 대가로 발전하고 있는 것이다.

한편 마거릿 생어는 1916년에 산아제한 클리닉을 오픈한 뒤 계속 피임약 개발을 구상하고 있었다. 그러다가 1951년에 캐서린 매코믹으로부터 충분한 연구기금을 제공받자, 실험생물학을 위한 월체스터(Wolcester) 재단 책임자인 그레고리 핀커스와 접촉했다.

그레고리 핀커스

'피임약의 아버지'라고 불리는 핀커스(Gregory Pincus, 1903~1967)는 미국의 생물학자로 호르몬과 동물생리학 연구에 대부분의 시간을 보낸 인물이다. 마거릿 생어는 번식생물학에 대한 핀커스의 연구에 주목했고, 두 사람 모두 새로운 피임방법이 가능하다고 확신했다. 1930년대에 핀커스가 시험관 안에서 토끼의 난자를 체외 수정하는 데 성공하자 그 일은 과학자들 사이에 논란을 불러 일으켰다. 그는 자연을 가지고 장난치

그레고리 핀커스

는 전형적인 '미친 과학자'로 낙인 찍혀 과학계의 많은 사람들이 공개적으로 그를 회피했다. 그 결과 핀커스는 선도적인 연구소에서 직장을 구할 수 없었고, 몇 년 동안 매코믹이 개인적으로 제공한 4만 달러의 연구비에 의존해야 했다.

1950년대 초, 핀커스는 한 팀의 과학자들을 이끌고 연구에 착수한다. 그것은 임신 상태를 모방하여 실제로 임신을 막을 수 있는 합성된 호르몬을 기반으로 하는 물질을 찾아내는 연구였다. 그러나 핀커스는 생물학자이지 화학자가 아니어서 적합한 화학물질 합성에 어려움을 겪고 있었다.

한편 1951년, 피임약의 많은 아버지들(!) 중 하나로 불리는 미국의 스탠퍼드 대학교 교수이며 화학자인 칼 제라시는 자연에서 만들어지는 호르몬 프로게스테론보다 강력한 황체호르몬을 합성하는 데 성공하지만, 그는 이 합성된 약이 피임약으로 쓰일 수 있다는 것을 당시에는 알지 못한다.

드디어 핀커스는 화학자 제라시의 연구결과에 크게 도움을 받아 호르몬의 합성에 성공하고, 이렇게 해서 생산된 경구 피임약 '에노비드(Enovid)'를 많은 여성들에게 임상실험을 실시했다. 1960년에는 미국에서 최초의 경구용 피임약으로 시판해도 좋다는 FDA의 승인을 얻었다. 이 피임약은 선풍적인 인기를 얻어 1962년에는 120만 명의 여성들이 사용했고, FDA 승인을 받은 지 5년 후인 1965년에는 650만 명의 여성들이 피임약을 사용하여 미국에서 가장 인기 있는 피임법이 된다.

| 피임약 이상의 의미: 여성운동과 사회·종교적 변화 |

여성들의 삶에 가장 큰 영향을 준 피임약이야말로 20세기의 가장 위대한 발명들 중의 하나이다. 그 전까지는 안전한 피임 방법이 없어서 여성들은 부모가 될 준비가 안 된 채 임신하는 경우가 많았다. 그러나 피임약의 발명과 함께 여성들은 선택권(일, 가정, 일과 가정의 병행)을 가질 수 있게 되었다.

피임약으로 인해 섹스와 출산의 상관관계가 약해지자 여성들은 임신의 공포 없이 성(性)을 즐길 수 있게 되었고 이른바 '성 혁명'을 가져왔다. 그러나 카사노바나 돈 후안처럼 남성의 경우 많은 섹스 파트너를 갖는 것을 영웅시하는 반면, 여성이 여러 명의 섹스 파트너를 갖는 것은 받아들일 수 없는 이중적 가치관에서 벗어나지 못하고 있다.

피임약으로 임신을 늦출 수 있게 되자 독신 여성들 사이에서 새로운 문화적 변화가 있어나, 서른 살이 되든 마흔 살이 되든 준비가 될 때 결혼하여 가족과 아이를 갖는 것이 최선이다 라는 생각이 확산되었다. 심지어는 "결혼이란, 당신의 인생에서 최악을 대비한 보험 같은 것이고, 당신의 최고의 시절엔 남편이 필요 없다"라고 말하는 여성도 등장한다.

여하튼 피임약의 발명은 여성운동의 전주곡이 되어, 미국 여성들은 예전의 생활방식에서 벗어나 새로운 생활방식을 택하게 되고, 남자와 동등한 동반자 관계를 맺어 책임과 특권을 나누는 미국 사회의 주류에 동참하기를 원하게 된다.

여성들은 집에서나 직장에서나 동동한 권리를 요구하기 시작하면서 예전과는 달리 남성들에게 더 이상 의존하지 않아도 된다는 자신의 삶에 대한 자존감을 갖게 해주어, 피임약이 여성운동에 크게 기여했다고

피임약의 발명은 여성을 임신의 공포에서 해방시켰다.

할 수 있다.

마침내 미국 대법원은 1965년 모든 피임 및 이에 대한 교육, 홍보 등을 금하는 콤스톡법을 폐지한다. 헌법이 보장한 개인의 권리를 침해한다는 이유에서였다.

기독교에서는 결혼과 성, 가족에 대한 의미를 기독교적 해석에 근거해 산아제한에 대해 교육했다. 기독교에서 피임을 허용한 것은 비교적 최근의 일로, 20세기가 시작되기 전까지만 해도 모든 교회가 인위적인 피임을 인정하지 않았다. 현대에 와서 여러 기독교 교파들은 산아제한이 옳은가 그른가에 대해 서로 다른 견해를 갖게 되었는데, 좀 더 진보적인 신교 교파에서는 문란한 행동을 허용하거나 조장하지만 않는다면 피임이 허용된다고 가르친다. 반면 덜 진보적인 교파에서는 피임은 오직 결혼한 부부들 사이에서만 허용된다고 가르친다. 한편 보수적인 교회에서는 피임이 자녀의 수와 터울을 조절하기 위해서만 결혼한 부부들에게 허용되며, 전혀 아이를 갖지 않기 위해 사용해서는 바람직하지 않다고 말한다.

그러나 가톨릭에서는 1968년 교황 바오로 6세가 '후마네 비떼(Humanae Vitae, 인간 생명)' 회칙을 발표해 피임에 반대하는 선언을 한다. 즉 가톨릭에선 '자연적인 수태조절(즉 여성의 생리주기에서 비가임 기간 동안만 섹스를 하라는 뜻)'만 가능하고 어떠한 인위적인 피임 방법도 금지시켰다. 그렇지만 가톨릭 신자의 약 85%가 교회의 가르침에 벗어나는 피임을 하고 있다고 한다.

아프리카에서는 에이즈가 만연하여 반드시 콘돔 같은 피임도구를 써야 함에도 그것조차 교회 교리에 어긋나기 때문에 사용하면 안 된다고 한다. 가톨릭교회의 성직자들이 그 많은 신도들을 교회법을 위반하게 만들면서까지 지키려는 가치는 도대체 무엇일까? 이해하기 힘든 부분이다.

얼마 전 식약청의 피임약 재분류 건에 대한 기사와 그에 대한 입장 차이로 이익집단들이 서로 대립하는 듯한 인상을 받았다. 교회든 정부든 어떤 파워집단이든 간에 여성의 몸에 관한 피임약 문제는 당사자인 여성의 최대 이익을 위한 결정을 내려야 한다. 성은 극도로 개방되는 사회로 가고 있는데, 그 흐름을 아무도 막지 못하면서 의사의 복용 관리하에서만 피임약을 구입할 수 있도록 만들어 놓으면 이로 인해 야기되는 각종 문제를 의사나 정부가 책임져 줄 것도 아니지 않은가.

그러고 보니 성매매를 근절시키겠다고 적극 단속한 여성 경찰서장이 한동안 매스컴에 자주 등장했지만, 그래서 성매매가 근절되기는커녕 오히려 해외원정 성매매와 주택가며 오피스텔과 같은 더 은밀한 장소로 확산되는, 이른바 풍선효과만 초래했다.

한마디 덧붙인다면 남성 국회의원들이 낙엽처럼 우수수 표 떨어질까 봐 감히 거론하지 못하는 서구의 공창(公娼)제도를 이제 진지하게 검토해볼 때가 되지 않았나 생각한다. 우리가 원하든 원치 않든 인터넷 발달과 함께 성적(性的) 일탈은 제어하지 못할 정도가 되어, 각종 성범죄와 해외원정 성매매 등 성 관련 사회문제가 갈수록 심각해져가고 있는데, 아직도 조선시대 사고나 제도로는 더욱 문제만 최악으로 만드는 것이 아닐까 지극히 우려스럽다.

우리 모두가 유해한 성적 매체들에 무차별로 노출되어 있는 상황에서, 모든 청소년들에게 시급한 것은 성(性)과 피임에 대한 전반적인 교육, 피임약의 올바른 사용법, 성희롱 및 성폭력 대처법 등에 대한 교육과 정보

제공으로 학교나 주민센터, 각종 여성문화센터 등을 이용하여 강의 및 홍보하는 것이 적극적 대처 방법일 것 같다.

31. 플라스틱시대를 열다
– 레오 베이클랜드, 플라스틱과의 치명적인 사랑

Leo Baekeland(1863~1944)

아기가 으앙 소리를 내며 세상에 출생신고를 한 이후부터 곳곳에서 늘상 접하게 되는 재료가 플라스틱이다. 플라스틱 우유병으로 우유를 먹고, 공갈젖꼭지를 물고, 플라스틱 미니 욕조에서 목욕을 하며, 성장 단계마다 수많은 종류의 다양한 플라스틱에 둘러싸여 살게 된다. 이러니 현대 사회는 플라스틱에 정복되었다고 해도 과언이 아니다. 역사의 시대 구분을 주로 사용하던 물질에 따라 석기시대, 청동기시대, 철기시대로 구분하는데, 20세기 이후는 바야흐로 플라스틱시대라고 부를 만하다.

| 플라스틱시대 |

플라스틱시대 또는 고분자(polymer)시대의 여명기는 1907년 벨기에 출신 화학자 베이클랜드(Leo Baekeland, 1863~1944)가 합성수지를

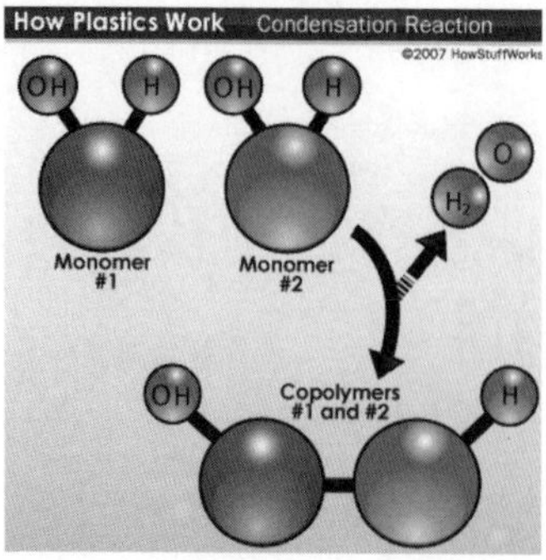

[그림1] 축합중합 과정

원료로 한 최초의 플라스틱 베이크라이트(bakelite)를 발명하면서 시작되었다. 그 후 100년이 지난 오늘날 플라스틱은 반도체소자, 전기발광소자, 태양전지, 둘둘 말 수 있는 차세대 디스플레이, 인공피부, 인공장기, 방탄조끼와 같은 첨단소재에서부터, 비닐 백이나 랩, 생수병에 이르기까지 우리들 생활에 너무 깊숙이 파고들어 플라스틱 없는 일상이란 상상조차 어려울 정도로 대변혁을 가져왔다.

플라스틱은 그리스어 '플라스티코스(Plastikos)'에서 나온 말로 '성형한다'는 의미를 가지고 있다. 그래서 여성을 예쁘게 만들어주는 성형외과(plastic surgery)를 표기할 때도 '플라스틱'이라는 단어가 들어간다.

플라스틱은 열이나 압력으로 소성(塑性) 변형을 시켜 거의 무제한 다양한 형태로 성형할 수 있는 유기화합물로부터 합성된 고분자 물질을 말한다. 플라스틱과 고분자(polymer)는 같은 의미로 자주 사용된다. 하지만 모든 플라스틱은 고분자이지만 고분자가 모두 플라스틱인 것은 아니다. 플라스틱이 아닌 고분자의 몇 가지 예를 들어 보면 전분, 단백질, DNA가 있다. 고분자란 말 그대로 분자량이 매우 큰 물질로 전형적인 고분자는 분자량이 1만~100만 정도 된다.

위의 단순화한 그림들은(그림1 참조) 작은 기본단위인 분자, 즉 단량체(monomer)들이 어떻게 중합하여 고분자를 만드는지 단량체와 고분자 사이의 관계를 보여준다. 고분자는 단량체 안의 이중결합의 전자들을 재배열하여 다른 단량체와 단일결합을 하는 부가중합(Addition Polymerization)이나 또는 두 단량체가 물이나 알코올, 산(acid)과 같은 작은 분자를 잃고 결합하는 축합중합(Condensation Polymerization)반응으로 결합한다.

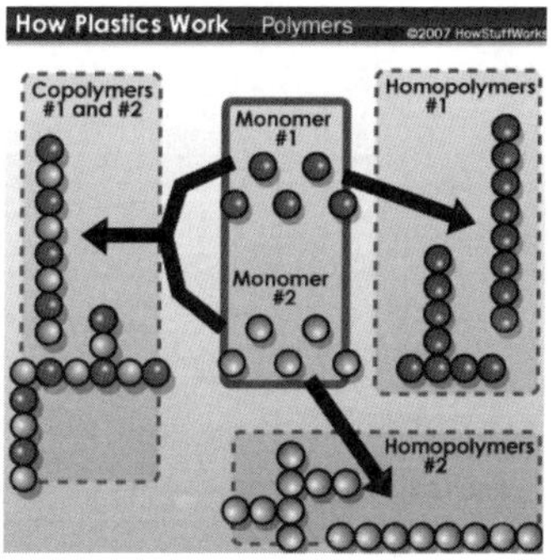

[그림2] 동종중합체와 공중합체

같은 단량체 단위가 반복하여 결합하는 경우 이를 동종중합체(homopolymer)라고 하는데, 가지를 치거나 또는 직선으로 결합한 구조를 갖는다. 한편 서로 다른 단량체들이 반복하여 결합하는 경우 이를 공중합체(copolymer)라 부르며, 마찬가지로 가지를 치거나 직선으로 결합한다(그림2 참조).

플라스틱 제조에는 에틸렌(C_2H_4), 프로필렌(C_3H_6), 스타이렌(C_8H_8), 페놀(C_6H_5OH), 포름알데하이드(HCHO), 에틸렌글라이콜(CH_2OHCH_2OH), 염화비닐(CH_2CHCl), 아세토나이트릴(CH_3CN)과 같은 유기화합물들이 단량체로 사용되며, 많은 다른 종류의 단량체가 다양한 방법으로 서로 결합할 수 있기 때문에 다양한 종류의 플라스틱을 만들 수 있다.

고분자의 화학적 성질은 고분자를 이루는 단량체들의 종류와 고분자 안에서 단량체가 어떻게 배열하느냐에 따라 달라진다. 다시 말하면, 고분자가 동종중합체인가, 공중합체인가(그림2 참조), 또는 고분자 안에서 단량체의 배열이 직선형인지 가지를 치는 망상(網狀)구조를 하는지에 따라 화학적 성질이 달라지며, 크게 열가소성 플라스틱(thermoplastic)과 열경화성 플라스틱(thermo-setting plastic)의 두 종류로 나누어진다.

구조면에서 사슬모양의 선상(線狀) 고분자는 가열에 의해 연화(軟化)하고, 성형 가공이 쉬워 필름이나 섬유, 포장재로 압출성형되며 이를 열가소성 플라스틱이라 한다. 폴리에틸렌(PE), 포화 폴리에스터(saturated

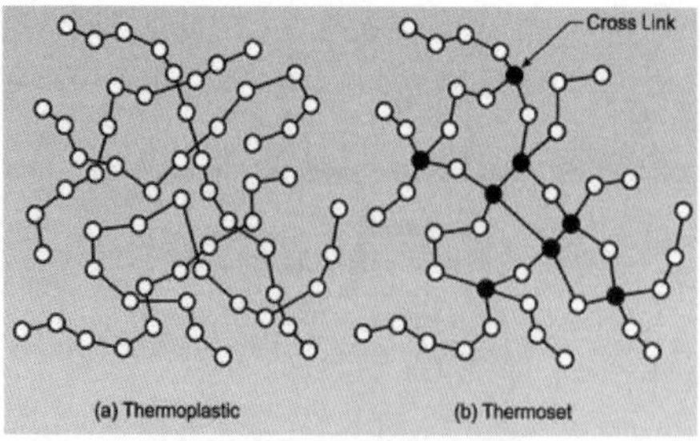

[그림3] 열가소성 플라스틱과 열경화성 플라스틱

polyester), 폴리프로필렌(PP), PVC(polyvinyl chloride) 등을 예로 들 수 있다.

한편 단량체가 서로 가교에 의해 결합하여, 생성된 고분자가 그물모양의 견고한 망상구조를 형성함으로써 가열해도 연화하지 않는 3차원적 망상 중합체를 형성할 경우 이를 열경화성 플라스틱이라고 하며, 폴리우레탄, 불포화폴리에스터, 에폭시수지(epoxy resin), 석탄산수지(phenolic resin) 등이 여기에 속한다. 경화성 플라스틱은 자동차, 비행기의 부품이나 타이어로 쓸 수 있다.

| 플라스틱과 환경 문제 |

플라스틱은 가볍고 가공하기 쉽고 또 화학적으로 안정하여 썩지 않는 특성을 가지고 있다. 특히 값이 싸서 각종 상품의 포장재로 쓰이고 있는데 근래 수십 년 동안 플라스틱의 소비가 폭발적으로 늘어나고 있다. 플라스틱은 재생할 수 없는 자원인 석유나 천연가스를 원료로 만들어지며 1950년부터 지금까지 10억 톤 이상의 플라스틱이 버려졌고 아마 수백 년, 수천 년이 지나도 끈질기게 남아 환경오염의 큰 재앙으로 떠오를 것이다. 쓰레기 매립장에 모이는 가정용 쓰레기의 4분의 1을 플라스틱이 차지할 정도이다.

플라스틱 제품 중 80%는 열가소성 플라스틱으로 이것들은 녹여서 다시 재활용할 수 있지만, 사실상 플라스틱 회수가 어려운 것은 강도를 세게 하기 위하여 섬유재가 들어가거나 한 가지 이상의 폴리머를 사용하여 복합재료가 만들어진 경우가 많기 때문이다. 특히 PVC 재활용은 굉장히 많은 문제를 가지고 있는데, 높은 비율의 첨가제와 많은 양의 유해한 염소가 들어 있기 때문이다. 열경화성 플라스틱은 다시 녹이거나 재성형할 수가 없어 재활용하기가 어려우며 갈아 부수어 충전재로 사용한다.

플라스틱은 재활용할 수 있다. 100% 재활용된 플라스틱 병을 만드는 것은 기술적으로 가능하지만, 생산 비용이 엄청나게 비싸고 에너지 사용과 유해한 부산물을 방출한다는 면에서 환경적인 충격이 크다. 종이나 유리, 금속에 비해 플라스틱은 상당히 적은 양인 3.5%만이 재활용되고 있다(2009년 기준). 가장 많이 재활용되는 플라스틱 네 가지를 꼽는다면 폴리에틸렌(PE), 폴리프로필렌(PP), 폴리스타이렌(PS)과 폴리염화비닐(PVC)이다.

사용한 포장재를 다시 재활용하는 것을 1차 재활용이라고 하는데, 음료수를 마시고 난 후 PET 병을 세척해 다시 물병으로 사용한다든가, 이를 분쇄하여 다시 PET 병으로 만들어 재사용하는 경우가 이에 해당한다. 2차 재활용은 폐기된 재료를 가공하여 품질이 약간 떨어져도 무방한 용도로 재사용하는 것을 말한다. 예를 들어 폐기된 플라스틱을 압축 성형하여 의자나 쓰레기통, 보도블럭 등으로

플라스틱이 환경파괴의 주범이 되고 있다.

만드는 경우가 이에 해당된다. 3차 재활용이란 폐기된 플라스틱을 화학적, 열적으로 처리하여 기본적 화학제품이나 연료로 만드는 공정을 말하며 가장 비용이 많이 드는 재활용법이다.

| 플라스틱과 건강 |

플라스틱은 물에 녹지 않고 화학적으로 비교적 비활성이어서 순수한 플라스틱은 일반적으로 독성이 낮다. 그러나 일부 플라스틱 제품에는 다양한 첨가제를 가하는데, 가소제(plasticizer, 可塑劑)로 작용하는 아디페이트(adipate)나 프탈레이트(phthalate) 같은 첨가제를 사용한 제품에서는 미량이나마 이것들이 검출되어 나와서 건강에 유해하다. 폴리스타이렌 음식 용기에서 검출되는 몇 가지 화합물들은 사람의 호르몬 기능에 장애를 가져오며 발암물질로 의심되고 있다.

아마도 플라스틱의 가장 큰 환경적 위협은 플라스틱 제품 원료인 너들(nurdle)이라고 알려진 직경 5밀리미터 정도의 작은 플라스틱 알갱이로, 실수로 쏟아뜨려 자연환경에 유입되면 물고기알과 흡사한 너들을 먹이로 잘못 알고 삼킨 물고기와 새들이 그로 인해 떼죽음 당하는 것이다.

한편 밭에 작물을 경작할 때 비닐막을 깔고 구멍을 뚫어 식물을 재배하면, 토양 내 수분을 유지하고 잡초가 자라는 것을 억제할 수 있으며, 병충해를 줄일 수 있어 농촌에서 많이 사용하고 있다. 그런데 이 비닐막을 사용한 뒤 잘 회수하지 않으면 토양에 섞여 들어가 식물의 경작에 부적합한 토양이 된다.

따라서 천문학적인 엄청난 양의 플라스틱 폐기물에 의한 토양 오염과 바다로 유입되는 플라스틱에 의한 해양 오염이 심각한 환경문제로 대두되고 있다. 이러한 상황에서 그 대책의 하나로, 빛(주로 자외선)에 의해 분해되는 광분해성 플라스틱과 미생물에 의해 분해되는 생분해성 플라스틱의 두 종류가 각광받고 있다. 그러나 이러한 플라스틱은 기존의 플라스틱보다 값이 비싸고 물성이 취약하기 때문에 이를 개선하기 위한 연구가 활발히 진행되고 있다.

| 생체플라스틱(bioplastic) |

고분자에는 플라스틱 말고도 농작물이나 박테리아에서 추출할 수 있는 전분, 셀룰로스(cellulose), 콩 단백질, 트리글리세라이드(triglyceride), 박테리아를 이용한 생분해성 폴리에스터 같은 자연에서 생성되는 플라스틱이 있다. 식물이나 미생물은 젖산(lactic acid, 乳酸)을 생산할 수 있는데, 젖산은 폴리젖산으로 중합하여 생체플라스틱을 만들 수 있다. 생체플라스틱을 생산하는 데는 다음 두 가지 전략이 있다.

발효

박테리아나 다른 미생물이 발효탱크 같은 생물반응기 안에서 바이오폴리머를 대량생산하면, 생체폴리머(젖산, 폴리에스터)를 생물반응기에서 추출한 다음 화학적으로 플라스틱을 만든다.

생물반응기에서 유전적으로 조작된 식물

생명공학자들은 박테리아 유전자를 식물에 집어넣어 이 유전자 암호가 효소들로 하여금 박테리아 플라스틱을 만들도록 한다. 식물이 자라면 수확을 해서 식물재료에서 플라스틱을 추출한다. 1997년, 카길 다우(Cargille Dow) 사는 옥수수에서 친환경 플라스틱(polylactic acid)을 개발했는데 이 폴리젖산의 섬유를 사용해 운동복과 소파, 커튼용 천을 만들거나 생체플라스틱 랩을 만들었다. 생체플라스틱은 재생할 수 없는 원료(석유, 천연가스)를 대체해 재생 가능한 원료(박테리아, 식물)로부터 생산된다는 것과 미생물에 의해 분해되는 생분해성을 갖는 장점이 있다.

생체플라스틱은 잠재력이 매우 큰 중요한 산업으로, 현재는 생체플라스틱의 제조 원가가 비싸지만, 첨단기술이 빠르게 발전하고 있어 머지않은 장래에 값은 싸고 물성은 좋은 생체플라스틱이 생산되어, 환경파괴 주범이라는 오명을 씻게 되는 날이 올 것이다.

| 플라스틱의 아버지 베이클랜드 |

플라스틱 시대를 연 화학자 베이클랜드(Leo Bakeland)는 1863년 벨기에의 겐트(Ghent) 인근 생 마르탱 라탱(Sint-Martens-Latem)에서 구두 수선공인 아버지와 가사 도우미인 어머니 사이에서 태어났다. 어려운 가정환경 속에서도 베이클랜드는 겐트 시 기술학교를 우등으로 졸업하고, 장학금을 받아 겐트 대학교 화학과에 진학해 21살에 박사학위를 받았다. 학위를 마친 후 몇 년간 그곳에서 가르치다가 화학과 학과장의 딸과 사랑에 빠져, 자신의 멘토였던 학과장의 반대를 무릅쓰고 둘은 결혼하여 1889년 미국으로 사랑의 도피행각을 떠난다.

2년 동안 베이클랜드는 사진 건판과 브로마이드지(감광지) 제조회사에서 일하며 '벨록스(Velox)'라는 사진 인화지를 발명하게 되면서 1892년 회사를 그만둔다. 벨록스는 젤라틴 염화은을 종이에 바른 것으로, 인공적인 빛을 쬐면 사진이 현상되는 원리이다. 베이클랜드는 인화지를 생산하기 위해 네페라(Nepera)화학회사를 설립했고, 8년 후 당시로는 거액인 백만 달러를 받고 코닥 사에 특허권과 회사를 매각했다.

레오 베이클랜드

돈을 벌기 위해 일해야 하는 압박에서 자유롭게 되자, 그는 현대적인 개인 실험실을 꾸며 셸락(shellac, 니스 제조에 쓰이는 천연수지)을 대체할 수 있는, 내수성(耐水性)이 있고 용매에 강하며 내열성이고, 전기 비전도성이며 또한 비교적 싼값의 새로운 합성수지를 만드는 연구에 착수한다. 1907년, 베이클랜드는 석탄산과 포름알데하이드로부터 최초로 완벽하게 합성된 '베이크라이트(Bakelite)'라고 이름 지은 열경화성 플라스틱을 만드는 데 성공함으로써 플라스틱시대를 열게 된다. 1910년 그는 베이크라이트 사(Bakelite Company)를 세워 회장으로 일하다가 1939년 유니온 카바이드에 회사를 팔고 은퇴한 뒤 5년 후인 1944년 81세로 사망했다.

1940년 〈타임〉지는 베이클랜드를 '플라스틱의 아버지'라고 불렀는데, 베이클랜드는 전 세계 대학에서 많은 명예박사 학위와 숱한 영예를 받았으며, 1909년에는 전기화학회 회장, 1919년에는 미국 화학공학엔지니어협회 회장, 1924년엔 미국화학회 회장을 역임했고, 1978년에는 미국 발명가 명예의 전당에 이름이 올랐다.

그의 소박한 성품을 엿볼 수 있는 재미있는 일화가 있다. 가난한 집안 출신인 그는 도시의 빈민들과 동질감을 느끼고 있었다. 천재적인 과학자이고 그로 인해 큰돈을 벌었지만 그는 물질적인 것을 초월해 검소한 삶을 살았다. 낡은 운동화와 면바지에 면셔츠를 입고 자신의 요트에 있을 때가 가장 행복했다고 한다. 그는 정장을 입고서도 운동화를 신었다고 하며, 그나마 정장도 단 한 벌뿐이었다고 한다.

그의 왕소금 성격에 참다 못한 아내가 백화점에 가서 125달러짜리 고급 영국제 원단의 양복 한 벌을 고른 뒤, 점원에게 100달러를 선금으로 주었다. 그런 다음 점원에게 그 양복에 25달러의 가격표를 붙여 쇼윈도에 진열하고 자신의 남편에게만 그 옷을 팔아줄 것을 부탁했다. 그날 베이클랜드 부인은 남편에게 아주 멋진 양복이 백화점 쇼윈도에 진열되어 있는데, 더 놀라운 사실은 가격이 단지 25달러이더라는 이야기를 남편에게 전한다.

그 말을 들은 베이클랜드는 그렇게 멋진 고급 양복이 25달러라니 말도 안 된다고 일축해 버렸지만, 아내는 정말로 그 가격이라고 끈질기게 주장을 했다. 둘 사이에 작은 실랑이가 벌어지고 베이클랜드는 직접 눈으로 확인하러 상점에 갔는데, 정말로 그렇게 근사한 양복에 25달러란 가격표가 붙어 있는 것이 아닌가?

그는 횡재한 기분으로 양복을 사서 집으로 돌아오는 도중, 이웃에 사는 유명한 변호사를 만났다. 베이클랜드는 자기가 산 옷을 보이며 호박이 넝쿨째 굴러들어온 듯 너무 싼값에 산 양복을 자랑하자, 이야기를 듣고 있던 변호사는 75달러를 줄 테니 그 양복을 자신에게 되팔라며 베이클랜드가 거절하지 못할 금액을 제시한다.

기분 좋게 집으로 돌아온 베이클랜드는 기대에 부풀어 기다리고 있던 아내에게 자신이 어떻게 25달러짜리 옷을 3배나 되는 75달러에 되팔아서 원금의 두 배나 되는 돈을 남겼는지 신이 나서 자랑을 했다고 한다.

32. 주방혁명을 가져온 전자레인지

– 퍼시 스펜서, 우연이 가져다준 발명

Percy Spencer(1894~1970)

미국에서 유학생활을 하던 1970년대는 베티 프리드먼(Betty Friedman)이나 글로리아 스타이넘(Gloria Steinem)이 이끌던 여성해방운동이 활발하던 때여서, 여성의 현모양처 역할론을 들으며 자라온 우리 세대에게 페미니즘은 많은 충격과 영향을 주었다. 그들이 여성운동의 정신적인 대모 역할을 했다면, 과학기술자들은 피임약, 세탁기, 냉장고, 진공청소기, 전자레인지 등을 발명함으로써 가사노동이나 원치 않는 임신의 공포에서 여성들을 해방시켜주었다. 여성해방운동에 대한 공헌도를 따진다면 과학자들이 베티 프리드먼보다 더 높은 평가를 받아야 한다고 주장하고 싶은데, 그 이유는 내 자신이 이공 분야에 종사하고 있어서가 아니라 직장여성이면서 주부의 역할까지 해야 하는 입장에서 이들이 더 절실하게 고마웠기 때문이다.

미국에서의 대학원생 시절에는 인스턴트 식품을 넣고 돌리기만 하는 소위 'TV 디너'를 먹을 때, 그리고 요즘에는 찬 음식을 데우는 데 주로 사용하는 전자레인지(microwave oven)는 냉장고 다음으로 가장 애용하는 주방기구이다. 우연한 사건이 역사의 방향을 바꾸듯 인류에게 큰 공헌을 한 발견이나 발명도 우연한 것에서 비롯된 경우가 많다. 그 중 하나가 퍼시 스펜서가 발명한 전자레인지로, 휴대전화기처럼 제2차 세계대전 결과 파생된 발명품이다. 전쟁 중 군사용 레이더에 마이크로파를 이용했는데, 이 레이더가 장차 전자레인지의 아버지가 될 줄이야!

시골 출신 청년 퍼시 스펜서는 초등학교도 마치지 못했지만 세상에서 가장 성공적이고 존경받는 전기기술자가 된다. 그는 독창성뿐만 아니라 온몸으로 체득한 물리로 전국의 모든 물리학자들로부터 존경받는 인물이 되었다. MIT를 졸업한 그의 동료는 "교육받은 과학자들은 많은 것에 대해 이미 작동하지 않는다는 것을 안다고 생각한다. 그러나 스펜서는 무엇이 작동하지 않으리라는 것을 알지 못했다. 그러므로 스펜서의 부족한 학교 교육이 오히려 큰 자산일 수도 있었다"라고 말한다. 즉, 선입견이 없었기 때문에 오히려 그런 점이 장점이 되었다는 것이다. 초등학교도 마치지 못한 시골 청년의 입지전적 스토리와 세상에 변화를 가져온(특히 여성들을 위하여) 전자레인지의 작동원리와 건강에 미치는 영향에 관해 살펴볼까 한다.

| 퍼시 스펜서와 전자레인지의 우연한 발명 |

미국 메인 주 하울랜드(Howland)에서 태어난 스펜서(Percy Spencer, 1894~1970)는 어렸을 때 부모가 돌아가시자 고모에게 보내졌다. 떠돌아다니며 직물 짜는 일로 생계를 이어가던 고모와 둘이 먹고 살기 위해 스펜서는 초등학교 5학년을 중퇴하고 공장에 돈을 벌러 다녔다. 4년 후 동네 제지공장 주인이 공장 내에 전기를 설치하기로 결정을 하는데 메인 주의 외곽 동네에 살고 있던 공장 주인은 전기에 대해 거의 아는 것이 없었다. 16살의 스펜서는 전기공학에 대한 정규 교육은커녕 초등학교도 제대로 졸업하지 못했음에도 제지공장에 지원해서 공장에 전기를 설치하는 일에 고용되었다. 그는 시행착오를 통해 배우고 밤에는 교과서로 열심히 독학으로 공부해서 프로젝트가 끝날 때쯤에는 숙련된 전기기술자가 되어 있었다.

스펜서는 18살이 되었을 때 미국 해군에 지원을 한다. 해군에 복무하는 동안 타이타닉 호에 승선한 무선통신사가 무선으로 배의 침몰 소식을 알린 얘기를 듣고 무선통신에 흥미를 갖게 되었다. 그는 밤에 보초를 서면서 수많은 책을 읽고 독학으로 무선기술 전문가가 되었다. 그뿐만 아니라 삼각함수, 대수학, 화학, 물리, 금속공학 분야까지 독학으로 공부했다. 제1차 세계대전이 끝나고 해군에서 제대한 25세의 스펜서는 전기에 대한 열정을 꽃피우기 위한 여정을 시작한다.

1939년 45세의 스펜서는 레이더튜브 설계 분야에서 세계적인 전문가가 되어 있었다. 그는 미 국방부의 군납업체인 레이시언(Raytheon) 사에서 전력증폭관 부서의 책임자로 일하고 있었는데 그의 명성과 전문성 덕분에 레이시언은 MIT 복사선 연구소의 전투용 레이더 장비를 개발하고 생산하는 정부 계약을 따낼 수 있었다. 이것은 제2차 세계대전 동안 맨해튼 프로젝트 다음으로 연합군에게 매우 중요한 프로젝트였다. 당시 레이더의 핵심 메커니즘인 마이크로파 전파 신호를 발생시키는 데는 마그네트론이 사용되었는데, 레이시언 사는 하루에 17개의 마그네트론을 생산하고 있었다. 그런데 스펜서가 효율적인 제조방법을 개발하여 하루에 무려 2600개의 마그네트론을 생산하게 되었다.

스펜서가 고안한 레이더 장치는 미군 폭격기에 장착되었고 독일 잠수함의 잠망경을 탐지할 만큼 성능이 좋았다. 그는 이러한 업적으로 미 해군 공공서비스 훈장을 받았다.

종전 직후인 1946년, 스펜서는 레이더용 마이크로파 발생 장치인 마그네트론으로 작업을 하다가 주머니 속에 넣어두었던 초콜릿바를 먹으려고 꺼내보니 다 녹아 있는 것을 발견한다. 이러한 현상을 경험한 사람이 스펜서가 처음은 아니었겠지만, 이를 이상하게 생각하고 연구에 착수한 사람은 그가 처음이다.

그는 팝콘용 옥수수를 포함해 여러 가지 식재료로 시험을 해보았다. 그러자 세계 최초의 전자파(microwave)로 요리된 팝콘이 사방으로 튀는 것이 아닌가!

다음날 스펜서는 또 다른 실험을 했다. 찻주전자에 달걀을 넣고 마그네트론을 그 위에 올려놓고 동료와 함께 지켜보고 있었다. 그런데 달걀 속의 온도가 급격히 올라가 굉장한 내부 압력을 만들면서 주전자 안에서 마구 흔들리며 요동을 쳤다. 이를 이상히 여긴 동료가 주전자 안을 들여다보는 순간 달걀이 폭발해버려 불쌍하게도 동료의 얼굴은 뜨거운 달걀 노른자로 뒤덮였다. 이를 지켜보던 스펜서는 녹은 초콜릿, 튀겨진 팝콘, 폭발한 달걀은 분명 마이크로파 에너지 때문이라는 지극히 과학적인 결론을 내렸다. 이렇게 해서 우연을 그냥 무심히 지나치지 않은 스펜서 덕분에 전자레인지가 발명되었다.

스펜서는 밀폐된 금속상자에 고밀도 전자장(電磁場) 발생 장치를 붙여서 최초의 전자레인지를 만들었다. 마그네트론에서 금속상자 안으로 방출된 전자파가 바깥으로 새어 나가지 않도록 완전 차단하여 안전하

초기 전자레인지

게 만들어, 1945년 10월 8일 레이시언 사는 전자레인지 특허를 신청했다.

1947년 최초의 시판용 전자레인지가 출시되었을 때 그 크기는 자그마치 높이가 167센티미터, 무게는 340킬로그램, 가격은 (일반 가정의 1년 수입보다도 더 많은) 3000달러 정도였다. 그 후 1967년 레이시언 사에 합병된 아마나(Amana) 사는 최초의 실용적인 가정용 전자레인지 '레이더레인지(Radarange)'를 출시하여 세상을 놀라게 했다. 빠르고 타지도 않고 연기도 나지 않는 요리를 약속하는 전자레인지는 495달러로 가격이 내려갔다. 1975년까지 전자레인지는 100만 대가 팔려나가며 가스레인지보다 많이 팔렸다. 오늘날에는 미국 가정의 90% 이상이 전자레인지를 가지고 있다고 한다. 요즘은 식탁에 놓을 수 있는 아담한 크기의 전자레인지를 10만 원 정도에 구입할 수 있으니, 과학기술자들은 가사노동에서 주부들을 해방시키는 주방혁명을 주도하고 있다는 자부심을 가져도 좋을 것 같다.

스펜서는 레이시언 사의 수석부사장과 이사회의 수석임원이 되었다. 그는 레이시언에 있는 동안 300개의 특허를 받았으며, 정규 교육을 받지 못했음에도 MIT로부터 명예박사 학위를 받았다. 그런데 스펜서는 전자레인지를 발명하고도 회사로부터 아무런 로열티를 받지 못했는데 당시 특허를 내는 사람에게 회사에서 주는 단돈 2달러를 상여금으로 받았을 뿐이다.

비록 초등학교도 졸업하지 못했지만 독학으로 끊임없이 자기계발을 하여 주어진 운명과 온몸으로 맞서 싸워 이를 극복한 패러데이나 스펜서는 오늘을 사는 과학도들에게 많은 교훈을 주고 있다.

| 전자레이지의 작동원리와 조리 |

전자레인지의 구성은 마이크로파를 발생시키는 마그네트론, 마그네트론에 고전압을 공급하는 고압 트랜스, 마그네트론에서 발생한 마이크로파를 조리실로 유도하는 도파관, 각종 전기부품이 설치된 전장실에서 발생하는 열을 식혀주는 냉각팬, 음식물이 골고루 익거나 데워지도록 조리실로 분산되는 마이크로파를 난반사시키는 스터러(Stirrer)와 전자레인지의 각종 동작을 제어하는 컨트롤 패널로 되어 있다(그림1 참조).

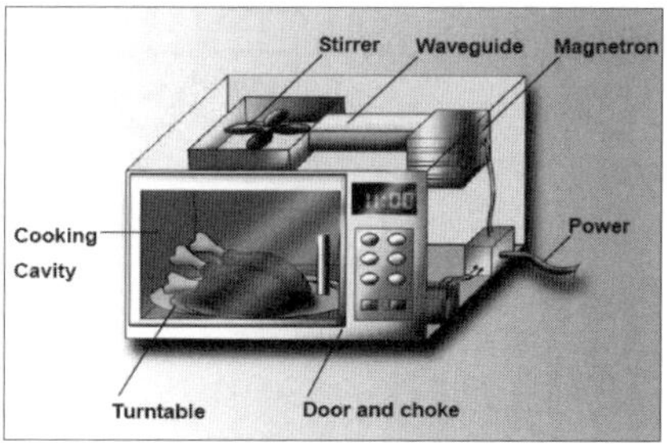

[그림1] 전자레인지의 구성

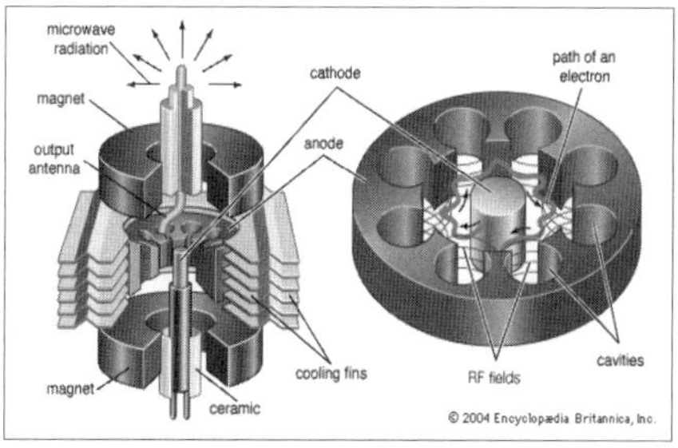

[그림2] 마그네트론

전자레인지에 사용되는 마이크로파는 마그네트론(magnetron)에 의해서 발생되는데(그림2 참조) 마그네트론은 음극과 양극으로 된 2극관과 이 둘 사이에 자기장(magnetic field)이 직각이 되게 장치된 자석으로 구성되어 있다. 마그네트론의 동작 원리는 음극(그림2 중앙부)을 가열하면 열전자 방출이 시작되어 전자가 튀어나오고, 이 전자는 양극(anode)에 가해진 DC 전압에 의해 고속으로 양극으로 움직인다. 전자파를 효과적으로 발생시키기 위해서는 전자가 빠르게 가속운동을 하는 것이 필요해 자기장을 강하게 걸어준다. 전자레인지에 많이 쓰이는 마그네트론이 구동하는 마이크로파의 주파수는 2.45GHz의 주파수를 갖는 전

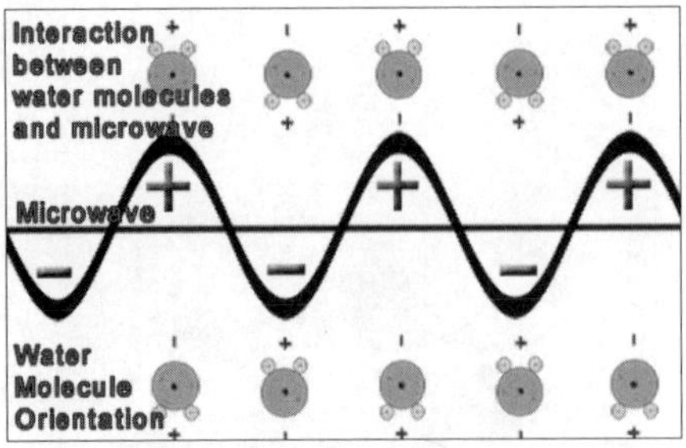

[그림3] 물 분자의 공진현상

자기파로, 1초에 무려 24억5000만 번이나 전기장의 방향이 바뀐다.

전자레인지의 원리는 음식물 속에 포함된 물의 특이한 성질을 이용하여 조리를 하는 것으로, 그 특이한 성질이란 물 분자가 극성을 띠고 있다는 것이다. 즉 수소원자 쪽은 상대적으로 양전하를, 산소원자 쪽은 음전하를 띤다. 이들 각각의 물 분자들은 평소에는 무질서하게 배열되어 있다가 여기에 전기장을 걸어 주면 양전하를 띤 부분은 음극을 향하고, 음전하를 띤 부분은 양극을 향해 질서정연하게 정렬하게 된다. 모든 물체는 저마다 고유 주파수라는 것이 있어서, 이 고유 주파수에 해당되는 전파나 파동에너지를 흡수하는 성질이 있는데 이런 성질을 공진현상이라고 한다.

전자레인지에서 내는 마이크로파의 주파수는 식재료에 들어 있는 물의 주파수와 같기 때문에 물 분자가 이 전파의 에너지를 흡수하는 공진현상이 일어나게 된다(그림3 참조). 이때 전기장의 방향이 바뀌면, 앞서 정렬되어 있던 물 분자들은 전기장의 방향에 따라 회전하면서 재정렬하는데, 1초에 24억5000만 번의 속도로 회전하게 된다. 이처럼 물 분자들이 회전하며 재정렬하는 과정에서 분자간의 충돌이 일어나면서 그 마찰열에 의해 음식물이 익게 되는 것이다. 당연히 마른 오징어나 쥐치포 같은 건조한 식재료는 조리가 되지 않는다.

열전도와 열복사 등을 이용해 음식의 겉부터 가열하는 전통 방식의 조리 기구와는 달리, 전자레인지는 음식물의 내부에서 열이 발생하므로 표면이 타는 일이 없고 열효율이 높으며 상당히 짧은 시간 안에 조리할 수 있어서 조리시간이 단축된다는 장점이 있다.

| 전자레인지의 안정성과 음식의 안정성 |

얼마 전 한 친구가 전자레인지로 음식을 조리하거나 데우는 것이 유전자 형질 변환을 일으켜 위험하지 않은가를 물어왔다. 어디서 그런 정보를 들었냐고 하니까, SNS로 전자레인지의 위험성을 전해 받았다며 그 내용을 전달해 주었다. 하기야 요즘 SNS상에 넘쳐나는 무분별한 정보가 사람들을 혼란스럽게 만들고 있다. 후쿠시마 원전사고가 발생했을 때는 방사능 때문에 생선을 먹으면 위험하다고 일절 생선을 먹지 말라는 내용을 전달받기도 했다. 아파트 상가 수산물 코너에 생선을 사러 갔다가 물건이 없어 이상해서 물어보니 생선이 너무 안 팔려서 당분간 휴업을 한다는 것이었다. SNS 통신의 놀라운 위력과 건강 정보에 극도로 민감한 우리 국민들의 성향을 다시 한 번 실감했다.

마이크로파는 전자레인지의 문을 닫고 스위치를 켤 때 발생하는데, 이때 발생한 마이크로파는 전자레인지 안에 있고 밖으로 새어 나오지 않도록 디자인되어 있다. 만일 유리문을 통해 그 주변에 마이크로파가 새어 나간다 해도 국제규격 표준에서 정한 기준보다 훨씬 못 미치도록 만들어졌다. 그러나 전자레인지가 오염되고 손상이 되거나 했다면 마이크로파가 새나갈 수도 있기 때문에 항상 청결하고 손상이 없는 상태로 유지하는 것이 중요하다.

음식의 안정성은 건강에 대단히 중요한 문제이기 때문에, 사람들이 매우 민감해 하는 것은 이해가 되지만 그러나 카더라 통신보다는 믿을 수 있는 과학적 정보를 확인하여야 한다.

세계보건기구(WHO)가 전자레인지의 안전성에 대해 발표한 내용에 따르면 조리한 음식은 일반 오븐에서 조리한 것과 영양이 똑같고 건강에도 안전하다고 한다. 즉 잘못 오해하고 있는 것처럼 전자레인지에서 조리한 음식에서 방사선이 나오거나 유전자 형질이 변형되는 것은 아니다. 다만 두터운 육류를 조리할 때는 마이크로파가 잘 침투하지 못하여 고르게 익지 못할 수가 있다. 그럴 경우 위험한 미생물이 남아 있을 수도 있기 때문에, 전자레인지의 전력 세기와 조리시간 등을 잘 지켜주고 조리가 끝난 후에도 열이 음식에 골고루 퍼질 수 있도록 몇 분간 전자레인지 안에 그대로 두어야 한다.

마이크로파는 유리, 종이, 세라믹, 플라스틱 용기들을 통과하기 때문에 전자레인지에서 조리할 때는 이런 용기들을 사용하고, 금속이나 알루미늄 포일을 사용해서는 안 된다. 그러나 마이크로파를 통과시킨다 할지라도 음식이 조리되면서 나오는 열은 매우 뜨겁기 때문에, 어떤 도자기들은 깨지거나 플라스틱 용기들은 녹거나 유해 물질이 나올 수 있으므로 반드시 전자레이지에서 사용해도 되는 안전한 용기인지 확인해야 한다.

| 참고문헌 |

part I 절망의 벽을 넘어서

1. 합스부르크 왕가의 상징 주걱턱

1) http://en.wikipedia.org/wiki/Gregor_Mendel
2) http://www.nature.com/scitable/topicpage/gregor-mendel-a-private-scientist-6618227
3) http://www.nature.com/scitable/topicpage/gregor-mendel-and-the-principles-of-inheritance-593
4) http://www.dnaftb.org/1/
5) http://naturalselection.0catch.com/Files/gregormendel.html
6) http://www.mendelweb.org/MWolby.html
7) http://www.icr.org/article/science-man-god-gregor-johann-mendel/
8) http://www.pbs.org/wgbh/evolution/library/06/1/l_061_01.html
9) http://www.encyclopedia.com/topic/Gregor_Johann_Mendel.aspx#1
10) http://www.encyclopedia.com/topic/Gregor_Johann_Mendel.aspx#2
11) http://darwin200.christs.cam.ac.uk/pages/index.php?page_id=f4
12) https://online.science.psu.edu/biol011_active002/node/4225
13) http://jmg.bmj.com/content/25/12/838.full.pdf
14) http://powerofthegene.com/joomla/index.php/genetic-inheritance/dominant
15) http://scienceblogs.com/gnxp/2009/04/14/inbreeding-the-downfall-of-the/

2. 비운의 천재, 아인슈타인의 감춰진 두뇌

1) http://www.dailymail.co.uk/news/article-395022/Letters-reveal-Einsteins-sexy-side.html
2) http://www.listsofnote.com/2012/04/einsteins-demands.html
3) http://content.time.com/time/magazine/article/0,9171,1211594-1,00.html
4) http://www.theguardian.com/science/2006/jul/11/internationalnews
5) http://history1900s.about.com/od/people/a/Einstein10.htm
6) http://news.bbc.co.uk/2/hi/science/nature/5168002.stm
7) Einstein A to Z : Karen C. Fox, Aries Keck : Jon Wiley & Sons. Inc (2004)
8) http://en.wikipedia.org/wiki/Albert_Einstein
9) Einstein: His Life and Universe, Walter Isaacson, Simon & Schuster (2007)
10) Albert Einstein: The Incorrigible Plagiarist, Christopher Jon Bjerknes, (2002)
11) The Manufacture and Sale of Saint Einstein-The Propaganda of Supremacy, Christopher Jon Bjerknes
12) How Einstein Ruined Physics: Motion, Symmetry, and Revolution in Science, Roger Schlafly (2011)
13) http://en.wikipedia.org/wiki/Mileva_Mari%C4%87
14) http://home.comcast.net/~xtxinc/mileva.htm
15) http://guardian.150m.com/jews/einstein-plagiarist.htm
16) http://www.teslasociety.com/Mileva.htm
17) http://www.pbs.org/opb/einsteinswife/milevastory/
18) http://www.fembio.org/english/biography.php/woman/biography/mileva-maric-einstein/
19) http://www.dhushara.com/paradoxhtm/paradoxs.htm
20) In Albert's Shadow: The Life and Letters of Mileva Maric, Einstein's First Wife Milan Popovic(2003)

21) http://davidduke.com/review-of-roger-schlaflys-how-einstein-ruined-physics/Why Einstein Did Not Receive the Nobel Prize for His Theory of Relativity

3. 기(氣)과학의 선구자인가, 코벤즐의 마법사인가?

1) http://en.wikipedia.org/wiki/Carl_Reichenbach
2) http://catalog.borderlandsciences.org/?act=viewCat&authorId=63
3) http://skepdic.com/reichenbach.html
4) https://carlossalvarado.wordpress.com/tag/karl-von-reichenbach-od-spiritualism-vital-force/
5) Journal of Scientific Exploration, Vol. 26, No. 2, pp. 381--407, 2012
6) http://customers.hbci.com/~wenonah/history/odenergy.htm
7) http://www.bibliotecapleyades.net/ciencia/esp_ciencia_universalenergy01.htm
8) http://www.colorado.edu/philosophy/vstenger/Medicine/Biofield.html
9) http://en.wikipedia.org/wiki/Kirlian_photography
10) http://kirlianresearch.com/
11) http://www.biofieldglobal.org/what-is-human-aura.html
12) http://www.ncbi.nlm.nih.gov/pmc/articles/PMC2653415/
13) http://www.biofieldglobal.org/what-is-human-aura.html
14) http://www.energymed.org/
15) http://sms.cam.ac.uk/media/871489

4. 시대를 앞서 산 진리의 순교자

1) http://www.epigenesys.eu/en/science-and-you/women-in-science
2) http://www.polyamory.org/~howard/Hypatia/primary-sources.html
3) http://www.mlahanas.de/Greeks/Ypatia.htm
4) http://www.encyclopedia.com/topic/Hypatia.aspx#3

5) http://en.wikipedia.org/wiki/Hypatia
6) http://ancienthistory.about.com/od/gm/a/100909Hypatia.htm
7) http://www-history.mcs.st-and.ac.uk/Biographies/Hypatia.html
8) http://www.ancient.eu.com/Hypatia_of_Alexandria/
9) http://www.agnesscott.edu/lriddle/women/hypatia.htm
10) http://www.suppressedhistories.net/secrethistory/hypatia.html
11) http://www.sheisanastronomer.org/index.php/history/hypatia-of-alexandria
12) http://cosmopolis.com/people/hypatia.html
13) http://www.cosmopolis.com/alexandria/hypatia-bio-suda.html
14) http://penelope.uchicago.edu/~grout/encyclopaedia_romana/greece/paganism/hypatia.html
15) http://rationalwiki.org/wiki/Hypatia_of_Alexandria
16) http://www.women-philosophers.com/Hypatia-of-Alexandria.html
17) http://www.newworldencyclopedia.org/entry/Hypatia_of_Alexandria
18) http://www.encyclopedia.com/doc/1G2-3404703177.html
19) http://etb-history-theology.blogspot.kr/2012/03/hypatia-of-alexandria.html
20) http://www.aas.org/cswa/status/2009/JANUARY2009/Hypatia.html

5. 전화기 특허 난타전과 적자생존론

1) http://www.scmp.com/lifestyle/technology/article/1240794/tragic-tale-telephones-real-inventor-antonio-meucci
2) http://www.theguardian.com/world/2002/jun/17/humanities.internationaleducationnews
3) http://en.wikipedia.org/wiki/Antonio_Meucci
4) http://inventors.about.com/library/inventors/bl_Antonio_Meucci.htm
5) http://www.famousscientists.org/antonio-meucci/
6) http://www.loc.gov/rr/scitech/mysteries/telephone.html

7) http://www.antoniomeuccilodge.com/ameucci.htm
8) http://www.lifeinitaly.com/heroes-villains/antonio-meucci.asp
9) http://www.ieeeghn.org/wiki/index.php/Antonio_Meucci
10) http://www.todaysengineer.org/2008/Mar/history.asp
11) http://www.telcomhistory.org/vm/sciencePhonesWork.shtml
12) http://www.washingtonpost.com/wp-dyn/content/article/2008/02/19/AR2008021902596.html
13) http://www.theguardian.com/books/2009/feb/28/telephone-gambit-review

6. 바이런의 딸, 수학의 시인이 되다

1) https://www.sdsc.edu/ScienceWomen/lovelace.html
2) http://findingada.com/about/who-was-ada/
3) http://www.biography.com/people/ada-lovelace-20825323
4) http://www-history.mcs.st-and.ac.uk/Printonly/Lovelace.html
5) http://www.well.com/user/adatoole/bio.htm
6) http://www.agnesscott.edu/lriddle/women/love.htm
7) http://galois.com/team/augusta-ada-king-countess-lovelace/
8) http://www.brainpickings.org/2014/12/10/ada-lovelace-walter-isaacson-innovators/
9) http://www.newyorker.com/tech/elements/ada-lovelace-the-first-tech-visionary
10) http://www.math.wichita.edu/history/women/ada.html
11) http://www.i-programmer.info/history/8-people/173-ada-the-first-programmer-.html
12) http://www.encyclopedia.com/topic/Augusta_Ada_Byron.aspx
13) http://www.sciencemuseum.org.uk/onlinestuff/stories/ada_lovelace.aspx
14) http://mashable.com/2014/10/15/ada-lovelace-women-in-tech

15) http://en.wikipedia.org/wiki/Ada_Lovelace

7. 어떻게 하면 노벨상을 타지 못하는가?

1) http://www.encyclopedia.com/topic/Gilbert_Newton_Lewis.aspx#1
2) http://www.uta.edu/faculty/sawasthi/Lecture%20Notes%20Chem1451/gilbert_newton_lewis.htm
3) http://humantouchofchemistry.com/gilbert-newton-lewis.htm
4) http://www.chemteam.info/Bonding/Covalent-Bond-Lewis.html
5) http://adsabs.harvard.edu/abs/1999JChEd..76.1487H
6) http://www.sfgate.com/bayarea/article/WHAT-KILLED-FAMED-CAL-CHEMIST-20th-century-2491757.php
7) http://www.timeshighereducation.co.uk/features/how-to-win-a-nobel-prize/166195.article
8) http://www.chemheritage.org/discover/media/periodic-tabloid/archive/2011-10-19-how-not-to-win-the-nobel-prize.aspx
9) http://www.nobelprize.org/nobel_prizes/themes/chemistry/malmstrom/
10) https://www.cpp.edu/~nova/scientists/articles/lew.html
11) http://en.wikipedia.org/wiki/Gilbert_N._Lewis
12) http://www.chemheritage.org/discover/online-resources/chemistry-in-history/themes/molecular-synthesis-structure-and-bonding/lewis.aspx
13) http://www.nasonline.org/publications/biographical-memoirs/memoir-pdfs/lewis-gilbert-n.pdf
14) http://www.chemistryexplained.com/Kr-Ma/Lewis-Gilbert-N.html
15) http://www.chemteam.info/Bonding/Covalent-Bond-Lewis.html

8. 원치 않은 원자탄의 어머니

1) http://en.wikipedia.org/wiki/Lise_Meitner

2) http://www.chemheritage.org/discover/online-resources/chemistry-in-history/themes/atomic-and-nuclear-structure/hahn-meitner-strassman.aspx
3) http://www.atomicarchive.com/Bios/Meitner.shtml
4) https://www.sdsc.edu/ScienceWomen/meitner.html
5) http://jwa.org/encyclopedia/article/meitner-lise
6) http://www.amazon.com/Lise-Meitner-A-Life-Physics/dp/0520208609
7) http://www.planet-science.com/categories/over-11s/science-celebrities/2010/09/lise-meitner-(1878-1968)-.aspx
8) http://www.washingtonpost.com/wp-srv/style/longterm/books/chap1/lisemeitner.htm
9) http://www.encyclopedia.com/topic/Lise_Meitner.aspx
10) http://www.physics.ucla.edu/~cwp/Phase2/Meitner,_Lise@844904033.html
11) http://cwp.library.ucla.edu/articles/gold_meitn.html
12) http://www.aps.org/publications/apsnews/200712/physicshistory.cfm

9. DNA 구조 발견의 숨은 공헌자
1) http://www.sdsc.edu/ScienceWomen/franklin.html
2) http://profiles.nlm.nih.gov/ps/retrieve/Narrative/KR/p-nid/183
3) 3http://www.accessexcellence.org/RC/AB/BC/Rosalind_Franklin.php
4) http://scienceblogs.com/primatediaries/2009/07/25/today-in-history-rosalind-fran/
5) http://www.nndb.com/people/559/000160079/
6) http://www.sciencemuseum.org.uk/broughttolife/people/rosalindfranklin.aspx
7) http://www.nature.com/scitable/topicpage/rosalind-franklin-a-crucial-contribution-6538012
8) http://www.biography.com/people/rosalind-franklin-9301344?

page=1
9) http://www.ba-education.com/for/science/dnadiscovery.html
10) http://osulibrary.orst.edu/specialcollections/coll/pauling/dna/narrative/page1.html
11) http://en.wikipedia.org/wiki/Rosalind_Franklin

10. 열역학의 창시자들은 왜 자살을 선택했나?

1) http://www.eoht.info/page/Hmolscience
2) http://www.eoht.info/page/Libb+Thims
3) http://www.eoht.info/page/Human+chemical+thermodynamics
4) http://www.eoht.info/page/Founders+of+thermodynamics+and+suicide
5) http://www.humanthermodynamics.com/about-us.html
6) http://www.humanthermodynamics.com/Journal.html
7) http://metode.cat/en/Annual-Review/Monographs/Elective-Affinities/Goethe-and-the-Affinity-between-Chemistry-and-Literature
8) http://en.wikipedia.org/wiki/Johann_Wolfgang_von_Goethe
9) http://en.wikipedia.org/wiki/Julius_von_Mayer
10) http://en.wikipedia.org/wiki/Percy_Williams_Bridgman
11) http://en.wikipedia.org/wiki/Ludwig_Boltzmann
12) http://en.wikipedia.org/wiki/Paul_Ehrenfest
13) http://en.wikipedia.org/wiki/Torbern_Bergman

11. 파울리와 융의 기이한 우정

1) http://en.wikipedia.org/wiki/Wolfgang_Pauli
2) http://www.encyclopedia.com/topic/Wolfgang_Pauli.aspx
3) http://www.physicsoftheuniverse.com/scientists_pauli.html
4) http://www.fdavidpeat.com/bibliography/essays/pauli.htm

5) http://www.paricenter.com/library/papers/peat26.php
6) https://en.wikipedia.org/wiki/Zeeman_effect
7) https://en.wikipedia.org/wiki/Arnold_Sommerfeld
8) https://en.wikipedia.org/wiki/Pauli_effect
9) https://en.wikipedia.org/wiki/Pauli_exclusion_principle
10) http://hyperphysics.phy-astr.gsu.edu/hbase/particles/neutrino.html
11) http://www.theguardian.com/commentisfree/2011/jul/04/carl-jung-synchronicity
12) http://www.uncommondescent.com/physics/nova-unification-of-mind-and-matter-next-century/
13) http://www.library.ethz.ch/exhibit/pauli/jung_e.html
14) http://pup.princeton.edu/chapters/s7042.html
15) http://www.ncbi.nlm.nih.gov/pubmed/15533199
16) https://www.princeton.edu/~achaney/tmve/wiki100k/docs/Pauli_effect.html
17) Journal of Consciousness Studies 3, No.2, pp 112~126

12. 자신의 심장에 고무관을 꽂은 '미친' 의사

1) Clin. Cardiol. 15,547-549 (1992)
2) http://www.ncbi.nlm.nih.gov/pubmed/9068526
3) https://en.wikipedia.org/wiki/Werner_Forssmann
4) http://onlinelibrary.wiley.com/doi/10.1002/clc.4960150715/pdf
5) http://www.nndb.com/people/706/000129319/
6) http://www.the-hospitalist.org/article/the-first-catheterization/
7) http://www.ptca.org/archive/bios/forssmann.html

13. '독가스의 아버지' 프리츠 하버의 부인

1) https://en.wikipedia.org/wiki/Clara_Immerwahr
2) http://jwa.org/encyclopedia/article/immerwahr-clara

3) http://saintssistersandsluts.com/the-tragic-life-of-clara-immerwahr/
4) http://www.chemistryviews.org/details/ezine/7815041/100th_Anniversary_Clara_Immerwahrs_Death.html
5) http://www.chemheritage.org/discover/media/magazine/articles/30-2-casualty-of-war.aspx

part II 편견과 장벽에 맞선 여성 과학자들

14. 방사능 시대를 연 선구자
1) http://www.aip.org/history/curie/
2) http://www.aip.org/history/curie/scandal1.htm
3) http://www.nobelprize.org/nobel_prizes/physics/laureates/1903/marie-curie-bio.html
4) http://en.wikipedia.org/wiki/Marie_Curie
5) http://www.21stcenturysciencetech.com/articles/wint02-03/MarieSklodowskaCurie.html
6) http://www.gizmodo.com.au/2013/09/marie-curie-had-two-duels-fought-over-her-after-she-had-an-affair/
7) http://www.chemheritage.org/discover/media/periodic-tabloid/archive/2011-01-26-madame-curie.aspx
8) http://www.famousscientists.org/marie-curie/
9) http://www.aip.org/history/curie/brief/
10) http://www.history.com/this-day-in-history/curies-isolate-radium

15. 순수 수학은 논리적인 아이디어의 시(詩)
1) http://www-history.mcs.st-andrews.ac.uk/Biographies/Noether_Emmy.html
2) http://www.reference.com/browse/Emmy+Noether

3) http://en.wikipedia.org/wiki/Emmy_Noether
4) http://www.sdsc.edu/ScienceWomen/noether.html
5) http://www.encyclopedia.com/topic/Emmy_Noether.aspx

16. 옥수수 색깔의 비밀을 밝히다

1) http://www.osti.gov/accomplishments/mcclintock.html
2) http://www.dnaftb.org/32/bio.html
3) http://www.huffingtonpost.com/james-a-shapiro/barbara-mcclintock-x-rays_b_1322879.html
4) http://library.cshl.edu/personal-collections/barbara-mcclintock
5) http://waynesword.palomar.edu/transpos.htm
6) http://en.wikipedia.org/wiki/Transposable_element
7) http://www.paradigmshift.org.uk/Transposons_GBU.swf
8) http://en.wikipedia.org/wiki/Barbara_McClintock

17. '양파 마돈나'라는 별명의 여성 물리학자

1) http://what-when-how.com/physicists/goeppert-mayer-maria-gertrude-physicist/
2) http://en.wikipedia.org/wiki/Maria_Goeppert-Mayer
3) http://www.encyclopedia.com/topic/Maria_Goeppert_Mayer.aspx
4) http://www.nobelprize.org/nobel_prizes/physics/laureates/1963/mayer-bio.html
5) http://biography.yourdictionary.com/maria-goeppert-mayer

18. 사이버 바다의 여성 제독

1) http://inventors.about.com/od/hstartinventors/a/Grace_Hopper.htm
2) http://www-history.mcs.st-and.ac.uk/Biographies/Hopper.html
3) http://cs-www.cs.yale.edu/homes/tap/Files/hopper-story.html

4) http://www.thocp.net/biographies/hopper_grace.html
5) http://www.distinguishedwomen.com/biographies/hopper.html
6) http://en.wikipedia.org/wiki/Grace_Hopper

19. 실현 불가능한 길을 선택하다

1) http://www.chemistryexplained.com/Ge-Hy/Hodgkin-Dorothy.html#ixzz1t9dfewOM
2) http://www.encyclopedia.com/topic/Dorothy_Mary_Crowfoot_Hodgkin.aspx
3) http://www.nobelprize.org/nobel_prizes/chemistry/laureates/1964/hodgkin-bio.html
4) http://en.wikipedia.org/wiki/Dorothy_Hodgkin
5) http://www.some.ox.ac.uk/3605/Dorothy-Hodgkin.html
6) http://almaz.com/nobel/chemistry/dch.html
7) http://www.mx.iucr.org/iucr-top/people/crowfoot.htm
8) http://understandingscience.ucc.ie/pages/sci_johndesmondbernal.htm

20. 과학으로 수많은 생명을 구하다

1) http://en.wikipedia.org/wiki/Gertrude_B._Elion
2) http://www.nndb.com/people/099/000132700/
3) http://www.nobelprize.org/nobel_prizes/medicine/laureates/1988/elion-autobio.html
4) http://www.nap.edu/html/biomems/gelion.html
5) http://www.humantouchofchemistry.com/gertrude-b-elion.htm
6) http://jwa.org/encyclopedia/article/elion-gertrude-belle
7) http://inventors.about.com/library/inventors/blelion.htm
8) http://www.sciencemuseum.org.uk/broughttolife/people/gertrudeelion.aspx

9) http://gos.sbc.edu/e/elion/elion.html
10) http://www.amuseum.org/jahf/virtour/page4

part III 광기의 역사, 그 이면의 희생자들

21. 중세 유럽의 마녀사냥과 군중의 광기
1) http://www.gendercide.org/case_witchhunts.html
2) http://departments.kings.edu/womens_history/witch/worigin.html
3) http://voices.yahoo.com/the-witch-hunts-1450-1750-407763.html
4) http://uir.unisa.ac.za/bitstream/handle/10500/8113/Kgatla.pdf?sequence=1
5) http://hubpages.com/hub/The-Witch-Trials-of-Europe-The-Truth-About-An-Unnecessary-Massacre
6) http://news.bbc.co.uk/2/hi/uk_news/magazine/8334055.stm
7) http://www.positiveatheism.org/hist/ellerbe1.htm
8) http://blog.lib.umn.edu/isoke001/engaging_justice/2012/11/gendercide-women-as-witches.html
9) http://en.wikipedia.org/wiki/Salem_witch_trials
10) http://www.smithsonianmag.com/history/a-brief-history-of-the-salem-witch-trials-175162489/
11) http://en.wikipedia.org/wiki/The_Burning_Times
12) http://en.wikipedia.org/wiki/Lilith

22. 신대륙 원주민들의 인종대학살 400년의 역사
1) http://espressostalinist.wordpress.com/genocide/native-american-genocide/
2) http://hnn.us/articles/7302.htm3
3) http://aigenom.com/AmericanHolocaust.htm

4) http://english.ruvr.ru/2012_12_25/The-genocide-of-the-American-Indians-was-the-worst-ethnic-cleansing-in-history-interview/
5) http://www.lcsc.edu/elmartin/historybehindthenews/spring%202005/delema.htm
6) http://www.mit.edu/~thistle/v9/9.11/1columbus.html
7) http://www.operationmorningstar.org/genocide_of_native_americans.htm
8) http://www.unitednativeamerica.com/aiholocaust.html
9) http://en.wikipedia.org/wiki/Genocides_in_history
10) http://news.discovery.com/history/genocide-native-americans-ethnic-cleansing.htm
11) http://www.understandingprejudice.org/links/genocide.htm
12) http://www.guardian.co.uk/global/2010/jan/11/native-americans-reservations-poverty-obama
13) http://ux.brookdalecc.edu/fac/history/Tangents/ARTICLESFORTANGENTS/Columbus's%20Genocide.htm
14) http://americanindiansource.com/columbusday.html
15) http://en.wikipedia.org/wiki/Ward_Churchill
16) http://www.sciencenews.org/article/eclipse-saved-columbus
17) http://adsabs.harvard.edu/full/1923PA.....31..506R

23. 인간의 탐욕이 부른 천연자원의 저주

1) https://www.laprogressive.com/the-horror-begins-congo/
2) http://www.digitaljournal.com/blog/11297
3) http://www.theguardian.com/world/2002/jul/18/congo.andrewosborn
4) http://www.religioustolerance.org/genocong.htm
5) http://news.bbc.co.uk/2/hi/africa/3516965.stm
6) http://en.wikipedia.org/wiki/E._D._Morel
7) http://www.unesco.org/new/en/culture/themes/dialogue/the-slave-

route/transatlantic-slave-trade/
8) https://www.globalwitness.org/campaigns/conflict-minerals/
9) http://en.wikipedia.org/wiki/Leopold_II_of_Belgium
10) https://apscuhuru.org/analysis/diamonds/diamonds_web.pdf
11) http://web.mit.edu/12.000/www/m2016/pdf/Congo.pdf
12) http://ngm.nationalgeographic.com/2013/10/conflict-minerals/gettleman-text
13) http://www.hartford-hwp.com/archives/35/181.html
14) http://en.wikipedia.org/wiki/Atlantic_slave_trade
15) http://historyaccess.com/leopoldiiofbelgi.html

24. 밸푸어 선언과 팔레스타인의 비극

1) http://www.britannica.com/EBchecked/topic/50162/Balfour-Declaration
2) http://www.britannica.com/EBchecked/topic/277478/Husayn-McMahon-correspondence
3) http://www.britannica.com/EBchecked/topic/577523/Sykes-Picot-Agreement
4) http://en.wikipedia.org/wiki/Balfour_Declaration
5) http://en.wikipedia.org/wiki/First_World_War
6) http://www.chemistryexplained.com/Va-Z/Weizmann-Chaim.html
7) http://en.wikipedia.org/wiki/Chaim_Weizmann
8) http://israelandpalestine.org/map-of-israel-and-palestine/
9) http://www.hundhaus.uk/2014/09/urbicide-in-gaza-part-one-definitions/
10) http://links.org.au/node/3776
11) http://www.ijs.org.au/The-Balfour-Declaration/default.aspx
12) http://www.palestinefacts.org/pf_ww1_balfour_impact.php
13) http://www.telegraph.co.uk/news/worldnews/middleeast/

palestinianauthority/9645925/Britain-must-atone-for-its-sins-in-Palestine.html
14) http://www.ifamericansknew.org/history/maps.html
15) http://en.wikipedia.org/wiki/White_Paper_of_1939
16) http://ucollege.wustl.edu/files/ucollege/imce/iap_brady.pdf
17) http://www.1948.org.uk/un-resolution-181/
18) http://en.wikipedia.org/wiki/Israeli_Declaration_of_Independence
19) https://history.state.gov/milestones/1945-1952/arab-israeli-war

Chapter IV 여성에 의한, 여성을 위한, 여성의 과학

25. 가족과 조상과 조국을 위해 싸워라

1) http://en.wikipedia.org/wiki/Women_in_ancient_Sparta
2) http://penelope.uchicago.edu/Thayer/E/Roman/Texts/Plutarch/Moralia/Sayings_of_Spartan_Women*.html
3) http://www.womenintheancientworld.com/women%20in%20sparta.htm
4) http://elysiumgates.com/~helena/Women.html
5) http://voices.yahoo.com/the-role-spartan-women-ancient-greece-8524.html

26. 영국의 산업혁명과 여성의 사회적 지위

1) http://www.yale.edu/ynhti/curriculum/units/1981/2/81.02.06.x.html
2) http://www.clemson.edu/caah/history/FacultyPages/PamMack/lec122/britir.htm
3) http://www.fatbadgers.co.uk/britain/revolution.htm
4) http://www2.warwick.ac.uk/fac/soc/sociology/staff/academicstaff/jonesc/jonesc_index/teaching/birth/separate_spheres_lecture.pdf

5) http://www.infoplease.com/ce6/history/A0858820.html
6) http://www.fordham.edu/halsall/mod/lect/mod16.html
7) http://www.galbithink.org/eyes.htm
8) http://www.womeninworldhistory.com/lesson7.html
9) http://www.magistrix.de/texte/Schule/Referate/Geschichte/The-role-of-women-during-the-industrial-revolution.257.html
10) http://en.wikipedia.org/wiki/Industrial_Revolution
11) http://www.womeninworldhistory.com/lesson7.html
12) http://www.library.csi.cuny.edu/dept/history/lavender/286/06.pdf
13) http://en.wikipedia.org/wiki/Women_in_the_Victorian_era
14) http://www.galbithink.org/womwork.htm
15) http://en.wikipedia.org/wiki/Child_labour

27. 여성 과학자 수난사

1) http://www1.umn.edu/ships/gender/giese.htm
2) http://herstoria.com/?p=535
3) http://en.wikipedia.org/wiki/Women_in_science
4) http://www.brandeis.edu/barnett/docs/7654.PDF
5) http://womenshistory.about.com/od/airspacesciencemath/

28. 화장품에 관한 모든 것

1) http://www.chemistryexplained.com/Co-Di/Cosmetic-Chemistry.html
2) http://en.wikipedia.org/wiki/History_of_cosmetics
3) http://science.howstuffworks.com/the-chemistry-of-cosmetics-info.htm
4) http://www.cyonic-nemeton.com/Cosmetics.html
5) http://mzmacky.edublogs.org/2010/10/18/ancient-and-recent-chemical-cosmetic-history

6) http://www.jcia.org/n/en/info/b/
7) http://www.bbc.co.uk/ahistoryoftheworld/objects/s-OMbtkESJ6aV6_k6o86oA
8) http://chemistry.about.com/od/healthsafety/tp/toxic-chemicals-in-cosmetics.htm
9) http://theconsciouslife.com/toxic-chemicals-you-are-using.htm
10) http://www.breastcancerfund.org/reduce-your-risk/tips/choose-safe-cosmetics/

29. 쿨(cool)한 것이 좋아

1) http://www.chemheritage.org/discover/online-resources/chemistry-in-history/themes/early-chemistry-and-gases/linde.aspx
2) http://www.nndb.com/people/861/000268057/
3) http://www.history-magazine.com/refrig.html
4) http://en.wikipedia.org/wiki/Refrigerator
5) http://inventors.about.com/library/inventors/blrefrigerator.htm
6) http://www.wisegeek.com/who-invented-the-refrigerator.htm
7) http://www.ideafinder.com/history/inventions/refrigerator.htm
8) http://en.wikipedia.org/wiki/Carl_von_Linde
9) http://en.wikipedia.org/wiki/Timeline_of_low-temperature_technology
10) http://www.peakmechanical.ca/history-of-refrigeration.html
11) http://www.encyclopedia.com/doc/1G2-2830902624.html

30. 여성운동의 전주곡, 피임약의 발명

1) http://www.medicinenet.com/script/main/art.asp?articlekey=52188
2) http://fubini.swarthmore.edu/~WS30/WS30F1998/akussac3.html
3) http://en.wikipedia.org/wiki/Birth_control
4) http://thepill.umwblogs.org/invention/the-pill-and-the-womens-

rights-movement/
5) http://www.pbs.org/wnet/need-to-know/health/a-brief-history-of-the-birth-control-pill/480
6) http://www.springerlink.com/content/n055345662r754w0/
7) http://www.sciencemuseum.org.uk/broughttolife/people/gregorypincus.aspx
8) http://en.wikipedia.org/wiki/Religious_views_on_birth_control

31. 플라스틱시대를 열다
1) http://www.scientificamerican.com/article.cfm?id=a-brief-history-of-plastic-world-conquest
2) http://www.npr.org/templates/story/story.php?storyId=114331762
3) http://www.plasticsindustry.org/AboutPlastics/content.cfm?ItemNumber=670
4) http://www.bpf.co.uk/plastipedia/plastics_history/default.aspx
5) http://en.wikipedia.org/wiki/Plastic
6) http://science.howstuffworks.com/plastic2.htm
7) http://en.wikipedia.org/wiki/Leo_Baekeland
8) http://www.yonkershistory.org/bake.html
9) http://science.howstuffworks.com/plastic3.htm
10) 〈생활 속의 고분자〉 윤진산·진인주 공저, 학연사(2004)

32. 주방혁명을 가져온 전자레인지
1) http://www.gallawa.com/microtech/history.html
2) http://en.wikipedia.org/wiki/Microwave_oven
3) http://en.wikipedia.org/wiki/Percy_Spencer
4) http://www.youtube.com/watch?v=4h1ESUz2H3E
5) http://www.ideafinder.com/history/inventors/spencer.htm
6) http://www.microwaves101.com/encyclopedias/history-of-the-

microwave-oven
7) http://en.wikipedia.org/wiki/Microwave_oven
8) http://www.who.int/peh-emf/publications/facts/info_microwaves/en/
9) http://www.massmoments.org/moment.cfm?mid=210
10) http://chemicalparadigms.curiouscurie.com/?author=59

Note) 그림과 사진 출처: 위키피디아와 구글 이미지

| 찾아보기 |

ㄱ

가리발디(Giuseppe Garibaldi) 78
가역(可逆, reversible) 146
게이지장(gauge field) 212
공중합체(copolymer) 389
괴테(Johann Wolfgang von Goethe) 148
구아닌(G) 137
구에라치, 프란체스코(Francesco Domenico Guerrazzi) 77
그라시, 조반니(Giovanni Battista Grassi) 168
그레이, 엘리샤(Elisha Gray) 82

ㄴ

나이팅게일(Florence Nightingale) 331
난포자극호르몬(Follicle Stimulating Hormone: FSH) 379
네른스트(Walther Nernst) 113
네른스트의 열 정리(Nernst heat theorem) 113
뇌터, 에미(Amalie Emmy Noether) 207
뇌터의 정리 171
뇌터환(Noetherian ring) 177
눈물의 길(The Trail of Tears) 250

ㄷ

단성잡종 교배 26
대서양 삼각무역 289
데이비스, 에밀리(Emily Davies) 330
도약 유전자(jumping gene) 215
독립의 법칙 27
동물자기(animal magnetism) 51
동시성(synchronicity) 154, 164
동종중합체(homopolymer) 389
드레퓌스 사건 273
디버그(debug) 235
디옥시리보핵산(Deoxyribose Nucleic Acid: DNA) 127
디킨스, 찰스(Charles Dickenson) 334

ㄹ

라이헨바흐, 칼 폰(Baron Karl von Reichenbach) 47
랭뮤어(Irving Langmuir) 104, 145
러브레이스, 에이다(Ada Byron Lovelace) 87
레오폴드 2세 293
뢴트겐(Wilhelm Roentgen) 160
루이스, 길버트(Gilbert Newton Lewis) 99, 145
루이스-랭뮤어 원자가이론(Lewis-Langmuir theory of valence) 145
린데(Carl Paul Gottfried Linde) 373

ㅁ

마녀사냥 263
마레(Étienne-Jules Marey) 171
마르셋, 제인(Jane Marcet)
마법의 수(magic number) 229
마셜, 배리(Barry J. Marshall) 169

마이어(Julius Robert Mayer) 144
마이트너, 리제(Lise Meitner) 115, 128, 345
마이트너륨(meitnerium: 원소기호 Mt) 119
매카시즘 273
매코믹, 캐서린(Katherine McCormick) 377
매클린톡, 바버라(Barbara McClintock) 215
맥도널드 백서(McDonald White Paper) 307
맥마흔 선언(McMahon Declaration) 304
메니페스트 데스티니(Manifest Destiny) 285
메스머리즘(mesmerism) 51
메이어, 마리아 괴퍼트(Maria Goeppert-Mayer) 223
멘델, 그레고어(Johann Gregor Mendel) 20
멘델의 유전 법칙 23
무세이온(mouseion) 67
무치, 안토니오(Antonio Meucci) 76
미세구조상수(fine structure constant) 166

ㅂ

바이츠만 공정(Weizmann Process) 303
바이츠만, 하임(Chaim Weizmann) 301
박달조(朴達祚) 372
배비지, 찰스(Charles Babbage) 91
밸푸어 선언 304
밸푸어, 제임스(Arthur James Balfour) 305
버그(bug) 235
버넬, 조셀린 벨(Jocelyn Bell Burnell) 128
버스, 프랜시스(Frances Mary Buss) 330
버틀러, 조세핀(Josephine Butler) 337
베르누이 수(Bernoulli numbers) 94
베리만(Torbern Bergman) 149
베유(Adrienne Weill) 130
베이클랜드(Leo Baekeland) 394
베크렐(Henri Becquerel) 160
벤구리온, 다비드(David Ben-Gurion) 310
벨, 알렉산더 그레이엄(Alexander Bell) 75
볼츠만(Ludwig Boltzmann) 146
부가중합(Addition Polymerization) 388
분리의 법칙 25
분리자(Dissociator: Ds) 219
불타는 시대(Burning Times) 264
브리지먼(Percy Bridgman) 145
블레어, 앨런(Allan Walker Blair) 169
빌, 도로시아(Dorothea Beale) 330

ㅅ

사이토신(C) 137
산업혁명 326
산-염기 이론 105
삼중항 상태(triplet state) 108
상염색체(常染色體, autosomal) 19
상태함수 146
생명장(life field) 48
생어, 마거릿(Margaret Sanger) 377
생체플라스틱(bioplastic) 393
샤가프의 법칙(Chargaff's rule) 136
세일럼 마녀재판 270
스베드베리(Theodor Svedberg) 112
스탠리, 헨리 모턴(Henry Morton Stanley) 292
스테롤(sterol) 246
스파르타 319
스펜서(Percy Spencer) 399

심령론(spiritualism) 51
심장카테터법 179

ㅇ
아데닌(A) 137
아우라(aura) 55
아인슈타인, 밀레바 마리치(Mileva Maric Einstein) 32
아인슈타인, 알베르트(Albert Einstein) 32, 211
아테네 319
아테네의 신분제도 321
애스트버리(William Astbury) 134
약상호작용(weak interaction, 弱相互作用) 128
양성잡종 교배 27
에렌페스트 정리 147
에렌페스트(Paul Ehrenfest) 147
에스트로겐(estrogen) 379
엔트로피 146
엘리언, 거트루드(Gertrude B. Elion) 251
열가소성 플라스틱(thermoplastic) 389
열경화성 플라스틱(thermo-setting plastic) 389
열역학 143
오네스, 카메를링(Kamerlingh Onnes) 372
오드(Od, 생체장) 50
오로라(aurora) 51
왓슨(James Watson) 127, 133
우성의 법칙 25
우젠슝(嗚健雄, Chien Shiung Wu) 129, 345
원자가 이론 104
원자핵 껍질 모형 223
원형(元型, archetype) 164
융, 칼 구스타프(Karl Gustav Jung) 164
이사벨라 여왕 277
이상제만효과(anomalous zeeman effect) 158
이스라엘 건국 312
이질염색질(異質染色質) 221
인간 화학열역학(Human chemical thermodynamics) 148
인간분자과학(Hmolscience) 152
일반상대성이론 42, 211
임버바르, 클라라(Clara Immerwahr)

ㅈ
자가수분(self-fertilization) 24
적색이동(red shift) 107
전이유전자 218
정상제만효과(zeeman effect) 157
제라시, 칼(Carl Djerassi) 380
제르맹, 소피(Sophie Germain) 344
조절 유전자(controlling genes) 219
조지, 로이드(Lloyd George) 305
줄-톰슨 효과 370
중성미자(neutrino) 154
중수(重水) 107
증량제(增量劑, bulking agent) 359

ㅊ
차분기관(Difference Engine, 差分機關) 91
차티스트 운동(chartist movement) 332
첨가제 360

축합중합(Condensation Polymerization) 389

ㅋ
카를5세 19
캘콜라이트(chalcolite) 197
컴파일러(compiler) 236
코르테스, 에르난(Hernán Cortés) 283
코볼(COBOL) 237
콜럼버스(Christopher Columbus) 277
콜럼버스의 교환(The Columbian Exchange) 276
퀴리, 마리(Marie Curie) 192
퀴리, 피에르(Pierre Curie) 194
크릭(Francis Crick) 127, 133
키를리안(Semyon Davidovich Kirlian) 56
키를리안의 잎사귀 56

ㅌ
타가수분(cross-fertilization) 24
텔레트로포노(telettrofono) 80
토륨(Thorium) 197
특수상대성이론 42
티민(T) 137

ㅍ
파울리(Wolfgang Ernst Pauli) 154
파울리의 배타원리(Pauli exclusion principle) 159, 230
파울리 효과 162
파인만, 리처드(Richard Feynman) 167
판게네시스(pangenesis, 범생설) 28
퍼그워시회의(Pugwash Conference) 250
펄서(pulsar) 128
페르미온(fermion)160
페르미 입자 160
포르스만, 베르너(Werner Forssmann) 170
푸네트 사각형(Punnett's square) 26
퓨가시티(fugacity) 103
퓨린(purines) 254
프랭클린, 로절린드(Rosalind Franklin) 129
프로게스테론(Progesterone) 379
프로탁티늄(Protactinium: Pa) 119
플라스틱 390
플라스틱시대 387
플로매틱(Flow-Matic) 196
피리미딘(pyrimidines) 254
피셔, 에른스트(Ernst Fischer) 209
피의 다이아몬드(Blood Diamond) 297
피치블렌드(pitchblend) 217
피쿼트(Pequot)족 283
핀커스, 그레고리(Gregory Pincus) 381

ㅎ
하버, 프리츠(Fritz Haber)
하버란트(Ludwig Haberlandt) 379
한, 오토(Otto Hahn) 118
합스부르크 왕가 18
해링턴, 윌리엄(William J. Harrington) 169
해석기관(Analytical Engine) 92
헤드, 헨리(Henry Head) 169
향장화학 350
호지킨, 도로시 크로풋(Dorothy Crowfoot Hodgkin) 241

호퍼, 그레이스(Grace Hopper) 233
혼합유전설 28
활동도(活動度) 103
활성자(Activator: As) 183
황체형성호르몬(Luteinizing Hormone: LH) 379
후마네 비떼(Humanae Vitae) 384
히파티아(Hypatia) 67

기타

ESP(extrasensory perception, 초감각적 지각) 50
X선 회절 131

수학적 사고법

끈질기게 생각하고, 명쾌하게 설명하라

삼성 · 현대차 시험, 수학 어려워 진땀 뺐네

수학 문제로 종합적 정보 처리 능력 평가

(……)국내 대졸 취업 시장의 '쌍벽(雙璧)'인 삼성과 현대차의 인·적성 검사 당락은 '수학'에서 나뉠 것으로 보인다. 응시자들은 공통적으로 HMAT의 '공간지각', SSAT의 '시각적 사고' 분야가 가장 어려웠다고 말했다.(……)

삼성 관계자는 "이 같은 문제는 다양한 정보를 머릿속에서 취합한 후 종합적으로 사고하는 수학적 논리력을 측정하는 것"이라며 "기출 문제를 달달 외우는 식으로 준비한 학생들은 어려웠을 것"이라고 말했다.

– 2015년 4월 13일자 <조선일보> 기사 중에서

업무에서나 일상에서 어떤 일에 부닥쳤을 때 문제해결을 위해서는 분석하고 시행착오를 거쳐 해결방법을 찾아가야 한다. 그 과정에서 수학적 사고가 중요한 역할을 한다.

요시자와 미쓰오 지음 | 박현석 옮김 | 값 11,800원